## 그리스 문자

JN420847

| 기호 소문자 | 기호 대문자 | 영어표기 | 기호 소문자 | 기호 대문자 | 영어표기 |
|---|---|---|---|---|---|
| $\alpha$ | $A$ | alpha | $\nu$ | $N$ | nu |
| $\beta$ | $B$ | beta | $\xi$ | $\Xi$ | xi |
| $\gamma$ | $\Gamma$ | gamma | $o$ | $O$ | omicron |
| $\delta$ | $\Delta$ | delta | $\pi$ | $\Pi$ | pi |
| $\epsilon$ | $E$ | epsilon | $\rho$ | $P$ | rho |
| $\zeta$ | $Z$ | zeta | $\sigma$ | $\Sigma$ | sigma |
| $\eta$ | $H$ | eta | $\tau$ | $T$ | tau |
| $\theta$ | $\Theta$ | theta | $\upsilon$ | $Y$ | upsilon |
| $\iota$ | $I$ | iota | $\phi$ | $\Phi$ | phi |
| $\kappa$ | $K$ | kappa | $\chi$ | $X$ | chi |
| $\lambda$ | $\Lambda$ | lambda | $\psi$ | $\Psi$ | psi |
| $\mu$ | $M$ | mu | $\omega$ | $\Omega$ | omega |

## 중요 기호

| 기호 | 의미 | 기호 | 의미 |
|---|---|---|---|
| $\mu$ | 모 평균 | $N(\mu, \sigma^2)$ | 정규 분포 |
| $\overline{Y}$ | 표본 평균 | $B(n, \pi)$ | 이항 분포 |
| $\pi$, $p$ | 모 비율 | $Poi(\lambda)$ | 포아송 분포 |
| $\hat{\pi}$, $\hat{p}$ | 표본 비율 | $t_{(\nu)}$ | $t$-분포 |
| $M$ | 중앙값 | $\chi^2_{(\nu)}$ | 카이제곱 분포 |
| $M_0$ | 최빈값 | $F_{(\nu_1, \nu_2)}$ | $F$-분포 |
| $Q_1$ | 제 1 사분위수 | $\rho$ | 모 상관계수 |
| $Q_3$ | 제 3 사분위수 | $\hat{\rho}$, $r$ | 표본 상관계수 |
| $IQR$ | 사분위수 범위 | $\beta_0, \beta_i$ | 모 회귀계수 |
| $\sigma^2$, $\sigma$ | 모 분산, 모 표준편차 | $\hat{\beta}_0, \hat{\beta}_i$ | 추정된 회귀계수 |
| $s^2, s$ | 표본 분산, 표본 표준편차 | $\alpha$ | 유의 수준 |
| $CV$ | 변동계수 | $p-value$ | 유의 확률 |

## 프로젝트 기반의

# 통계적 문제 해결

## Statistical Problem Solving

고승곤 지음

KYOWOO

프로젝트 기반의 **통계적 문제 해결**

# 머리말

데이터의 전성시대이다. 이는 오래 전부터 예견된 추세이며 앞으로도 지속될 수밖에 없는 패턴이다. 통계학은 데이터를 다루는 학문이다. 데이터란 새로운 사실을 갈망하는 현장 노력의 결과이며 이로부터 의미 있는 정보와 지혜를 도출하기 위한 방법이 통계학이다. 컴퓨터와 IT 기술의 발전은 가용 데이터의 양을 기하급수적으로 증가시키고 있으며 통계적 방법의 실무 적용 또한 가속화시키고 있다. 통계학은 천문학, 우생학, 농업, 제조업 등에서 새로운 사실 확인과 개선 활동에 중요한 역할을 담당해 왔다. 특히 제조업 분야에서는 「통계 방법론의 기본 지식화」를 통하여 다양한 생산 활동과 함께 품질 개선 그리고 품질 보증에서 핵심적인 역할을 하고 있다. 이는 대량 생산을 위한 프로세스의 명확성, 현장 사실에 대한 검증 용이성 그리고 개선 활동과 매출/이윤의 직접 연계성 등에 기인한다.

익숙하지 않은 것을 잘 할 수 있는 사람은 거의 없다. 통계적 이론은 데이터로부터 도출된 정보에 대한 올바른 해석을 위한 전제 조건이다. 하지만 통계적 이론의 양과 깊이로 볼 때, 일반적인 사람은 짧은 시간에 익숙해지기가 쉽지 않다. 이러한 이유로 실무에서는 통계적 이론을 보다 쉽게 응용하기 위한 방법을 다양하게 고민해 왔다. (1) 특정 문제에 필요한 통계적 방법을 정형화하여 구조화하거나 그리고/또는 (2) 연산 과정보다는 실무적 해석에 집중하도록 통계 소프트웨어를 교육하거나 그리고/또는 (3) 당면한 「문제 해결」을 위하여 그 과정을 세분화하고 각 단계별로 정제된 통계 방법들을 분류하여 오적용 방지와 함께 적용 용이성을 확보하고자 노력하고 있다. 이러한 노력 중에서 다양한 현장에서 검증된 개선 절차로는 1939년 Shewhart에 의하여 최초로 제시되고 다양한 현장 사례를 통하여 발전한 PDCA Cycle과 1980년대 미국 제조업 위기를 극복하는데 크게 기여한 DMAIC 프로젝트 실행 방법을 들 수 있다.

이 책에서는 다양한 통계적 방법에 대한 풍부한 사례로 그 유용성이 검증된 DMAIC 프로젝트 실행 방법을 소개하고 각 단계별로 유용한 통계적 방법과 사례를 소개하고자 한다. 이를 통하여 현장의 실무자들에게는 (1) 효과적인 문제 해결의 단계와 절차에 대한 이해 (2) 문제 해결 단계별 통계적 방법의 구분 (3) 통계 소프트웨어 활용 방법의 습득 (4) 데이터를 통한 실무 통찰력 향상에 도움이 될 수 있기를 기대한다. 또한 통계학 전공자 또는 통계적 방법에 관심이 있고 기본 통계 이론을 이해하는 대학교 3~4학년 학생들에게는 (1) 통계적 문제 해결의 유용성 이해 (2) 현장 개선 프로젝트의 실행 방법의 이해 (3) 실무적 문제와 통계적 문제 간의 차이점과 연계성 이해 (4) 통계적 이론의 실무 응용력 향상에 도움이 될 수 있기를 기대한다.

매번 느끼지만 책을 적는다는 것은 극심한 노동과 많은 시간을 필요로 한다. 이러한 노동과 노력 뒤에 출간된 책이라고 할지라도 부족한 점이 있으리라 생각된다. 부족한 점에 대해서는 꾸준히 보완할 것을 약속드리며 이러한 노동에 기꺼이 동참해 준 박사과정 박 현진 학생과 흔쾌히 출판을 허락해 주신 교우사 오 판근 사장님 그리고 출판 관계자 분들께 깊은 감사를 드린다.

2020. 1. 5.

저자 고 승곤

# 차 례

## 제 3 장 측정 75



## 제 4 장 분석 155

## 제 5 장 개선 253



## 제 6 장 관리 317

# 그림 차례

# 표 차례

# 1장 개요 Introduction

**문제 해결 ≈ f(기술, 경험 그리고 데이터)**

**K. Popper 1902~1994**

All life is problem solving.

### 학습 목표

- 통계적 문제 해결 방법의 개념을 이해한다.
- 데이터를 활용한 프로젝트의 실행 방법을 이해한다.
- 중요 실행 척도인 시그마 수준을 이해한다.

### 차례



### 중요 용어

- 고객 Customer
- 프로세스 Process
- 데이터 Data
- 프로젝트 Project
- 프로젝트 실행 방법: PDCA & DMAIC
- 시그마 수준 Sigma Level

## 1.1 개요

「문제problem」란 다루기 힘든, 어려움을 유발하는 그리고/또는 주의를 기울여야 하는 것들을 말한다. 이는 논리적 그리고/또는 수학적으로 답을 필요로 하는 질문들로 구성된다.[1] 개인과 조직은 다양한 종류의 문제에 직면하고 각자의 방법을 통하여 해당 문제를 해결하거나 적절한 답을 찾아 행동한다. 따라서 「문제 해결」은 모든 개인과 조직에서 중요한 주제이며 경험 학습Learning from Experience을 중심으로 이를 위한 다양한 개념과 방법들이 꾸준히 제시되어 왔다.

통계학Statistics은 데이터data를 연구하는 학문이다. 19세기 이후 통계학은 천문학, 우생학, 농업 기술, 공업 기술, 경영학, 경제학, 사회학, 교육학, 심리학, 금융학 등의 다양한 분야에서 실무적 필요성에 의하여 연구되고 적용되어 왔으며 그 깊이는 각 분야의 측정 기술의 발전과 비례한다고 해도 과언이 아니다. 특히 불확실한 상황에서 과거의 지식과 경험으로는 합리적인 판단을 할 수 없거나 새로운 사실이 간절히 필요한 실무자들의 노력이 통계학을 탄생시켰고 지금도 새로운 영역으로 확대 적용되고 있다.[2]

20세기 통계학의 발전의 획기적인 영향을 미친 R.A. Fisher[3]는 통계학을 모집단Population, 변동Variation 그리고 차원 축소Dimension Reduction와 관련된 학문이라고 정의했으며 G.W. Snedecor[4]는 데이터의 수집Collecting, 분석Analyzing 그리고 데이터로부터 결론Concluding을 도출하는 학문이라고 정의하였다. 통계적 문제 해결을 위해서는 실무적 지식과 통계적 지식을 동시에 필요로 한다. 이는 문제에 대한 실무적 지식만이 올바른 데이터를 수집할 수 있게 하고 수집된 데이터와 체계적인 통계적 사고Statistical Thinking만이 유용한 해답을 위한 분석과 결론에 도달할 수 있기 때문이다. [그림 1.1]은 올바른 목표 설정과 데이터 수집 계획을 위한 전략Strategy으로서의 통계적 사고 방법, 이를 구현하기 위한 전술Tactics 로서의 통계적 원리 그리고 그 실행Execution 방법으로서의 통계 분석 도구 간의 연

---

1) Cambridge Dictionary, https://dictionary.cambridge.org/, 2019
2) 새 일반통계학, 고승곤 외 2명, 2004, 교우사
3) 영국의 통계학자, 1890~1962
4) 미국의 통계학자, 1881~1974

관 관계를 나타낸다. 실무적으로 통계 분석 도구를 사용하기 전에 통계적 사고 방법과 통계적 적용 및 검증 원리에 대한 이해는 올바른 문제 해결의 중요한 필요조건이라고 할 수 있다.

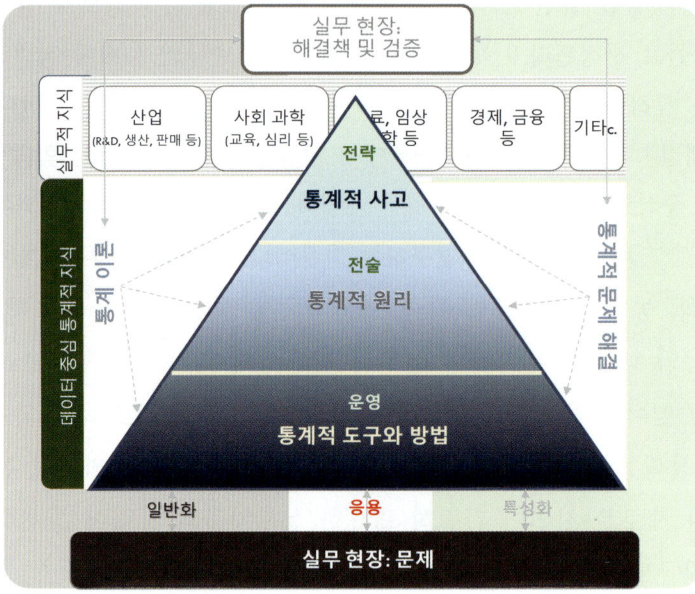


[그림 1.1] 통계적 문제 해결의 전략/전술/실행방법

통계적 도구와 방법이 실무적 문제에 도움이 되기 위해서는 먼저 [그림 1.2]와 같이 당면한 실무적인 문제로부터 통계적인 문제로 전환할 수 있어야 한다. 발생하는 다양한 실무적인 문제들 중에는 해당 분야의 경험과 기술만으로 해답을 찾을 수 있는 경우도 있다. 이러한 경우에 데이터를 체계적으로 수집하고 다양한 통계적 방법을 적용하는 것은 낭비일 수도 있다. 하지만 그 동안의 경험과 기술만으로 해결할 수 없거나 개인/조직의 손실 또는 이익에 크게 영향을 주는 중요한 문제라면 단순히 경험과 기술만으로 해답을 찾기 보다는 체계적으로 데이터를 수집하고 과학적인 분석을 통하여 그 결과의 타당성을 검증Verify 할 수 있어야 한다. 따라서 통계적 문제 해결이란 단순한 실행에서가 아니라 실행과 동시에 예상 결과에 대한 검증을 필요로 하는 경우에 더욱 필요하다고 할 수 있다.

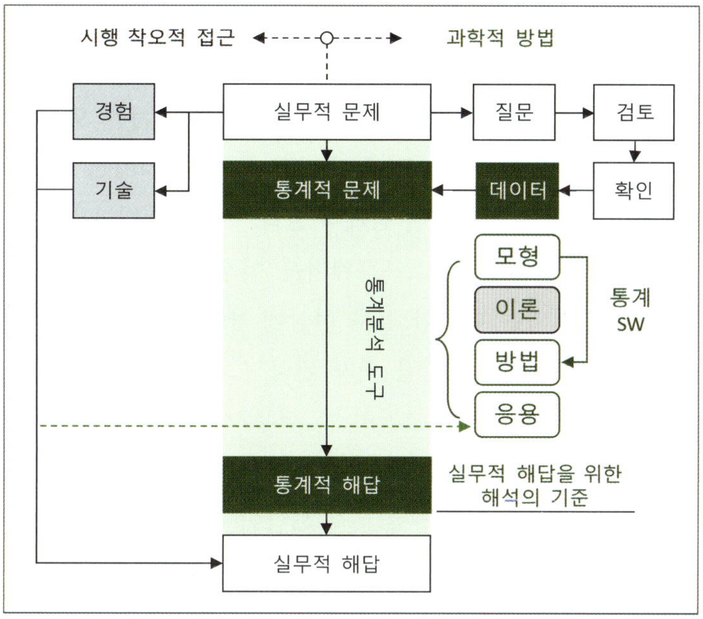


[그림 1.2] 실무적 문제와 통계적 문제 해결 절차

실무적으로 발생한 문제를 이해하기 위해서는 가장 먼저 여러 관점에서 「왜?」라는 질문을 고려할 수 있어야 한다. 왜 계획대로 진행되지 않는가? 왜 생산되는 제품의 기능이 떨어지는가? 왜 새로운 불량이 발생하는가? 등과 같이 현상에 대한 올바른 이해를 할 수 있어야 한다. 그리고 도출한 질문(들)에 대하여 객관적인 정보를 수집하고 현상에 대한 사실[facts]을 확인할 수 있어야 한다. 경우에 따라서는 이러한 과정에서 실무적인 해결책을 찾을 수도 있다. 하지만 그렇지 못한 경우에는 현장에서 적절한 데이터를 수집할 수 있어야 한다. 이와 같이 적절한 데이터를 수집하였다면 실무적인 문제는 큰 의미에서 통계적인 문제로 전환되었다고 할 수 있다.

통계적 문제로부터 통계적 해답을 찾기 위하여 다양한 통계 분석 방법과 도구를 사용할 수 있다. 이는 체계적으로 정리되어 있으며 거의 모든 분야에서 수많은 적용 사례를 가지고 있다. 또한 학문적 체계를 갖추고 있으므로 이를 학습한 많은 통계 전문가들이 주변에 존재한다. 이때 고려하는 통계적 문제는 단일 실무적 문제에 대하여 2개 이상으로 정의될 수 있으며 표준 이탈 여부, 변동 크기의 변화 등과 같이 간단한 것으로부터 모 프로세스의 검증, 경험적 관계 도출 등과 같이 복잡한 것까지 다양한 주제를 포함할 수 있다. 일반적으로 복잡한 통계적 문제의 경우에는 모든 발생 가능성을 표현하는 모형Model을 정의하고 모형을 구성하는 모수Parameter(들)을 추정한다. 이때 다양한 수리적/통계적 이론Theory들이 전제되지만 잘 정돈된 통계적 방법Statistical Method과 각 방법별 주의사항을 숙지한다면 다양한 통계 소프트웨어를 이용하여 이를 쉽게 적용할 수 있다. 통계적 방법의 결과는 다양한 실무 현상에 응용Application할 수 있으며 이러한 결과들을 종합하여 통계적 해답을 찾게 된다. [그림 1.2]에서 확인할 수 있듯이 통계적 해답을 찾았다고 해서 그것이 곧 실무적 해답이 될 수는 없다. 통계적 해답을 기초로 하여 통계적 문제를 정의했던 실무적 상황에 대한 적절한 해석이 반영되었을 때 통계적 해답은 실무적 해답이 된다. 통계적 해답이 실무적 해답에 얼마나 도움이 되는가는 실무적 문제를 얼마나 잘 통계적 문제로 전환하였는가에 따라 결정된다. 따라서 통계적 결론은 실무적 결론이 아니라 실무적 해석을 위한 기준Guidance으로 활용해야 한다.

### Σ50 Better Data Scientist You Must Know Prof. KO Statistics 1. 실무적 해결책에 대한 통계적 의사 결정의 역할

> 통계적 결론은 실무적 결론을 위한 「해석의 기준」이며
> 이는 데이터의 양과 질에 따라 유용성이 결정된다.

이러한 이유로 통계적 추론에서는 유의함Significance이라는 용어를 사용한다. 이 용어는 말 그대로 「의미 있다」라는 뜻으로 데이터로부터 얻어진 결과가 표본 오차Sampling Error5)에 의한 것이 아니라 실제적인 결과일 가능성이 높다는 뜻으로 사용된다.

---

5) 모집단에서 표본을 취함으로써 발생하는 관심 특성(모수)에 대한 오차. <저자 주>
Sampling errors are incurred when the statistical characteristics of a population are estimated from a subset, or sample, of that population.

## 1.2 가용 데이터의 확장

최근 IT 기술의 발전과 함께 Big Data가 강조되고 있다. Big Data는 전자상거래가 활기를 띠기 시작한 1990년대 소개된 개념으로 2000년대 Gartner사6) 에 의하여 명명되었다. 실무적으로 Big Data 역시 기존 데이터에서의 유용성과 중요성 측면에서 크게 다르지 않지만 경쟁 심화와 다양한 사회적 요구에 대응하기 위하여 수집되는 Data의 양과 종류가 많아지고 실시간에 가깝게 수집 빈도가 높아짐에 따라 기존의 전통적인 데이터와 구분하기 위하여 Big Data라는 개념이 생성되었다. 최근에는 [표 1.1]과 같이 이를 저장 및 분석하는 기술까지 포함하여 정의하고 있다.

[표 1.1] Big Data 정의

| 기 관 | 정 의 |
|---|---|
| McKinsey (2011) | 일반적인 데이터베이스 소프트웨어로 저장, 관리, 분석할 수 있는 범위를 초과하는 규모의 데이터7) |
| IDC (2012) | 다양한 종류의 대규모 데이터로부터 저렴한 비용으로 가치를 추출하고 데이터의 초고속 수집, 발굴, 분석을 지원하도록 고안된 차세대 기술 및 아키텍처8) |
| Gartner (2012) | 높은 통찰력, 의사결정, 프로세스 자동화를 위해 비용 효과가 높은 혁신적인 정보처리 과정을 요하며, 대용량의 데이터 규모(Volume), 빠른 속도(Velocity), 높은 다양성(Variety)을 지닌 정보 자산9) |
| IBM (2012) | 규모(Volume), 속도(Velocity), 다양성(Variety),신뢰성(Veracity)10) |

6) https://www.gartner.com/en/information-technology/glossary/big-data
7) Manyika, James. "Big data: The next frontier for innovation, competition, and productivity." http://www. mckinsey. com/Insights/MGI/Research/Technology_and_Innovation/Big_data_The_next_frontier_for_innovation (2011).
8) Vesset, Dan, et al. "Worldwide big data technology and services 2012 - 2015 forecast." IDC report 233485 (2012).
9) Beyer, Mark A., and Douglas Laney. "The importance of 'big data': a definition." Stamford, CT: Gartner (2012): 2014-2018.
10) IBM, "Big Data Analytics", 2012

통계적 문제 해결 관점에서 전통적인 데이터와 Big Data를 비교해 보면 [그림 1.3]과 같다.

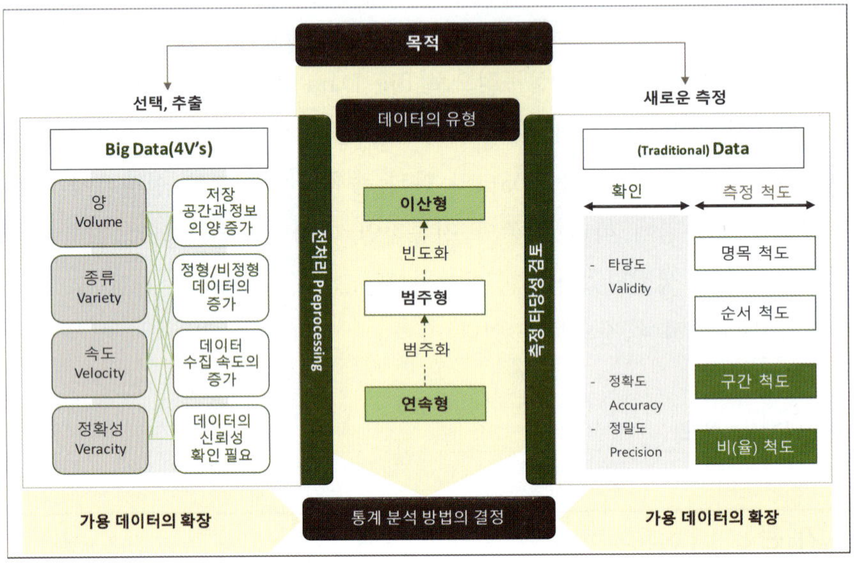


[그림 1.3] 통계적 문제 해결 관점에서의 가용 데이터의 확장

Big Data는 다양한 그리고/또는 일정 시간 동안 실무적 필요에 의하여 수집되는 데이터로서 일반적으로 목적에 적합한 새로운 측정보다는 과거의 누적된 데이터 또는 다른 목적으로 이미 수집되고 있는 경우가 많다. 따라서 통계적 문제 해결을 필요로 하는 실무적 문제 해결에 유용한 양/형태/정확성을 제공하지 못하는 경우가 대부분이다. 따라서 주어진 Big Data로부터 당면한 실무적 문제에 적합한 정보를 얻기 위해서는 선택/추출된 Big Data에 대한 **전처리**Preprocessing가 전제된다.

데이터 전처리란 데이터 마이닝Data Mining 분야에서 소개된 개념으로 데이터 수집 절차가 정교하지 못한 대량의 데이터들의 분석 유용성을 높이기 위하여 적용된다.[11] 기본적인 데이터 전처리 방법은 [표 1.2]과 같다.

---

11) Pyle, D., 1999. Data Preparation for Data Mining. Morgan Kaufmann Publishers, Los Altos, California

[표 1.2] 데이터 전처리 방법[12)]

| 방 법 | 설 명 |
|---|---|
| 정제<br>Cleaning | 결측값 처리, 노이즈 제거 및 이상치 탐지 등의 과정으로 데이터의 일관성을 높이는 방법 |
| 통합<br>Integration | 다양한 출처의 데이터를 선택/병합하는 과정으로 중복과 비일관성의 정도를 줄여 데이터 처리 프로세스의 정확성과 속도 향상을 목적으로 적용되는 방법 |
| 축소<br>Reduction | 차원 축소, 변수 선택, 군집화, 샘플링 등의 과정을 통하여 비슷한 정보의 양을 확보하면서 데이터의 양/크기를 줄이는 방법 |
| 변환<br>Transformation | 표준화/정규화, 이산화, 범주 재구분 등의 과정을 통하여 분석의 유용성과 효율성을 높일 수 있는 데이터 재표현 방법 |

정제[Cleaning]는 가장 기본적인 단계로 수집된 데이터의 이상[abnormal] 형태를 정리/정돈하는 과정을 말한다. 예를 들어, 결측값[Missing Values] 처리 및 특정 분석 과정이 아닌 데이터 특성상의 이상값[Outliers]를 탐지하여 데이터의 비일관성 문제를 제거하는 과정을 말한다. 데이터 정제는 최초 단계뿐만 아니라 분석이 진행되면서 다양한 단계와 절차에서 적용될 수 있다.

통합[Integration]은 서로 다른 출처의 데이터를 변수/케이스 기준으로 결합하여 가용 데이터를 보다 풍부하게 확보하는 방법이다. 실제로 분석 목적에 적합한 데이터들이 서로 다른 데이터 베이스에 보관되어 있거나 서로 다른 부서/실험실에 존재하는 경우 분석 목적에 적합한 시점/변수/케이스 등에 따라 통합하는 과정을 말한다. 통합 후에는 중복성과 불일치성을 줄이기 위한 추가적인 활동을 필요로 한다. 일반적인 데이터 통합에서는 ETL - Extract, Transform and Load -의 단계를 고려한다. 이는 다양한 출처로부터 필요한 데이터를 추출하고 필요한 변환 작업을 거쳐 목표 시스템으로 전송하고 사용 가능하게 하는 모든 과정을 의미한다.

12) Han, Jiawei, Jian Pei, and Micheline Kamber(2011). Data mining: concepts and techniques. Elsevier

축소Reduction는 원 데이터의 일부를 선택Selection하는 간단한 방법에서 다양한 통계적 방법을 적용하여 변수/케이스의 차원을 줄이는 추출Extraction 방법으로 구분된다. 데이터 축소의 근본적인 목적은 원 데이터보다 양을 줄이면서 분석 작업의 효율성을 증가 시켜 원 데이터의 분석 결과와 (거의) 동일한 결과를 산출하는 것으로 그 목적에 따라 다양한 방법 - 부분 집합 선택, 표본 추출, 차원 축소, 군집화, 잠재 변수 도출 등 - 을 적용할 수 있다.

변환Transformation은 분석 결과의 유용성과 타당성을 확보하기 위하여 원 데이터의 정보량을 유지하면서 일정 형식 변환을 통하여 데이터의 값/형태/구조 등을 변경하는 것을 말한다. 일반적으로 측정 단위의 상이성, 분포의 형태 위배 등의 경우에는 반드시 변환을 적용해야 하고 필요에 따라 연속형 변수의 범주형 변환, 범주형 변수의 범주 재정의 등과 같은 변수 재표현Reexpression 기법이 광범위하게 적용된다. [그림 1.4]는 데이터 전처리 기법과 목적 그리고 널리 사용되는 통계적 기법을 나타낸다.13)

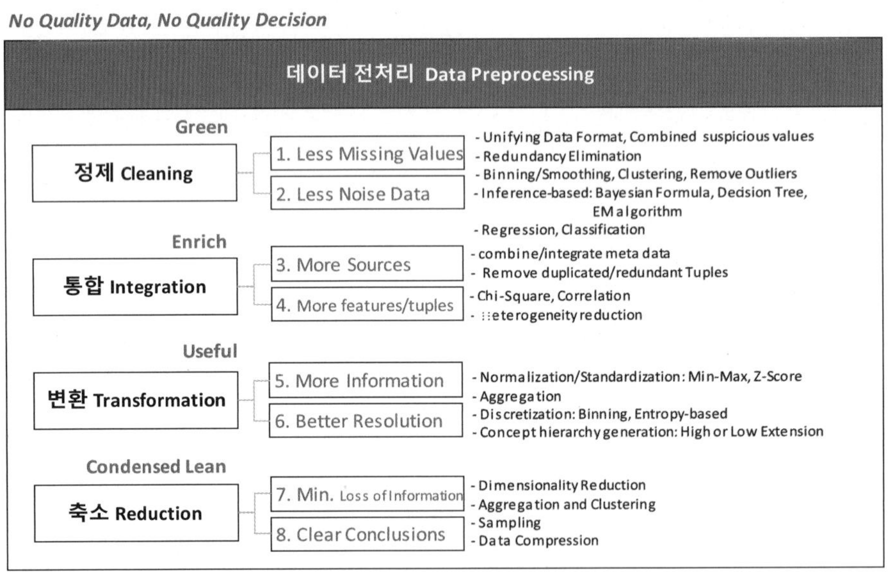


[그림 1.4] 데이터 전처리 기법, 목적 그리고 활용 기법

13) 가천대학교 대학원 응용통계학과, 통계 방법론 I 강의 노트

데이터 전처리 4가지 기법의 목적은 크게 8가지로 구분할 수 있으며 이를 달성하기 위해서는 단순한 선택/제거 방법부터 데이터 관련 기법과 다양한 통계 기법이 사용되며 하나의 기법은 2 개 이상의 목적으로 적용될 수 있다. 일반적으로 특정 목적을 위하여 새롭게 데이터를 수집하는 경우를 제외하고는 데이터 전처리를 위하여 많은 시간과 노력이 필요하며 경우에 따라서는 전체 분석 결과를 얻기 위한 전체 노력의 80~90%까지 소요되기도 한다. 하지만 올바로 전처리를 진행한 경우에는 새로운 측정을 위한 비용을 크게 줄이고 분석 결과의 타당성과 유용성을 크게 높일 수 있다는 장점이 있다. 다음은 데이터 전처리의 사례이다.

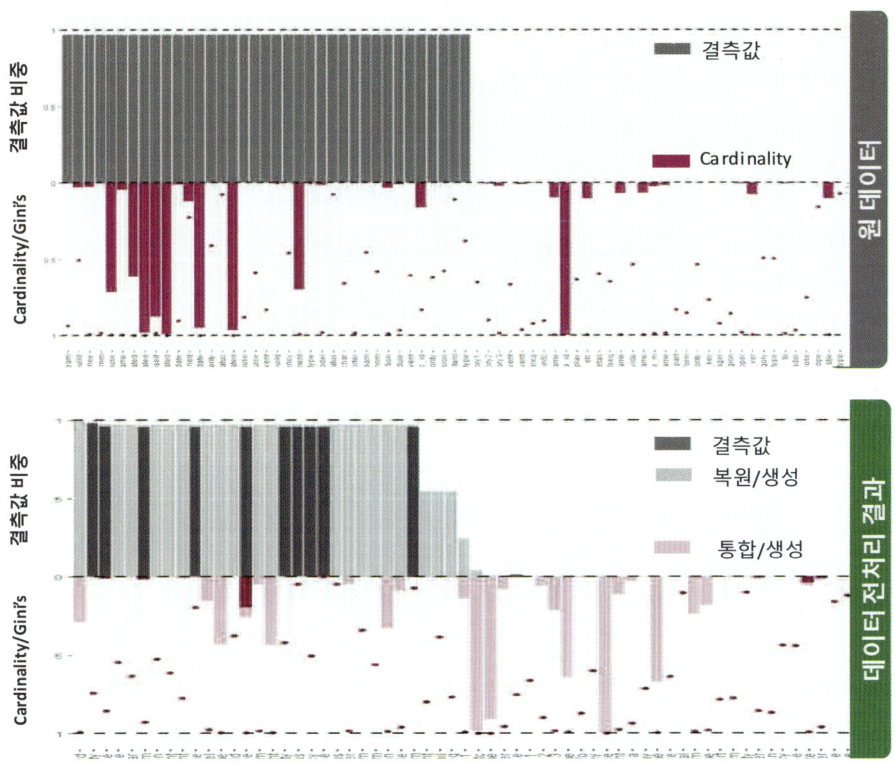


이는 약 1년 동안 108개의 변수들로 측정된 SW 운영 관련 데이터로서 범주형으로 측정된 65개 변수들 중에서 결측값의 비율이 50%이상인 34개 변수들과 고유 범주의 수Cardinality가 큰 변수들에 대한 전처리 결과이다. 최초 가용 데이

터(857MB, CSV 기준)에 대한 전처리를 통하여 최종 가용 데이터(667MB, CSV 기준)를 생성하였고 이때 데이터 정제, 통합, 변환 및 축소를 통하여 결측값을 70%이상 줄이고 새로운 변수들 도출 및 잠재 인자를 새롭게 도출하여 최종 분석에 적용하였다.14)

데이터 전처리는 데이터 마이닝Data Mining, 머신 러닝Machine Learning, 딥 러닝Deep Learning 분야에서 필수적인 단계이다. 이는 분석의 대상이 되는 데이터의 문제이며 해당 문제는 데이터의 수집 방법에 기인한다. 실제로 품질 개선 분야에서도 프로세스의 자동화, 고객/시장 데이터와 제품 불량과의 연계 등의 목적으로 이러한 가용 데이터의 확장을 필요로 한다. 하지만 새로운 제품의 개발, 기존 제품의 개선 등의 영역에서는 고객 관점의 불량/결함의 올바른 이해와 새로운 기능과 조건에 대한 확인이 전제되어야 하므로 [그림 1.5]와 같이 새로운 측정에 의한 가용 데이터 확장 역시 동시에 고려되어야 한다.

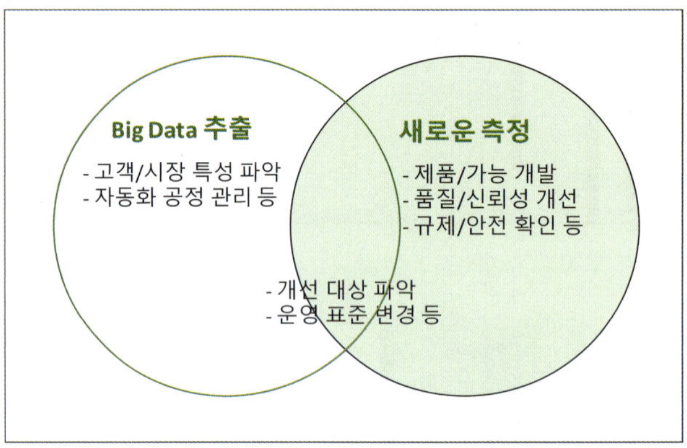


[그림 1.5] 목적별 가용 데이터의 확장

이 책에서는 (1) 품질 개선 분야에서 활용도가 높고 (2) 통계 방법론의 적용 사례가 다양한 「새로운 측정을 통한 가용 데이터 확장」의 관점에서 개선 프로젝트 실행을 통한 통계적 문제 해결 방법을 다루기로 한다. Big Data 관련 분석 그리고/또는 프로젝트 진행 방법에 대해서는 현장에서 성공 사례가 누적되고 시행착오가 최소화되는 시점에서 별도의 지면에서 다루기로 한다.

14) 가천대학교 응용통계학과 대학원 산학 과제, Software Test Big Data 표준화 및 기계 학습을 활용한 개발 품질 Risk 예방/예측 모델 개발, 2018

# 1.3 품질 개선

품질[Quality]에 대한 기본 정의는 「표준에 대한 적합성 Conformance to Standards」 이다. 여기서 표준 결정의 주체는 기술, 기업 그리고 고객으로 변화되어 왔으며 모든 품질 문제는 고객[Customer]으로 부터 제시된다.

- **고객** Customer

고객은 거의 모든 기업의 비전 또는 목표에 자주 등장하는 익숙한 용어이다. 이는 실제로 제품/서비스를 구입하는 소비자의 개념에 국한된 것이 아니라 업무 활동의 결과를 제공받는 사람/부서/조직을 의미한다. 이를 보다 명확하게 정의하기 위하여 고객은 내부 고객[Internal Customer]과 외부 고객[External Customer]으로 세분화한다. **내부 고객**이란 조직 내부에서 함께 활동하는 구성원 또는 부서를 의미한다. 이는 상호 연계된 업무를 진행하는 다양한 구성원/부서 간으로 정의될 수 있으며 원하는 목표에 따라 달리 정의될 수 있다. 즉, 일상적인 업무 활동에서의 내부 고객과 품질 개선의 목표 하에서의 내부 고객은 서로 다를 수 있다. **외부 고객**이란 기업 외부의 관련 업체 또는 최종 제품/서비스를 구매하는 소비자[Consumer]로 구분된다. B2B 사업의 경우에는 대부분 관련 업체로 정의될 수 있으며, 그렇지 않은 경우에는 최종 소비자가 고객으로 정의될 수 있다.

결함[Defect]이란 부족하거나 완전하지 못하여 흠이 되는 부분 또는 기술적 오류/오작동을 말한다. 또한 결함은 설계자 또는 생산자가 아닌 고객에 의하여 결정됨을 이해할 수 있어야 한다. 즉, 기술적/환경적으로 어쩔 수 없는 제한적 요소가 있다고 하더라도 「고객의 불만족」 을 유도하는 제품/서비스의 모든 요소를 결함으로 정의하고 고객의 핵심 요구 사항을 도출할 수 있어야 한다.

개선[Improvement]이란 부족하거나 잘못된 점을 고쳐서 더 낫거나 좋게 하는 것을 말한다. 즉, 특정 대상에 대하여 현재보다 더 좋게 만드는 활동을 의미한다. 따라서 현재 수준에 대한 판단 없이 개선을 말할 수 없다. 업무란 현장[Field]에 대한 올바른 이해와 적절한 대응을 의미한다. 그리고 현장은 항상 무언가 변화한다. 즉, 현장에는 항상 변화되는 사실[Facts]들이 있다. 그러나 비슷한 업무를 반복하다

보면 실제 사실을 확인하기 보다는 과거의 경험이나 타성 또는 모호한 기준에 따라 실행되는 경우가 많다. 대부분의 예기치 못한 부정적 결과는 구성원의 업무 수행 역량이 낮아서라기보다는 현장에서의 간과된 누락 요소에 의해 나타난다. 이러한 오해를 제거하기 위하여 J. Juran 박사는 개선을 다음과 같이 정의하였다.

## 2. 개선

> 개선이란 지금까지 한 번도 달성해 본적이 없는 실행력의 달성을 말한다.
>
> J. Juran

또한 몇 가지 특징에서 개선을 했다고 하더라도 그 이외의 다른 특징에서 심각한 반작용[Anti-Action]이 있다면 이를 개선이라고 말할 수 없다. 여기서 반작용이란 개선 활동으로 인하여 나타나는 바람직하지 못한 현상들을 말한다.

고객 중심으로 정의된 결함의 정도는 제품/서비스를 제공하는 활동들의 모임인 프로세스[Process]에 의하여 결정된다. 따라서 이미 생산된 제품/서비스의 결함 정도를 확인하는 검사[Inspection]활동 보다는 모든 제품/서비스의 품질을 결정하는 프로세스 중심의 개선[Improvement] 활동이 품질 개선에 효과적이다. Deming 박사는 「고객의 기대를 충족시켜 주지 못하는 이유의 85%는 구성원의 잘못이 아니라 잘못 정의된 프로세스 때문이다.」 라고 충고하였다.[15] 이는 고객 관점의 높은 품질을 달성하기 위해서는 먼저 올바른 프로세스를 정립할 수 있어야 한다는 점을 강조한 것이다.

• **프로세스** Process

일반적으로 업무가 처리되는 경로, 과정, 절차 또는 연속적으로 진행되는 반복 가능한 일련의 활동을 **프로세스**라고 부른다. 조직에서 의미 있는 모든 업무 활동은 프로세스 또는 프로세스의 구성 요소이다. 따라서 모든 성과는 프로세스를 통해 달성된다. 따라서 프로세스는 다음과 같이 정의할 수 있다.

---

15) E. Deming(1900-1993). A Lesser Category of Obstacles #7
「Placing blame on workforces who are only responsible for 15% of mistakes where the system designed by management is responsible for 85% of the unintended consequences.」

Better Data Scientist Σ You Must Know 50 Prof. KO Statistics

## 3. 프로세스

> 고객의 요구를 바탕으로 자원 및 정보를
> 제품과 서비스로 변환시키는데 필요한 일련의 활동과 작업

품질 개선을 목표로 실행되는 일련의 활동은 일상적인 업무 프로세스와는 크게 다를 수 있다. 즉, 품질 개선 목표와 대상이 무엇인가에 따라 그 규모와 범위가 광범위하고 복잡할 수도 있고 제한적이고 간단할 수도 있다. 또한 부품 수급, 생산, 조립 그리고 연결 절차를 반영하는 유형의 요소들로 구성될 수도 있고 구성원의 행동과 의사 결정 과정 등과 같이 무형의 요소로 구성될 수도 있다.

품질 개선은 현재 그리고/또는 가까운 미래의 재무적 성과 향상을 목표로 한다. 또한 지난 20세기 동안의 시행착오에 의하면 품질 개선은 개별 제품 중심의 불량 제거가 아닌 프로세스를 대상으로 적용되어야만 효과적으로 품질 개선을 달성하고 유지할 수 있다는 점을 강조한다.16) 따라서 프로세스의 개선은 제품 중심의 검사 또는 재작업을 통한 개선과 구별되어야 한다. 또한 프로세스는 일부 일상적이고 개별적인 업무 활동의 개선으로 충분하지 않으며 올바른 프로젝트 정의와 실행을 통하여 개선할 수 있다.

- **프로젝트** Project

특정 주제에 대한 연구나 새로운 제품 개발을 위하여 주어진 기한 내에 유기적이고 조직적으로 수행되는 일련의 작업을 **프로젝트**라고 한다. 이는 (1) 명확한 목표를 설정하고, 이를 달성하기 위하여 (2) 제한된 시간과 자원으로 진행되는 (3) 비상시적 활동임을 강조한다. 또한 획기적인 성과를 위하여 성과 중심의 프로세스를 정의하고 [그림 1.6]와 같이 프로젝트를 통하여 이를 개선할 것을 요구한다.17)

16) A. Endres(2000). Implementing Juran's roadmap for quality leadership: benchmarks and results. John Wiey & Sons, New York

17) 고승곤, 이종설(2011). 엑스 이노베이션: 반복적 성과 창출의 비밀, 엘빅미디어

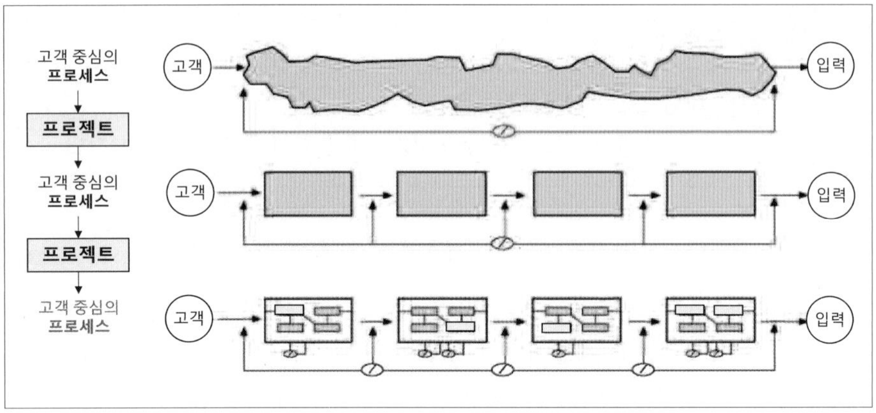


[그림 1.6] 프로젝트를 통한 프로세스 명확화

품질 학자들은 품질 개선에 유용한 과학적인 도구와 방법을 소개하고 발전시켜왔다. 이는 규칙과 양식에 기초한 정성적 방법과 데이터data와 분석analysis에 기초한 정량적 방법으로 구분된다.

- **데이터** Data

일반적으로 데이터란 어떤 대상의 속성을 일정한 기준으로 수집한 것을 말하며 숫자, 문자, 기호 등으로 표현된다. 이를 품질 개선을 위하여 간단히 정의한다면 「특정한 목적 하에서 수집되는 문자와 숫자 또는 이와 관련된 기록들」이라고 할 수 있다. 특히 품질 개선에서 언급되는 데이터는 이러한 사전적 정의와 함께 현장의 사실Facts이라는 의미라는 점이 강조되어야 한다. 따라서 목적이 불분명하거나 품질 개선이 아닌 다른 목적으로 수집되는 다양한 데이터는 개선의 대상을 측정한 「현장의 사실」이 아닐 수 있으므로 무엇보다 먼저 명확한 목적 하에서 이에 적합한 데이터를 수집할 수 있어야 한다.

데이터의 분석 방법은 컴퓨터의 발달과 다양한 소프트웨어의 도움으로 현장에 빠르게 적용되어 왔다. 이는 신속한 품질 진단과 현상 이해에 크게 기여했을 뿐만 아니라 신속한 의사 결정을 가능하게 하였다. 또한 다양한 분석 방법을 제조 프로세스에 적합하도록 정리하고 체계화하여 다양한 영역에서의 품질 향상에 기여하였다.

마지막으로 올바른 품질 개선을 위해서는 장/단기 목표를 설정하고 시간과 자원을 체계적으로 분배함과 동시에 주어진 환경과 조건에 따라 구성원들의 적절한 행동 방식을 선택할 수 있어야 한다. 이는 주어진 경영 환경과 조직의 역량에 따라 다양한 방법으로 정의될 수 있으며 상호 보완되어야 한다.

## Better Data Scientist ΣYou Must Know 50 Prof. KO Statistics 4. 품질 개선을 위한 필요 조건

(1) 성과 지향적인 명확한 목표
(2) 목표 달성을 위하여 필요한 행동 방식
(3) 결과 확인을 위한 합리적 의사 결정 방법

품질 개선의 목표는 경영 목표와 밀접하게 연관될 수 있어야 한다. 이를 위하여 다음의 경영 품질 목표와 관련된 기본 용어들을 먼저 이해해야 한다.

### • Big Y

전체 최적화 관점의 목표 및 성과를 명확히 정의하기 위하여 설정하는 것으로써 경영 과제로부터 도출된 계량적인 지표를 말한다.

(1) 경쟁 우위의 기업 역량 달성을 위하여 중/장기적으로 반드시 달성해야할 목표이다.
(2) 측정이 가능해야 하며 목표 수준은 반드시 정량화할 수 있어야 한다.
(3) Big Y는 실행의 용이성을 위하여 little y들로 하위 전개될 수 있다.

### • little y

Big Y로부터 하위 전개되는 실행 목표를 말한다. 하위 전개의 기준은 실행 부서, 실행 시점, 제품/서비스의 특성 또는 실행 용이성 등으로 지정할 수 있으며 개별 little y는 Big Y의 목표와 밀접하게 연동되어야 한다.

(1) Big Y로부터 MECE 구분 원칙에 따라 little y들을 선정해야 한다.
(2) 측정이 가능해야 하며 목표 수준은 반드시 정량화할 수 있어야 한다.
(3) 각 little y들의 실행 난이도와 목표 달성 시점은 가능한 한 비슷해야 한다.

- **KPI** Key Performance Indicator

조직/부서/개인의 실행 척도로서 업무의 성공 또는 이와 연관된 특정 활동의 성공 여부를 평가하는 지표를 말한다.

(1) 조직의 핵심 목표와 밀접하게 연관되어야 한다.
(2) 정량화할 수 있어야 하고 원하는 시점에 주기적으로 확인할 수 있어야 한다.
(3) 지정된 조직/부서/개인이 관리와 통제를 할 수 있어야 한다.
(4) SMART 기준을 준수해야 한다.[18)]

- **VOC** Voice of Customer

프로젝트 선정을 위해 확인해야 할 고객의 요구[needs]와 욕구[wants] 사항들을 체계적으로 수집하는 활동을 말한다. 고객으로부터 확인된 요구 사항들은 프로세스 설계와 부가가치를 높이는 업무 개선 활동에 가장 중요한 요소이다.

(1) 고객의 의견이 나타나는 모든 출처들을 확인해야 하고 (예: 인터뷰, 설문조사, 상품 평가, Service에 대한 의견, SNS 등) 가능한 경우 피드백을 받을 수 있어야 한다.
(2) 조사된 의견/요구 사항은 프로젝트의 선별, 범위 선정 그리고 우선순위에 반영할 수 있어야 한다.

- **CTQ** Critical To Quality[19)]

고객의 다양한 요구 사항들로부터 도출된 품질에 매우 중요한(치명적인) 특성들을 말한다.

(1) 정량적으로 표현할 수 있어야 하며 명확한 목표값[Target]과 규격한계[Specification Limit]를 설정할 수 있어야 한다.
(2) 고객의 요구 사항으로부터 체계적으로 도출되어야 하며 선정된 CTQ들에 대해서는 고객의 요구 사항과 밀접하게 연계된다는 근거를 제시할 수 있어야 한다. (예: 관련 데이터 또는 분석 결과 등)

18) SMART란 Specific, Measurable, Achievable, Relevant, Timely를 말한다. <저자 주>
19) 이와 비슷한 개념으로 프로세스에 중요한 원인들을 CTP(Critical To Process)라고 정의하기도 한다. <저자 주>

## 1.4 진단과 적용

품질 개선의 목적은 고객 관점에서 결함 없는 프로세스를 정립하고 유지하는 것이다. 따라서 품질 개선은 다음의 핵심 요소 하에서 진행되어야 한다.

Better Data Scientist Σ You Must Know 50 Prof. KO Statistics

**5. 성공적인 품질 개선의 핵심 요소**

(1) 고객 중심 Customer-Focused
(2) 데이터 기반 Data-Driven or Fact-Based
(3) 전사 최적화 Global Optimization

기업의 모든 활동에는 반드시 고객이 있다. 그리고 고객은 구성원/부서/기업의 노력을 통하여 보다 더 만족시킬 수 있다. 예를 들어 내부 고객 만족도를 높인다면 관리 비용의 감소를 그리고 외부 고객 만족도를 높인다면 이윤의 향상을 달성할 수 있다.

모든 개선 활동은 「현장으로부터의 사실」에 기초해야 한다. 이를 상징적으로 「데이터」라고 부르고 좀 더 구체적으로 표현하면 데이터는 현장에서 특정 목적으로 측정된 사실, 즉 실제[Reality]에 대한 기록을 의미하며 일관된 기준으로 측정됨을 가정한다. 따라서 데이터는 단순한 숫자와 문자 또는 일정한 텍스트를 모아 놓은 것을 의미하는 것이 아니라, 주어진 목적 하에서 적합한 대상에 대한 올바른 측정 결과를 말한다.

전체적인 관점에서 모든 업무는 항상 부분적이다. 모든 구성원은 전체 중에서 일정 부분에 기여하고 성과는 이러한 부분들의 모임인 전체에 의해 달성된다. 그리고 모든 구성원은 항상 개선 기회를 갖는다. 그리고 개선은 항상 반작용이라는 그림자를 동반한다. 따라서 반작용을 확인하지 못한 부분적 개선은 조직 전체의 성과 체계에 지뢰를 심어 놓는 것과 같다. 이러한 경우의 개선 활동은 잠재된 손실일 수 있다. 따라서 모든 개선 활동은 반드시 전사 최적화의 관점에서 실행되어야 한다.

## 6. 현상 진단과 개선안 적용의 원칙

**[진단의 4대 원칙]**

- 고고도 탐색 Zoom-in Filtering
- 분할 그룹화 MECE Grouping
- 변동 중심 Variation-Focused
- 파레토 법칙 기초 Pareto Principle Based

**[적용의 3대 원칙]**

- 프로세스 중심 Process-oriented
- 측정 중심 실행 METRICS[20]
- 중요 단계별 적용 Step-by-Step

진단Diagnosis 이란 어떤 현상에 대한 특징과 원인을 구별하는 논리적, 경험적 그리고 분석적인 방법을 말하며 원인-결과Causality 관계를 중심으로 새로운 활동을 탐색하는 기준으로 구성된다. 확인된 활동은 현장과 현물에 올바로 적용Application하여 전사최적화와 성과 극대화를 달성할 수 있어야 한다.

먼저 [진단의 4대 원칙]을 확인해 보도록 한다. 올바른 진단을 위해서는 4대 원칙을 동시에 적용할 수 있어야 한다.

### • 고고도 탐색 : 큰 그림을 먼저 그려라.

숲을 보지 못하고 나무만 본다는 말이 있다. 어부는 바다를 보지 못하고 심마니는 산을 보지 못한다는 말도 있다. 이들은 모두 부분에 매진할 때 전체를 보지 못한다는 의미로 사용된다. 이러한 금언은 먼저 전체를 파악하고 구체적인 대상을 선택해야 한다는 중요한 지혜를 담고 있다. 모든 구성원은 전문성을 가지고 있다. 하지만 이는 모두 부분에 대한 전문성이다. 특히 품질 개선이라는 관점에서 이러한 사실은 더욱 명확해 진다. 조직의 특정 부분에 대한 창의적이고 획기적인 아이디어가 조직 전체의 지원을 받지 못해 유명무실해지는 경우가

20) METRICS는 Measure Everything That Results In Customer Satisfaction의 약자

많다. 또한 최초로 제품이나 서비스를 창조한 기업들이 그에 대한 혜택을 누리지 못하는 경우를 시기 또는 환경의 탓으로 돌리는 경우도 많다. 만일 당시에 충분한 지원을 받았다면 지금은 대단한 성공 사례로 소개되고 있을지도 모르는 일이다.

품질 개선을 위한 진단은 고객 관점의 중요 특성에 영향을 주는 전체 프로세스에 대한 고찰에서 시작되어야 한다. 이를 위하여 고려할 프로세스의 한계 - 시작과 끝 - 를 명확히 정의하고 이를 구성하는 다양한 구성 요소간의 구조를 가능한 한 자세히 파악해야 한다. 또한 파악된 요소와 절차는 가능한 한 시각적으로 표현하고 일반적인 언어를 사용하여 다른 구성원들도 쉽게 이해할 수 있도록 하는 것이 바람직하다.

### • **분할 그룹화** : 올바로 분류하라.

분류[Grouping]를 하는 이유는 목적에 적합한 활동들에 대한 용이성을 확보하는 것이다. 이는 현상을 소수의 집단으로 구분하는 것은 이미 잘 알려진 분석 기법이다. 사람들은 적절한 기준으로 지출 또는 소비 항목 등을 분류하고 관리하는 것에 익숙해져 있으며 시장의 세분화, 제조 환경의 층화[Stratification] 등은 이미 현장에서 널리 활용되고 있는 구분의 응용이다. 구분에 대한 가장 기초적인 기준으로 MECE를 들 수 있다. 여기서 MECE란 Mutually Exclusive and Collectively Exhaustive의 약자이며 [그림 1.7]과 같이 어떤 대상을 구분할 때 「중복되지 않게 그리고 빠뜨리지 말고 구분하는 것」을 의미한다.21)

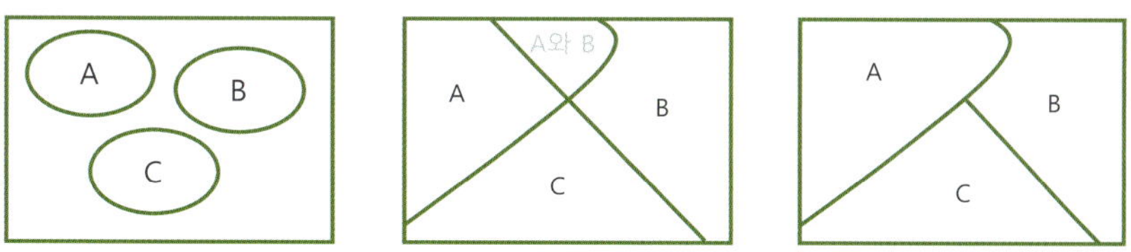


(1) ME이지만 CE가 아닌 경우
-범주 A,B,C의 공통 부분 없음
-범주 A,B,C 합이 전체가 안됨

(2) CE이지만 ME가 아닌 경우
- 범주 A,B에 공통 부분 있음
- 범주 A,B,C의 합이 전체가 됨

(3) MECE인 경우
- 범주 A,B,C에 공통 부분 없음
- 범주 A,B,C의 합이 전체가 됨

[그림 1.7] MECE의 의미

---

21) 간단히 "미시"라고 읽고 이를 집합에서는 분할(Partition)이라고 한다. <저자 주>
$\Omega = \cup_{i=1}^{k} A_i, A_i \cap A_i = \varnothing, \forall i \neq j = 1, 2, \ldots, k$

진단의 과정에서 현장을 올바로 구분한다면 그렇지 않은 경우에 비하여 보다 간단한 대책을 쉽게 찾을 수 있다. 또한 이를 통하여 명확한 실행 방법을 결정할 수 있고 이에 대한 반작용을 쉽게 검토할 수 있다는 장점을 갖는다. MECE 구분을 하지 않고 찾아진 대책은 일련의 조정Adjustment 과정을 거친다. 그리고 대부분의 사람들은 조정에 익숙하지 않으며 만일 조직의 부서 또는 개인 간의 이해관계가 대립하는 경우에는 합리적인 조정은 처음부터 존재하지 않는다. 혹시 올바로 조정한다고 하더라도 반작용을 객관적으로 확인하기는 어렵다.

• **변동 중심** : 서로 다른 것을 먼저 진단해라.

변동variation이란 서로 다른 것을 의미한다. 일관성 없는 현상을 표현하는 단어이다. 현장에는 항상 변동이 존재한다. 예상하지 못한 결과의 대부분은 변동을 고려하지 못한 불완전한 대책에 기인한다. 실제 변동이 존재하는 상황의 진단에서 변동을 고려하지 않는다면 실제 사실을 확인할 방법은 존재하지 않는다.

대부분 사람들의 생각은 평균 중심이다. 만일 고려하는 대상의 변동이 충분히 작다면 평균적인 생각은 예측력을 갖는다. 하지만 변동이 큰 경우 평균적인 생각은 사실상 별 의미가 없다. 출근 시간을 생각해 보자. 집에서 회사까지의 거리가 있을 것이고, 이동하는 몇 가지 교통수단이 있다. 누구에게나 출근 시간을 물어보면 대부분 평균적으로 대답한다. 매일 측정을 해보면 실제로는 많이 다를 수 있다. 가끔 회사에 생각보다 일찍 도착했던 또는 늦게 도착했던 경험들이 있을 것이다. 이러한 이유로 사람들은 좀 더 중요한 상황에서 값 대신에 「30~40분」이라는 일정한 범위range로 답을 한다. 회사에 중요한 일이 있을 때 조금 일찍 출근하는 것과 복잡한 교통 혼잡을 피해서 퇴근 시간을 조정하는 것 등의 행동은 결국 변동을 반영하고자 하는 생각에서 시작된다.

합리적인 의사 결정과 행동이란 현장의 변동을 올바로 반영하는 것을 의미한다. 그리고 경험이란 적당한 방법으로 변동을 행동에 반영할 수 있다는 것을 의미하기도 한다. 제조 기업의 품질 관리, 서비스 기업의 고객 관리 그리고 금융 기업의 유동성 관리 등은 변동 관리라는 기본적인 목적에서 출발한다고 할 수 있다.

• **파레토 법칙 기초** : 중요한 것으로 단순화해라.

현장에서의 문제 해결을 위한 기초 작업은 다양한 검토이다. 이를 통하여 수많은 원인들을 나열하게 된다. 만일 나열된 원인들이 매우 많거나 또는 원인들이 특정 기능 또는 환경과 상호 관계를 갖는 경우에는 적절한 해결책을 찾기 어려워진다. Juran 박사는 품질 개선을 위한 원인 규명에 대하여 「Vital Few and Trivial Many」를 주장하였다.[22] 품질 개선을 위한 파레토Pareto 법칙[23] 이라고도 불리는 이 원칙은 결과의 대부분을 소수의 원인이 결정한다는 것으로 80/20 법칙 또는 인자 희소성의 원칙Principle of Factor Sparsity이라고도 한다.

### 7. 인자 희소성의 원칙

> 어떤 모집단의 현상에서
> 대부분의 효과(결과)에 공통적으로 기여하는 원인들은 상대적으로 소수이다.

이 법칙은 다양한 영역에서 확인되고 증명되었다. 백화점 또는 은행의 매출 또는 이익의 대부분은 일부 고객에 의해 달성된다. 인정하기는 쉽지 않지만 조직에서도 실제 성과에 기여하는 구성원은 20%를 넘지 않는다고 한다. 심지어 개미와 베짱이라는 우화에서 열심히 일하는 것으로 알려진 개미조차도 20% 정도가 필요한 일의 대부분을 한다고 한다. 파레토 법칙은 여기서 끝나지 않는다. 문제를 해결하거나 성과를 도출하고자 할 때 핵심 원인들이 소수라는 것은 다양한 분야에서 경험적으로 증명되고 있다. 따라서 중요한 결과 특성을 올바로 결정하고 이를 개선하고자 할 때 중요한 원인들이 많지 않다는 것을 의미한다. 품질 개선을 위한 다양한 방법을 적용해 본 제조 분야에서는 이를 인자 희소성의 원칙이라고 부른다. 이는 품질 개선을 위하여 고려해야할 조절 가능한 프로세스의 원인들은 많지 않다는 것을 의미한다.

---

22) J. Juran(1994-2008). 미국의 품질학자.

23) 1897년 이탈리아 경제학자 Vilfredo Pareto가 소득 분포에 대하여 발표한 통계적 법칙으로 이탈리아 인구의 20%가 이탈리아 전체 부의 80%를 가지고 있다는 주장에서 유래하였다. <저자 주>

지금까지 설명된 [진단의 4대 원칙]을 올바로 적용하였다면 그 결과는 사실에 가깝고 누락 요소를 최소화했다고 가정할 수 있다. 이러한 진단은 올바른 대책을 수립하고 이를 올바로 적용하기 위한 기초가 된다. 다음은 진단을 통하여 선정된 대책을 현장에 적용하기 위한 [적용의 3대 원칙]이다.

- **프로세스 중심** : 제품이 아닌 프로세스를 고쳐라.

업무 활동에서 잘못된 점을 찾았을 때 취할 수 있는 조치는 크게 세 가지로 분할 수 있다. 하나는 문제가 일어난 잘못된 결과를 수정하는 것, 두 번째는 유사 혹은 동일한 업무에서 비슷한 문제가 발생하지 않는지를 지속적으로 확인하는 것 그리고 세 번째는 다시는 그런 문제가 발생하지 않도록 잘못된 결과를 만들어낸 업무 활동 자체를 수정하는 것이다. 예를 들어, 어떤 회계 작업에서 숫자를 잘못 입력했다면 자세한 검토를 통해 잘못 입력된 숫자를 찾아서 고치는 것은 첫 번째 조치에 해당하고, 다른 회계 작업 혹은 회계 직원이 동일한 실수를 하지 않는가를 지속적으로 확인하는 것은 두 번째 조치에 해당한다. 만일 다시는 숫자가 잘못 입력되지 않도록 프로세스의 절차와 구성 요소를 점검하고 새로운 방지책을 찾아서 프로세스 자체를 개선한다면 이는 세 번째 조치에 해당한다.

당장의 성과를 위해서는 첫 번째 경우도 나쁘지 않다. 하지만 그 성과는 반복되지 않을 것이다. 두 번째 경우는 관리 요소가 증가했으므로 일정 기간 성과를 지속할 수 있겠지만 이러한 활동을 지속한다면 결과적으로 운영 활동이 부담스러워진다. 무언가 잘못될 때마다 관리 요소로 추가한다면 결국 모든 행동 하나 하나를 관리해야 할 것이기 때문이다. 지속적인 성과를 원한다면 세 번째 경우가 바람직하다. 즉, 성과에 중요한 문제가 다시는 발생할 수 없도록 근본적으로 해결할 수 있어야 한다.

- **측정 중심 실행** : 고객 만족에 중요한 요소를 모두 측정해라.

측정Measurement이란 어떤 현상 또는 특징에 일련의 숫자 또는 문자를 부여하는 작업을 말한다. 측정의 최대 장점은 명확성Definiteness이며, 명확성이 실무에 주는 유용성은 변별력Distinction이다. 관심 있는 현상이나 특징을 잘 구별하여 모호함을 없애 주는 것이 측정의 장점이다. 성과 중심의 프로젝트에서 성과를 결정하는 고객과 관련된 사항보다 중요한 것은 찾기 어렵다. 따라서 고객 만족에 중요한 요소들은 가능한 한 측정할 수 있어야 한다.

측정 활동에서 일련의 숫자와 문자를 부여하기 위해서는 일정한 기준이 있어야 한다. 그 기준은 「직업」과 같이 일정하게 구분된 범주Category일수도 있고, 「길이」와 같이 특정 단위($cm$)를 부여한 값Value 또는 구간Interval일수도 있다. 즉, 올바른 측정이란 주어진 기준을 얼마나 일관되게 잘 지키는가를 말한다.

실무에서 명확해야 하는 특성 또는 상황을 측정하지 않는 것은 그 자체가 오류이다. 그리고 명확할 필요가 없는 특성 또는 상황을 정교하게 측정하는 것 역시 또 다른 오류이다. 따라서 측정을 위해서는 실무적인 목적을 확인하고 목적에 적합하도록 적절한 변별력을 결정할 수 있어야 한다. Deming 박사는 「개선이란 프로세스에 대한 체계적인 측정을 통한 깊은 이해에 기초한다.[24]」고 했다. 따라서 올바른 개선을 위해서는 고객 만족에 중요한 요소들을 가능한 한 많이 측정할 수 있어야 한다.

- **중요 단계별 적용** : 건너뛰지 말고 차근차근 실행해라.

프로젝트의 규모는 목표하는 성과의 크기 또는 기여하는 업무 활동에 따라 달라질 수 있다. 성과 중심의 프로젝트는 몇 가지 중요한 단계로 구분되어 진행된다. 예를 들어, 문제 정의, 현 수준 파악과 목표 설정, 핵심 원인의 파악, 개선안 도출 그리고 개선 결과에 대한 검증과 유지 단계를 들 수 있다. 각 단계의 결과물은 다음 단계의 투입물이 된다. 따라서 각 단계에서 필요한 중요 결과를 확인하고 순차적으로 다음 단계로 진행할 수 있어야 한다.

24) E. Deming(1900-1993). 미국의 품질학자.

## 1.5 문제 해결 절차

일반적으로 문제가 발생하면 과거의 축적된 경험과 지식을 통하여 문제를 해결하고자 한다. 이러한 과정을 통하여 새로운 경험과 지식을 축적하고 새롭게 문제를 해결하는 방식을 학습한다. 이를 경험 학습Learning from Experience이라고 한다. 이는 사람들이 경험으로부터 어떻게 배우는가에 대한 개념으로 2개 이상의 단계로 구성되며 마지막 단계는 최초의 단계와 연결되는 순환적 학습 주기learning cycle로 표현된다. 가장 대표적인 학습 주기는 추상적인 관념보다는 구체적인 「경험」에 가치를 둔 J. Dewey[25]의 사상을 모형화한 D. Kolb와 P. Jarvis의 4단계의 경험 학습 모형Experiential Learning Model을 들 수 있다.[26] 이는 학습 경험의 전환Transformation을 통하여 이루어진다는 점을 강조하며 [그림 1.8]과 같이 구성된다.

[그림 1.8] D. Kolb와 P. Javis의 경험 학습 모형(1984)

25) Dewey, John (1998) [1933]. How we think: a restatement of the relation of reflective thinking to the educative process. Boston: Houghton Mifflin. p. 107. ISBN 978-0395897546.

26) Kolb, David A.; Fry, Ronald E. (1975). "Towards an applied theory of experiential learning". In Cooper, Cary L. (ed.). Theories of group processes. Wiley series on individuals, groups, and organizations. London; New York: Wiley. pp. 33 - 58. ISBN 978-0471171171.

D. Kolb의 모형은 순차적이며 순환적인 과정으로 문제의 인지, 성찰, 해석 그리고 적용이라는 일반적인 절차를 의미한다. 이를 품질 문제 해결 과정과 연계해보면 문제 발생 인지, 진단, 분석 및 해석 그리고 적용이라는 단계로 구분하여 연계할 수 있고 이는 현재 대부분의 개인/조직에서 적용되고 있는 절차라고 할 수 있다.

최초의 품질 문제 해결 절차는 Shewhart Cycle은 1939년에 소개되었다. 새로운 사실을 발견하기 위한 과학적 접근 방법에 기초를 둔  이 절차는 최초 순차적 절차steps로 소개되었지만 추후 [그림 1.9]와 같이 반복적 주기cycle로 수정되었다.[27)]

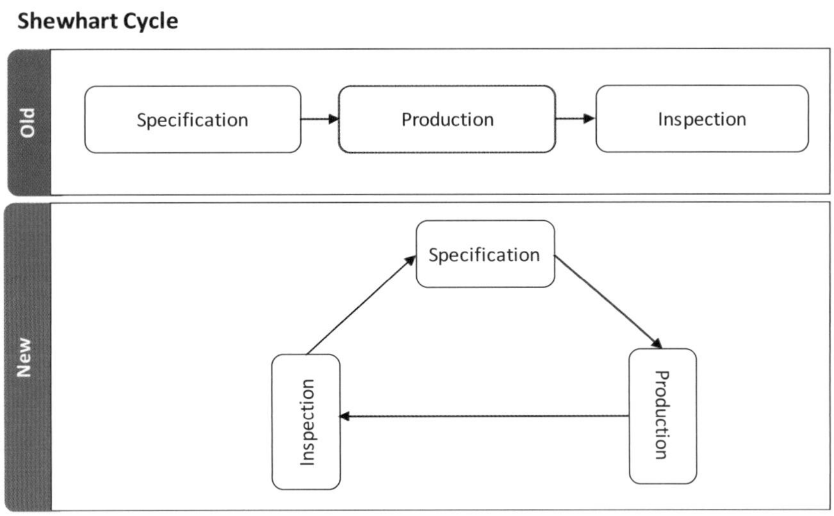


[그림 1.9] Shewhart Cycle

그 후 1950년 E. Deming 박사가 JUSE[28)]에서 Deming Wheel을 발표하였고 1951년 일본에서 이를 보완한 PDCA Cycle이 소개되었다. 그 후 다양한 사례에 기초하여 Ishikawa 박사는 PDCA Cycle의 Plan/Do 단계를 세분화하여 재정의하였다.[29)] 이후 Deming 박사는 Shewhart Cycle을 소개한 후 1993년

27) Shewhart, W. A.(1939). Statistical Method from the Viewpoint of Quality Control. Department of Agriculture. Dover
28) Japanese Union of Scientists and Enginerrs
29) Ishikawa, K., 1985. What is Total Quality Control? The Japanese Way. Translated by David

PDSA Cycle을 제시하면서 문제의 해결과 함께 실행으로부터 무엇을 배웠고 어떤 점이 잘못되었는가를 확인해야 지속적인 개선을 할 수 있음을 강조하였다.30) 이러한 발전 단계를 정리하면 [그림 1.10]와 같다.

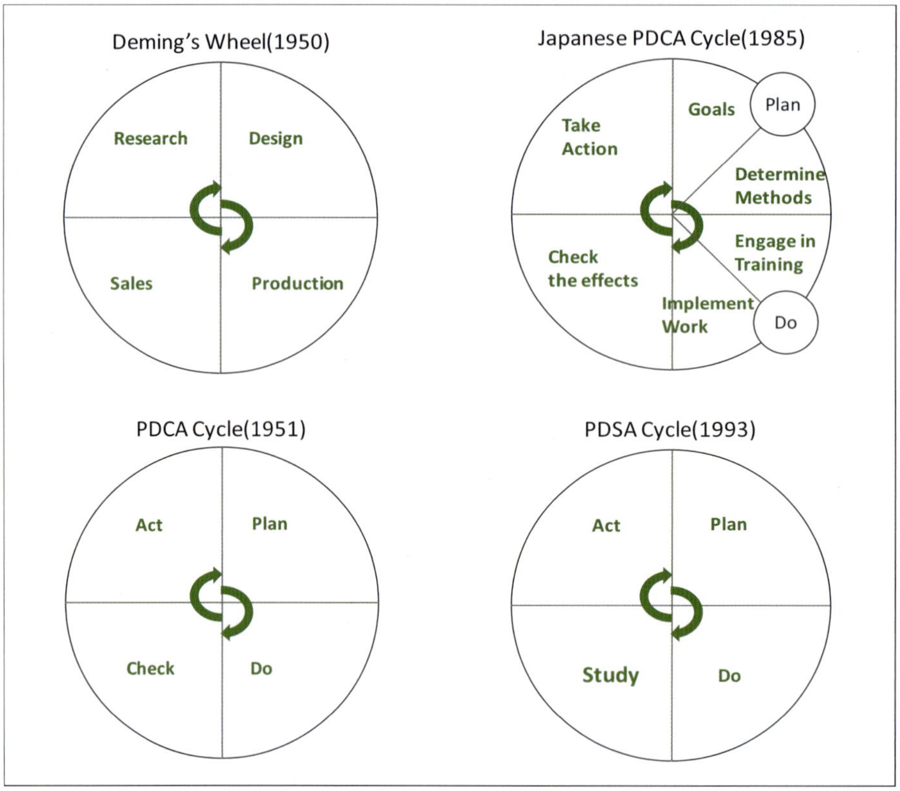


[그림 1.10] Shewhart Cycle의 발전

이러한 품질 개선을 위한 다양한 문제 해결 절차는 다양한 품질 문제의 해결과 지속적 개선 사례를 바탕으로 제안되어 왔다. 이는 현장의 요구를 반영하며 효과적인 개선 과정을 위하여 발전되어 왔으며 현재는 공통적으로 PDCA Cycle이라고 부른다. 이러한 절차들은 공통적으로 효과적인 개선을 위한 중요 단계를 기초로 하여 (1) 중요 활동의 단계적 구분 (2) 목표 달성을 위한 주기적

J. Lu. Englewood Cliffs, NJ: Prentice-Hall

30)Deming, W.E. 1993.The New Economics. MIT Press. Cambridge, MA.

접근을 강조한다. PDCA의 각 단계별 활동은 [표 1.3]와 같다.

[표 1.3] PDCA 각 단계별 활동 내용

| 단계 | 활동 내용 |
|---|---|
| 계획<br>Plan | - 문제 확인 및 구체적 문제 정의<br>- 측정 가능하고 달성 가능한 목표 설정<br>- 프로세스 활동 확인 및 프로세스 가시화<br>- 문제 해결을 위한 잠재 원인에 대한 토의<br>- (필요하다면) 원인 파악을 위한 데이터 수집과 분석 계획<br>- 데이터 분석을 위한 가설 설정 및 타당성 검증 |
| 실행<br>Do | - 실험 또는 가설 확인 방법 적용<br>- 해결안 검토 및 파일럿 시행 |
| 확인<br>Check | - 가설 확인<br>- 목표 달성 확인 후 "Act" 단계 실행<br>- 목표 미달 시 가설/문제 재정의 및 "Plan" 단계 회귀 |
| 행동<br>Act | - 전체 프로세스 적용을 위한 변경과 교육 필요성 확인<br>- 성과 유지를 위한 지속적 모니터링 방법 모색<br>- 지속적 개선을 위한 방안 모색<br>- 기타 개선 기회 검토 |

이러한 품질 관리/경영의 문제 해결 절차의 성공 사례를 기초로 1980년대 미국의 품질 위기는 새로운 프로젝트 기반의 문제 해결 절차를 태동시켰다. 이는 연속적 품질 향상이 아닌 「획기적 품질 개선」을 목표로 제시되었으며 당시 미국의 Mortorola사의 Six Sigma의 실행 방법으로 소개되었다.31)

31) Six Sigma 적용 기업 중 일부 : https://en.wikipedia.org/wiki/List_of_Six_Sigma_companies

3M, A.B. Dick Company, Abbott Labs, Adolph Coors, Advanced Micro Devices, Aerospace Corp, Airborne, Alcoa, Allen Bradley, Allied Signal, Ampex, Apple Computers, Applied Magnetics, ASQC, Atmel, Baxter Pharmaseal, Beatrice Foods, Bell Helicopter, Boeing, Bombardier, Borden, Bristol Meyers – Squibb, Bryn Mawr Hospital, Campbell Soup, Cellular 1, Chevron, Citicorp, City of Austin, TX, City of Dallas, TX, Clorox, Cooper Ind, Dannon, Defense Mapping Agency, Delnosa (Delco Electronics in Mexico), Digital Equipment Corp, DTM Corp, Eastmen Kodak, Electronic Systems Center, Empak, Florida Dept. of Corrections, Ford Motor Company, GEC Marconi, General Dynamics, General Electric, Hazeltine Corp, Hewlett packard, Holly Sugar, Honeywell, Intel, Junior Achievement, Kaiser Aluminum, Kraft General Foods, Larson &Darby, Inc, Laser Magnetic Storage, Lear Astronics, Lenox China, Littton Data Systems, Lockhee Martin, Loral, Los Alamos National labs, Martin Marietta, McDonnell Douglas, Merix, Microsoft, Morton Int'l, Motorola, NASA, Nat'l Institute of Corrections, Nat'l Institute of Standards, Nat'l Semiconductor, Natural Gas Pipeline Company of America, Northrop Corp, PACE, Parkview Hospital, Pentagon, Pharmacia, PRC, Inc, Qualified Specialists, Ramtron Corp, Rockwell Int'l, Rohm &Haas, Seagate, Society of Plastics Egineers, Solar Optical, Sony, Star Quality, Storgae Tek, Symbios Logic, Synthes, Technicomp, Tessco, Texaco, Texas Commerce Bank, Texas Dept. of Transportation, Texas Instruments, Titleist, Trane, TRW, Ultratech Stepper, United States Air Force, United States Army, United technologies, UPS, USAA, Verbatim, Walbro Automotive, Walker parking, Woodward Governor, Xerox etc.

프로젝트 기반의 문제 해결 방법 역시 문제 정의와 해결 과정을 여러 단계로 구분하여 진행한다. 만일 이러한 단계를 명확하게 구분하지 않는다면 개선 결과에 대한 검증이 어렵고 프로젝트에서 높은 성과를 달성했다고 하더라도 실제 현장에서 그 결과가 재현될 가능성이 현저히 낮아지기 때문이다. 가장 대표적인 프로젝트 실행 방법은 DMAIC이며 이의 성공을 기초로 R&D 분야에 적용하기 위한 다양한 응용 실행 방법이 소개되었다. 이 과정을 간단히 정리하면 [그림 1.11]와 같다.

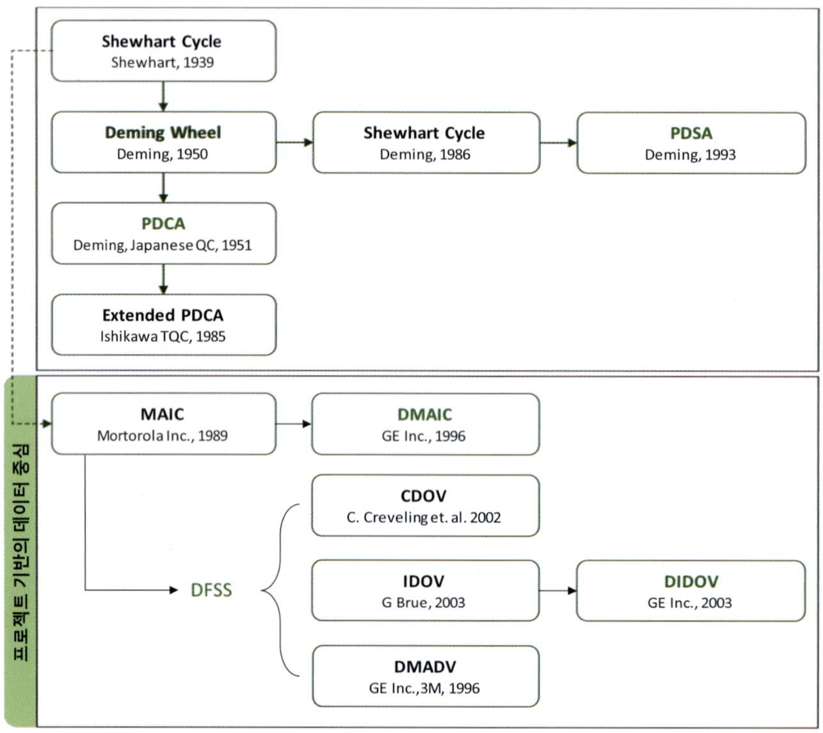


[그림 1.11] 문제 해결 절차의 발전

DMAIC는 [그림 1.12]와 같이 고객의 관점에서 올바른 문제/이슈의 정의와 이에 대한 체계적인 해결 절차를 강조한다. 고객 관점에서 재무적 성과에 크게 기여하는 문제/이슈를 찾아내는 것은 간단한 일이 아니다. 구성원들이 해당 문제에 대하여 동일하게 인식했다고 하더라도 반드시 옳다고 주장할 수 없으며, 서로 다른 업무 활동을 수행하는 구성원들이 동일하게 인식하는 것 자체도 쉬운 일이 아니다. 따라서 품질 문제/이슈를 찾는 과정에서도 실제 사실에 근거한 관련 데이터와 분석 과정을 적용한 객관적이고 체계적인 접근을 요구한다. 여기서 「고객 중심 Customer Focused」이라는 표현은 현재의 상황에서 재무적 성과 또는 품질 문제/이슈에 크게 기여하는 문제를 찾기 위해서는 반드시 고객 중심으로 고려해야 한다는 점을 강조한 것이다. 이 과정을 [Define 단계]라고 한다.

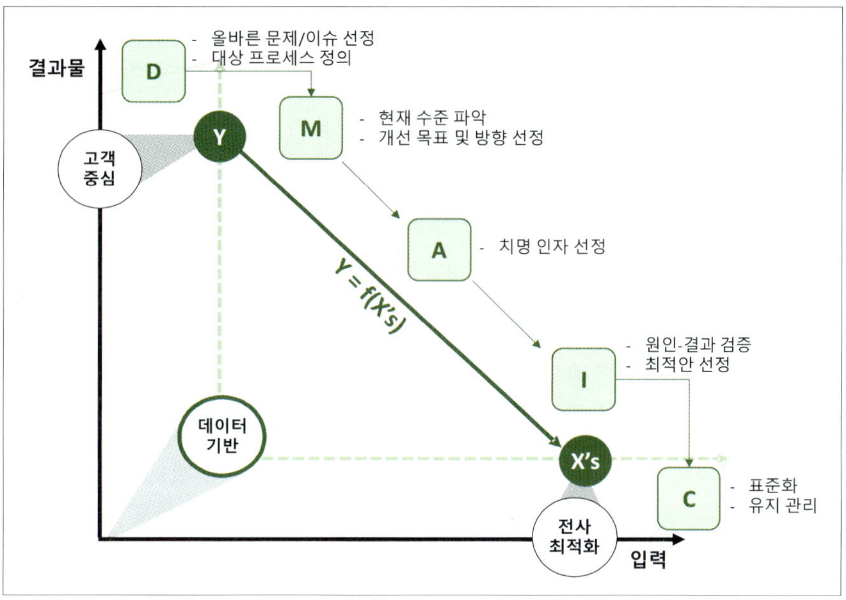


[그림 1.12] 실무적 관심 사항과 DMAIC의 연계성

[Define 단계]를 통하여 핵심 문제/이슈, 대상 프로세스 그리고 프로젝트의 성공을 확인할 수 있는 중요한 결과 특성인 $Y$가 정의된다. 이를 「Project Y」라고 부른다. 이는 2개 이상으로 정의될 수 있으며 [Define 단계] 이후의 모든 활동을 결정한다. 따라서 Project Y에 대한 측정 타당성을 먼저 확인해야 한다. 이를 기초로 프로세스의 현재 수준을 파악하고 이에 대한 개선 목표와 방향을 결정하는 과정을 [Measure 단계]라고 한다.

Project Y는 프로세스 활동의 결과이다. 원하는 목표를 달성하기 위해서는 중요한 원인인 $X's$을 확인해야 한다. 만일 Project Y가 기존의 관리 특성이 아니라 프로젝트에서 새롭게 정의된 특성이라면 이에 대한 원인들 역시 기존의 원인들과 다를 가능성이 높다. 이를 확인하기 위하여 현장의 다양한 원인들을 체계적으로 관찰하고 측정할 수 있어야 한다. 새로운 상황이라면 다양한 실험이 요구될 수 있다. 이와 같이 현장의 사실에 근거하여 중요원인들인 치명인자[Vital Few]를 찾아가는 과정을 [Analyze 단계]라고 한다.

치명인자들을 현장에 올바로 구현하기 위해서는 실행 조건을 결정해야 한다. 이 과정에서 치명인자와 Project Y간의 인과 관계를 확인하고 가장 바람직한 최적의 실행 조건을 결정하는 과정을 [Improve 단계]라고 한다.

[Improve 단계]에서는 치명인자 변경을 통하여 Project Y의 개선 목표를 달성할 수 있는지 그리고 다른 특성들에게 반작용이 없는지를 반드시 검증해야 한다. 이러한 과정을 통하여 개선 결과를 확인하였다면 이는 다양한 구성원들이 쉽게 적용할 수 있도록 표준화[Standardization]한 후 현장에서 실행이 가능한지를 확인하기 위한 모니터링[Mornitoring] 과정을 거쳐야 한다. 또한 프로젝트를 통하여 확인된 다양한 현장의 사실을 구성원들과 공유하고 조직 내 가능한 영역에 전파하여 해당 영역의 개선 활동을 도울 수 있어야 한다. 이를 [Control 단계]라고 한다.

DMAIC의 모든 단계는 가능한 한 현장의 사실에 대한 측정에 기초해야 하며 중요한 사실에 대해서는 검증할 수 있어야 한다. 프로젝트의 특성에 따라 DMAIC의 모든 단계를 요구하지 않을 수도 있다. 예를 들어, 고객의 피드백에 의하여 제품의 특정 기능이 심각한 문제라고 판정된 경우에는 [Define 단계]의 일부 과정을 생략할 수 있다. 하지만 생략하기 전에 고객의 피드백에 의하여 결정된 특정 기능이 개선되면 원하는 품질 문제를 해결할 수 있는지는 사전에 확인할 수 있어야 한다.

[표 1.4]은  대표적인 프로젝트의 실행 방법인 DMAIC의 세부 단계와 중요 활동을 정리한 것이다.

[표 1.4] 프로젝트 실행 방법의 단계별 중요 활동: DMAIC

| 단계 | 세부 단계 | 중요 활동 |
|---|---|---|
| Define | 1. 프로젝트 선정 | 1.1 경영 강조사항/품질 이슈 확인<br>1.2 Big Y 검토/little y 선정<br>1.3 프로젝트 선정 |
| | 2. Project Y의 결정 | 2.1 대상 프로세스의 검토 및 분석<br>2.2 CTQ-Y의 정의<br>2.3 Project Y의 도출 및 결정 |
| | 3. 프로젝트 등록 | 3.1 추진팀 구성<br>3.2 개선 목표 설정 및 기대효과 파악<br>3.3 프로젝트 등록 |
| Measure | 4. Project Y의 타당성 확인 | 4.1 Data Resume 설계<br>4.2 측정 계획의 수립<br>4.3 측정 시스템의 타당성 검증 |
| | 5. 현재 수준 파악 | 5.1 Project Y의 데이터 수집<br>5.2 현재 수준의 파악<br>5.3 개선 방향의 결정 |
| Analyze | 6. 치명인자 선정 | 6.1 잠재 인자 나열<br>6.2 가인자의 결정<br>6.3 가인자에 대한 추가 데이터의 수집<br>6.4 치명인자의 선정과 목표 달성 가능성 확인 |
| | 7. 원인 규명 | 7.1 근본 원인 확인 및 규명 |
| Improve | 8. 최적안 선정 | 8.1 개선안 도출<br>8.2 개선안 비교 평가<br>8.3 최적안 선정 |
| | 9. 실행 및 검증 | 9.1 실행 계획 수립<br>9.2 실행 및 개선 효과 검증 |
| Control | 10. 표준화 | 10.1 표준화<br>10.2 핵심 변경 단계 및 요소 확인 |
| | 11. 모니터링 | 11.1 모니터링 실시 및 조정<br>11.2 (필요한 경우) 관리 부서로의 이관 |
| | 12. 성과 공유/전파 | 12.1 프로젝트 완료 보고<br>12.2 성과 공유 및 전파 |

실제로 PDCA와 DMAIC는 품질 개선을 위한 문제 해결 절차로 그 목적과 원리는 동일하다. 하지만 1950년대 일본에서 정립된 PDCA는 지속적인 개선 달성을 위한 반복적이며 일상적으로 적용되는 반면 1980년대 미국에서 정립된 DMAIC는 프로세스 개선과 유지를 목적으로 데이터 기반의 통계적 문제 해결 방법론을 적용한 체계적인 프로젝트 절차로 실행된다.

## 1.6 실행 척도

프로젝트가 체계적으로 진행되고 그 결과가 획기적이라고 하더라도 엄밀히 말해서 프로젝트를 통해 달성한 성과는 예상 성과이다. 즉, 앞으로 달성할 수 있는 결과이다. 따라서 모든 프로젝트의 성과는 앞으로 운영될 프로세스의 관점에서 검증될 수 있어야 한다. 만일 개선 활동을 적용한 제품 10개를 시험하여 1개의 불량품이 관찰되었다고 해서 앞으로 생산할 모든 제품에서 10% 정도의 불량이 예상된다고 말할 수 없다. 이는 현장에서 사용하는 대부분의 실행 척도가 갖는 문제점이라고 할 수 있다. 다음은 바람직한 실행 척도의 조건이다.[32]

### 8. 바람직한 실행 척도의 조건

(1) 실행 척도는 반드시 목적에 적합한 변별력을 가져야 하고 실무적으로 의미가 있어야 한다.
(2) 실행 척도는 반드시 목표 또는 표준이 있어야 한다.
(3) 실행 척도는 실행 과정에서 반드시 목표와 비교가 가능해야 한다.
(4) 정상적인 상황에서 실행 척도는 종적/횡적으로 비교 가능해야 하며, 적절한 때에 보고될 수 있어야 한다.
(5) 필요하다면 전체 프로세스 또는 전사적으로 통합될 수 있어야 한다.

32) M. Harry, P. Mann, O. Hodgins, C. Lacke and R. Hulbert(2010). Practitioner's Guide for Statistics and Lean Six Sigma for Process Improvement, Wiley & Sons, NY

이러한 조건을 모두 만족하면서도 바람직한 실행 척도가 되기 위해서는 반드시 객관적으로 선택된 제품(이를 **표본**Sample이라고 부른다)으로부터 앞으로 생산될 모든 제품(이를 **모집단**Population이라고 한다)으로의 과학적인 유추가 가능해야 한다. 이러한 바람직한 실행 척도 중의 하나가 **시그마 수준**Sigma Level이다. 시그마 수준을 올바로 이해하기 위해서는 몇 가지 통계적 개념을 이해해야 한다. 만일 당장 충분한 이해가 되지 않는다고 하더라도 시그마 수준을 사용할 것을 권장한다. 시그마 수준을 올바로 이해하기 위해서는 가장 먼저 모든 실무적 관심 특성이 **변수**Variable임을 이해해야 한다.

**산포**Dispersion란 변동의 정도를 말한다. 특정 대상/기능의 측정값들이 서로 얼마나 다른가를 표현한 것이 **시그마**sigma이다. 이는 그리스 소문자 $\sigma$로 표현하며 **모 표준편차**Population Standard Deviation를 의미하고 통계적 정의는 다음과 같다.

**시그마**sigma**의 정의**

$$\sigma = +\sqrt{E(Y-\mu)^2}$$

여기서 $Y$는 관심 특성, $\mu$는 **모평균**Population Mean 그리고
$E(.)$는 모든 가능한 값에 대한 **기댓값**Expected Value

관심 특성 $Y$가 **정규분포**Normal Distribution를 따른다면, $\sigma$의 기하학적 의미는 [그림 1.13]과 같다. 여기서 정규분포란 (1) 목표가 명확하고 (2) 안정된 프로세스로부터 (3) 연속형으로 측정되는 모든 가능한 측정 결과들을 표현하는 **확률분포**Probability Distribution를 말한다.

시그마는 0보다 큰 양의 값으로 정의되며 그 값이 클수록 관심 특성 $Y$의 산포가 크다는 것을 의미한다. 따라서 고려하는 대상/기능의 시그마가 크다는 것은 일관되지 못한 실행 능력을 의미한다. 따라서 정규분포를 가정할 수 있는 경우에 대상/기능의 (모)표준편차 값은 실행 능력에 대한 일관성의 정도로 해석할 수 있으며 이를 이용하여 관심 특성 $Y$의 값이 나타날 다양한 관심 범위에 대한 확률을 계산할 수 있다.

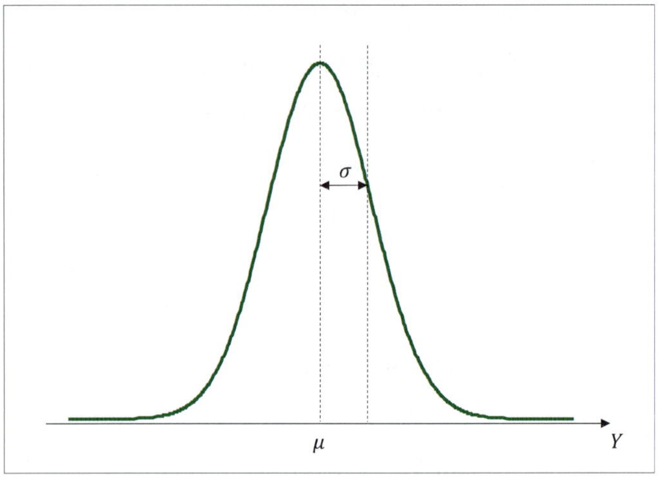


[그림 1.13] 정규분포의 형태와 모 표준편차($\sigma$)의 의미

[그림 1.14]은 관심 특성 $Y$가 $\mu \pm k\sigma$, $k = 1.2, \ldots, 6$ 범위에 속할 확률을 표현한 것이다. 정규분포의 형태는 좌우대칭[Symmetric]이므로 $Y$가 $[\mu - k\sigma, \mu]$ 와 $[\mu, \mu + k\sigma]$에 속할 확률이 서로 동일하다.

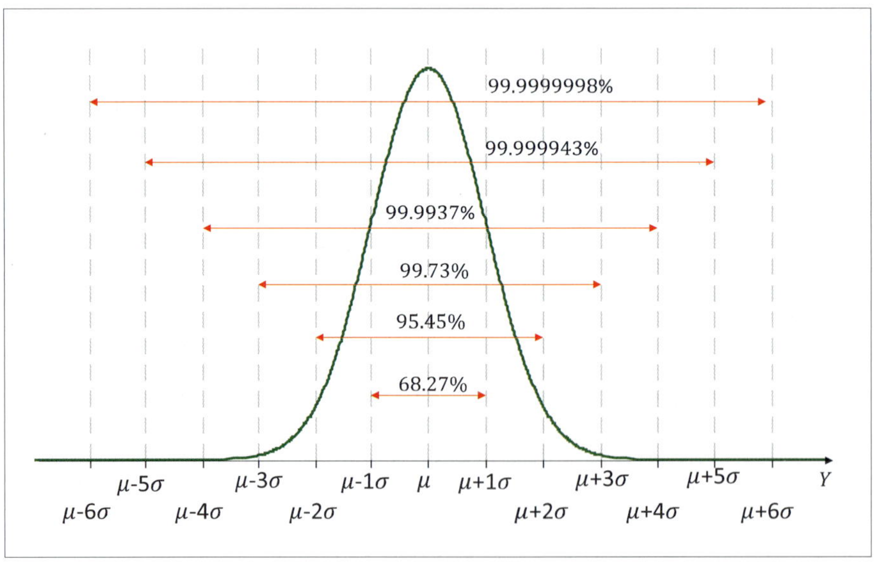


[그림 1.14] 정규분포에서 $Y$가 $\mu \pm k\sigma$, $k = 1, 2, \ldots, 6$ 범위 내에 포함될 확률

[그림 1.14]에서와 같이 $Y$가 모평균을 중심으로 $\pm 1\sigma$내에 속할 확률은 약 $68\%$, $\pm 2\sigma$내에 속할 확률은 약 $95\%$ 정도이다. 이를 $\pm 6\sigma$까지 확장하여 계산된 결과는 [표 1.5]와 같다. 여기서 $ppm$은 지속적으로 운영되는 프로세스에서 $Y$가 해당 범위를 벗어날 가능성을 백만 단위Million Opportunities 로 환산하여 계산된 값이다.

[표 1.5] 정규분포에서 $Y$의 범위별 해당 확률과 범위를 벗어날 $ppm$

| **$Y$의 범위** | **확률($p$)** | $ppm = (1-p)\times 10^6$ |
|---|---:|---:|
| $\mu \pm 1\sigma$ | 0.682689 | 317,311 |
| $\mu \pm 2\sigma$ | 0.954500 | 45,500 |
| $\mu \pm 3\sigma$ | 0.997300 | 2,700 |
| $\mu \pm 4\sigma$ | 0.999937 | 63 |
| $\mu \pm 5\sigma$ | 0.99999943 | 0.57 |
| $\mu \pm 6\sigma$ | 0.999999998 | 0.002 |

** ppm : Parts Per Million otunities*

시그마($\sigma$)는 변동의 정도를 계량화하여 제품/프로세스 특성의 일관성을 표현하기에 유용하지만 $Y$의 측정 단위Measurement Unit에 따라 그 값이 달라지므로 서로 다른 측정 단위를 갖는 특성들을 비교하고자 하는 경우에는 사용할 수 없다. 따라서 서로 다른 프로세스의 특성에 대한 능력을 비교하기 위해서는 시그마 이외에 측정 단위에 영향을 받지 않는 새로운 실행 척도를 필요로 한다. 또한 올바른 프로세스 능력 평가를 위해서는 다음 사항을 반영해야 한다.

## 9. 올바른 프로세스 능력의 평가

(1) 고객 관점의 표준(예: 목표값과 규격한계)을 명확히 설정
(2) 조사된 일부 제품이 아닌 프로세스의 표준에 대한 적합도 확인

시그마 수준은 프로세스의 능력을 판단하는 실행 척도이다. 여기서 **프로세스 능력**Process Capability이란 「고려하는 프로세스가 주어진 표준에 얼마나 적합한 결과를 제공하는가」로 결정된다. 따라서 시그마 수준을 계산하기 위해서는 주어진 특성 $Y$에 대한 고객 관점의 **목표값**Target과 결함 여부를 결정하는 **규격한계**Specification Limits가 주어져야 한다.

먼저 동일 측정 단위와 목표값을 갖는 특성 $Y$에 대하여 **규격 상한**Upper Specification Limit만 존재하는 경우를 고려해 보자. 모 표준편차 $\sigma$의 변화에 따른 고객 불만족의 정도를 는 [그림 1.15 같다.

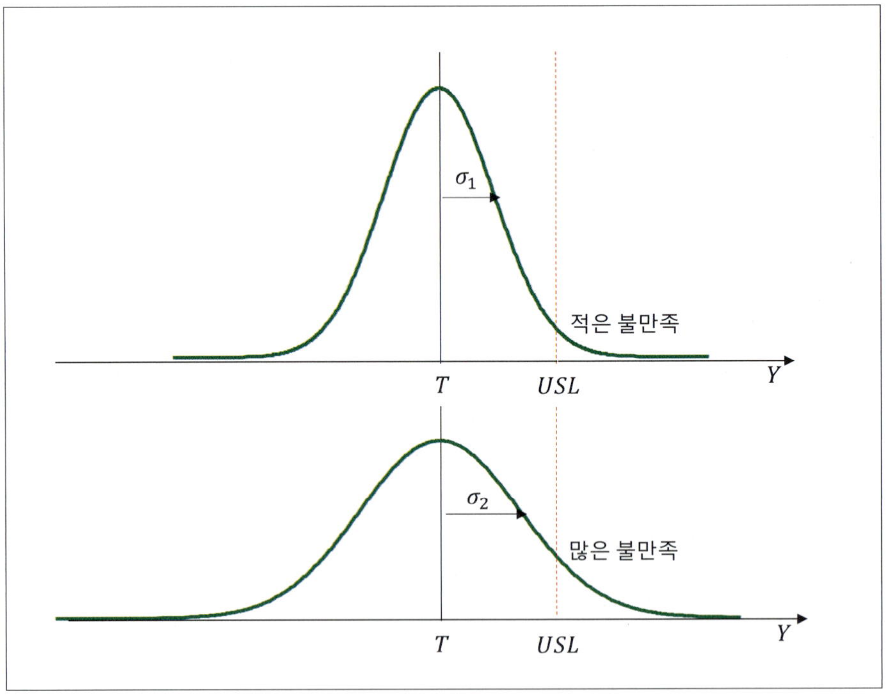


[그림 1.15] 모 표준편차에 따른 불만족의 정도($\sigma_1 < \sigma_2$)

**시그마 수준**Sigma Level은 모 표준 편차인 시그마($\sigma$) 값과는 역의 관계에 있으며 현장에서 널리 사용되는 **불량률**Non-Conforming Proportion 또는 **수율**Yield을 대신할 수 있는 실행 지표이다. 또한 [그림 1.15]에서 확인할 수 있듯이 일부 선택된 표본의 결과인 불량률/수율에서는 확인할 수 없는 실제 모 프로세스가 고객 관점의 표준에 얼마나 적합한가를 예측할 수 있는 최종 실행 지표로 사용될 수 있다.

시그마 수준은 단측 규격인 경우에는 $Z-value$, 양측 규격인 경우에는 $Z_{Bench}-value$라고 부르기도 한다. 여기서 $Z$는 고려하는 특성 $Y$에 대하여 통계적으로 **표준화**Standardization된 값을 의미하고 이는 측정 단위에 영향을 받지 않는다. 시그마 수준의 특징은 다음과 같다.

### Σ 50 10. 시그마 수준Sigma Level의 특징

(1) 프로세스가 고객 관점의 표준을 만족하는 정도를 수량화한 값으로 그 값이 클수록 바람직하다.
(2) 특성의 측정 단위에 영향을 받지 않도록 표준화된 값으로 서로 다른 특성들의 프로세스 능력을 비교할 수 있다.
(3) 이론적으로 $(-\infty, \infty)$의 범위의 값을 취하므로 $[0,1]$의 범위를 갖는 불량률 또는 수율에 비교하여 충분한 변별력을 갖는다.

시그마 수준은 [그림 1.16]과 같이 조사된 일부 제품인 표본 정보를 이용하여 프로세스를 의미하는 모집단에 대한 판단 기준을 제시한다. 일부 계산 과정을 거쳐야 하기는 하지만 이는 조사된 일부 제품이 프로세스를 대표한다는 가정 하에서 체계적이고 합리적으로 예측된 값으로 프로세스의 실행 척도로 사용된다. 시그마 수준은 다음과 같은 장점을 갖는다.

### Σ 50 11. 시그마 수준의 장점

(1) 타당성 : 선택된 일부 표본이 아닌 프로세스에 대한 결과를 제공한다.
(2) 일반성 : 의미 있는 모든 특성에 대하여 계산할 수 있다.
(3) 유용성 : 서로 다른 특성 간의 비교가 가능하다.

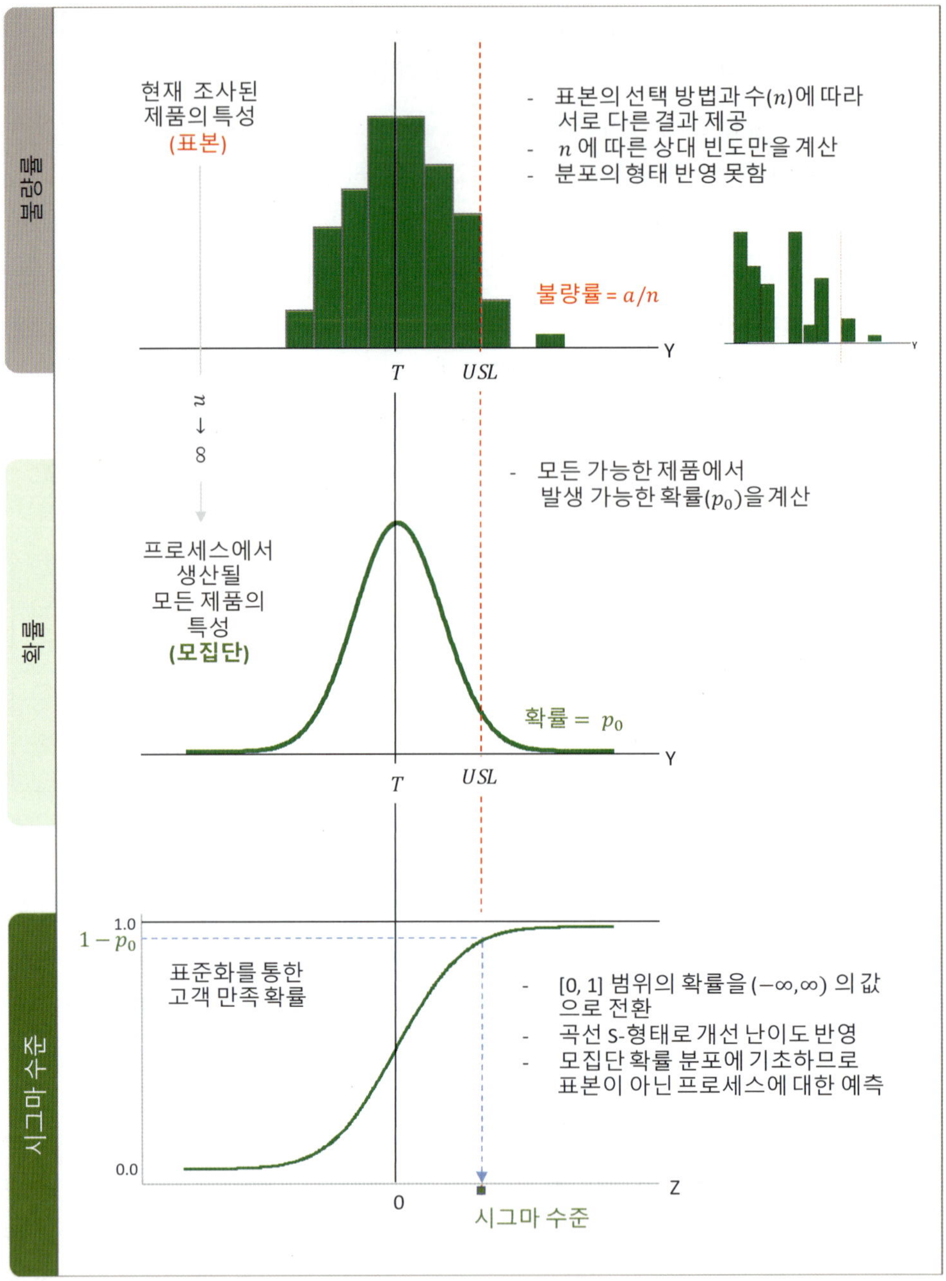


[그림 1.16] 표본의 불량률, 모집단의 확률 그리고 시그마 수준

# 1.7 실무적 고려 사항

실제로 불확실한 상황 또는 잘 모르는 현상에 대하여 데이터를 수집하고 체계적인 통계 분석을 통하여 새로운 사실을 확인한다. 따라서 올바른 통계 분석을 위한 실무적 고려 사항을 확인할 필요가 있다.[33)]

### 1. 데이터의 유형 확인

실무적인 목적과 원하는 구별력이 측정 척도를 결정한다면 측정 활동에 의해 수집되는 데이터의 형태는 분석 방법을 결정한다. 따라서 데이터의 유형을 먼저 확인하고 적절한 통계 분석 방법을 결정해야 한다.

### 2. 데이터 레쥬메의 작성 그리고 군집과 이상점의 확인

그래프를 제외한 대부분의 통계 분석 도구들은 평균 중심으로 결과를 제공한다. 따라서 이상점의 영향을 많이 받고 군집Cluster이 있는 경우 실무적으로 타당한 결과를 얻기 힘들다. 따라서 실무적으로 데이터 수집 계획을 결정할 때 반드시 중요 항목에 대한 데이터 레쥬메를 작성해야 하며 필요한 경우 군집을 구분하고 이상점을 관리할 수 있어야 한다.

### 3. 적절한 표본 크기의 결정

통계 분석이란 데이터가 가지고 있는 일정한 패턴을 확인하고 이를 근거로 오차를 반영할 수 있는 통계적 모형 하에서 실행된다. 따라서 너무 적은 표본 크기는 패턴을 확인하기 어렵다. 실무자들은 자신이 원하는 목적에 적합하도록 적절한 표본 크기를 결정하고 이를 이용하여 통계 분석을 실행할 필요가 있다.

---

33) 고승곤(2014). 통계적 사고 방법, 교우사

### 4. 통계적 결론과 실무적 결론의 구분

통계 분석의 결과가 통계적 결론이다. 이는 분석자가 설정한 통계적 모형에 대한 결과로서 올바른 데이터 수집과 올바른 분석 방법 적용이라는 전제 조건을 갖는다. 만일 실무적 문제가 통계적 문제에 올바로 반영된 경우라면 통계적 결론은 실무적 결론일 가능성이 높아진다. 하지만 그렇지 않은 경우도 있을 수 있으므로 데이터를 통해 얻어진 통계적 결론을 실무적으로 적용하기 위해서는 현장의 상황을 반영한 실무적 해석 과정을 거쳐야 한다. 이때 통계적 결론은 실무적 해석의 객관적 기준을 제공한다.

### 5. 오적용과 과적용 방지

오적용^Wrong Application^이란 실무적으로 측정되는 데이터를 목적에 적합하지 않은 통계 분석의 도구에 적용한 경우를 말한다. 대부분이 통계 분석에 대한 심도 있는 학습 없이 데이터를 분석하고자 할 때 발생하는 오류를 말한다. 과적용^Over Application^이란 굳이 데이터를 수집할 필요가 없는 실무적 상황에서 시간과 비용을 투자하여 데이터를 수집하고 명백한 결론이 있는데도 불구하고 통계 분석을 통하여 의사 결정하고자 할 때 발생하는 오류를 말한다. 두 경우 모두 바람직하지 않으며 명확한 실무적 목적 하에서 꼭 필요한 경우에 한하여 올바른 통계 분석 방법을 적용하고자 노력해야 한다.

실무적인 진단 및 문제 해결을 위하여 사용되는 통계 분석의 도구들은 유용하고 경우에 따라서는 유일한 방법일 수 있다. 하지만 모든 통계 분석은 사용된 데이터만큼만 유용하다. 목적에 적합하지 않은 데이터를 통한 분석은 도움이 되지 않거나 심지어 위험할 수도 있다는 점을 잘 기억해야 한다.

■

2장

# 정의 Define

## 올바른 문제

좋은 답을 원하면 먼저 올바른 문제를 만들어라.

올바른 [문제 정의]가 프로젝트의 성공을 보장해 주지는 않는다.
그러나
바른 [문제 정의] 없이 프로젝트가 성공하는 것은 불가능하다.

---

### 학습 목표

- [Define 단계]의 목적을 이해한다.
- [Measure 단계]로의 진행을 위한 핵심 결과물을 확인한다.

---

### 차례



---

### 중요 용어

- 프로젝트 Project
- 프로세스 Process
- Project Y

# 2.1 목적

[Define 단계]는 프로젝트의 시작점으로 고객과 사업 관점에서 올바른 개선 문제를 정의하는 단계이다. 따라서 고객의 요구 사항과 사업 관점의 필요 사항을 면밀히 검토하고 이를 통하여 핵심 요구 사항 또는 필요 사항을 객관적으로 판단할 수 있어야 한다. 또한 검토된 사항들과 선택 기준에 대한 명확한 근거가 제시되어야 한다. [Define 단계]의 목적과 결과물은 다음과 같다.

### 12. [Define 단계]의 목적과 결과물

**목적 : 획기적 품질 개선을 위한 문제 정의**

- 고객 그리고/또는 사업 관점에서 중요한 품질 문제를 검토하고 이를 해결하기 위한 개선 대상과 개선 범위를 결정한다.
- 개선 대상의 면밀한 검토를 통하여 합리적인 개선 기회를 도출한다.
- 개선의 과정과 결과를 신속하게 확인할 수 있는 정량화된 Project Y를 결정한다.

**결과물 : 프로젝트 계획/등록서**

- 전사적 관점의 품질 문제 정의
- 개선 대상 프로세스의 범위와 구조 파악
- 정량화된 Project Y

프로젝트는 올바른 문제 정의가 그 성공 여부를 좌우한다. 도출된 문제를 항상 해결할 수 있는 것은 아니지만 개선에 영향이 미미한 문제를 선정하거나 일상적으로 해야 하는 업무를 프로젝트로 재구성하는 것은 바람직하지 못하다. 일반적으로 실무적 문제[Problem]는 다음과 같이 분류한다.

## 문제의 구분

문제는 어디에나 항상 존재한다. 과학사에 커다란 업적을 남긴 Karl Popper는 「삶은 문제 해결의 연속이다.」 라고 했다.[34] 현장에도 항상 문제가 존재한다. 기업의 발전은 문제 해결을 통해 진행되고 발전의 속도는 구성원들이 어떤 문제에 몰입하는가에 따라 결정된다. Juran 박사는 「조직의 모든 문제는 프로젝트를 통하여 해결된다. 다른 방법은 존재하지 않는다.」 라고 했다.[35] 이는 올바른 문제 해결은 일상 업무의 개선이 아닌 객관적인 검토를 기초로 한 비상시적 프로젝트가 효과적임을 강조한 것이다.

일반적으로 문제는 과거의 실수, 절차상의 오류에 의해 나타나는 발생형 문제 Problem of Occurrence, 현재의 상태를 심도 있게 고찰하여 찾아낸 탐색형 문제 Problem of Quest, 기업의 비전과 경영 환경의 변화를 고려하여 정의하는 설정형 문제 Problem of Establishment로 구분한다.

발생형 문제(O-형)는 이미 고객 또는 사업 관점에서 경영자 또는 구성원들에게 인지된 문제들로 주로 고객 불만족 증가로 인한 시장 점유율 감소, 불량품 발생으로 인한 품질 비용의 증가 등을 들 수 있다. 이는 과거의 특정 시점에서 잘못된 프로세스 운영에 의하여 발생하는 것으로 그 원인과 대책이 이미 알려져 있는 경우도 있다. 만일 이를 대상으로 프로젝트를 진행한다면 획기적인 개선 목표 - 불량률 90% 개선, 비용 50% 개선 등 - 와 신속한 프로젝트의 선정 및 결과 도출이 목적이어야 한다.

탐색형 문제(Q-형)는 가까운 미래에 발생 가능한 문제를 말하며 구성원들의 인식 정도가 업무 분야 별로 서로 다른 것이 일반적이다. 따라서 객관적인 환경 검토 및 체계적인 데이터 수집과 분석을 통하여 가장 먼저 구성원들에게 문제를 인식시킬 수 있어야 한다. 이를 위하여 다양한 데이터의 수집과 분석에 능숙해야 한다. 탐색형 문제를 대상으로 프로젝트를 진행하는 경우에는 획기적 개선 목표 또는 신속한 결과 도출 이전에 설정된 문제의 타당성을 객관적으로 확인해야 한다. 탐색형 문제는 미래에 발생 가능한 문제에 대한 사전 방지 그리고 이를 위한 프로세스 개선을 통하여 미래의 품질을 보장받는 것이기 때문

34) Karl R. Popper(1902-1994). 영국의 과학 철학자.
35) J. Juran(1904-2008). 미국의 품질학자.

이다.

설정형 문제(E-형)는 조직의 비전[Vision]과 연계된다. 비전이란 「당연히 달성되어야 할 조직의 미래상」을 말하며 장/단기 사업 목표를 결정하는 기준이 된다. 따라서 설정형 문제를 올바로 도출하기 위해서는 무엇보다도 먼저 조직의 장/단기 사업 목표를 심도 있게 이해해야 한다. 이를 위하여 조직의 Big Y를 확인하고 경영/시장 환경의 변화, 경쟁 업체와 관련 산업의 동향 등을 검토하여 실행의 우선순위[Priority]를 결정해야 한다. 설정형 문제는 조직의 미래 상황을 대비하는 것으로 감과 경험, 소문으로는 충분하지 않다. 환경에 대한 객관적인 검토와 데이터 수집 그리고 체계적인 예측 분석을 기초로 프로젝트를 도출해야 하며 이를 통하여 미래의 성과를 보장받기 위한 새로운 프로세스에 대한 요소와 절차를 정립해야 한다.

발생형 문제는 주로 시급성을 요구한다. 따라서 구성원들은 문제라고 하면 발생형 문제만을 고려하는 경우가 많으며 발생형 문제인 경우에는 체계적인 측정 또는 과학적 분석 방법의 적용 보다는 일상적인 업무 개선을 통하여 해결하고자 하는 경우가 많다. 하지만 탐색형 문제와 설정형 문제는 이러한 일상적인 업무 개선 과제 또는 즉개선 과제로는 해결되지 않는 경우가 많다. 또한 설정형 문제가 실질적인 성과와 연계되기 위해서는 검토된 환경과 수집된 데이터가 포함하는 잠재적[Latent] 의미와 시사점을 올바로 도출할 수 있어야 한다. 따라서 문제를 정의할 때 가능한 한 객관적이고 다양한 근거를 명확하게 제시할 수 있어야 한다. [표 2.1]은 이러한 문제의 종류와 그 특징을 정리한 것이다. 일반적으로 품질 개선의 성과는 발생형 문제보다는 설정형과 탐색형 문제를 해결할 때 훨씬 크게 나타난다.

[표 2.1] 실무적 문제의 종류와 특징

| 종류 / 특징 | 발생형(O) | 탐색형(Q) | 설정형(E) |
|---|---|---|---|
| 정의 | 현재의 기준에 미달하여 당장 개선이 필요한 문제 | 환경 변화에 따라 발생 가능한 문제 | 새로운 환경에 적합하도록 준비하는 문제 |
| 시점 | 과거 | 현재 | 미래 |
| 형태 | 불량, 결함, 미준수 등 | 고객의 요구, 경쟁 제품 비교 | 비전 달성, 신기술/신제품 개발 |
| 성격 | 이미 발생함 | 가까운 시일 내에 발생 가능함 | 미래 경영 환경에 대처함 |
| 예제 | - 고객 Claim의 발생<br>- 불량품의 발생<br>- 영업 손실 발생 | - 재고 25% 감축<br>- 생산성 30% 향상<br>- 영업 이익 5% 향상 | - 신규 사업 진출<br>- 해외 시장 개척<br>- 신제품 개발 |
| 진단 | 현상이 이미 드러나 있으며 대부분의 구성원들이 인지 | 문제의식을 가지고 객관적 환경 검토 및 데이터 수집과 분석을 통하여 문제를 인식 | 미래의 상황을 예측하고 발생 가능한 상황 검토를 통하여 확인 |
| 대책 | - 획기적인 목표 설정<br>- 신속한 프로젝트 선정과 진행 | - 경영/시장/업무 환경 분석<br>- 체계적 데이터 수집과 분석<br>- 체계적인 프로젝트 발굴 및 실행 | - 경영/시장 환경 변화 분석<br>- 경쟁 업체/산업 동향 파악<br>- 체계적인 프로젝트 발굴 및 실행 |
| 중점 사항 | - 획기적 품질 개선<br>- 신속한 프로젝트 진행과 결과 도출 | - 선정된 문제의 타당성<br>- 품질 문제 사전 예방<br>- 프로세스 개선을 통한 품질 문제 사전 방지 및 미래의 품질 확보 | - 장/단기 사업 목표와 연계<br>- 문제의 타당성<br>- 새로운 프로세스 정립 |

## 2.2 프로젝트의 선정

성과 중심의 프로젝트를 선정하기 위하여 업무와 프로젝트를 명확히 구분해야 한다는 점과 프로젝트는 일상적 업무가 아니라 품질 개선을 위한 비상시적 활동이라는 점을 강조하였다. 따라서 프로젝트의 결과로부터 품질 개선 성과를 기대할 수 없거나 그 성과의 크기가 적절하지 못하다면 해당 프로젝트는 의미 없는 부가 활동일 수 있다. [그림 2.1]은 일상적인 업무와 비상시적인 프로젝트의 차이점을 보여준다.

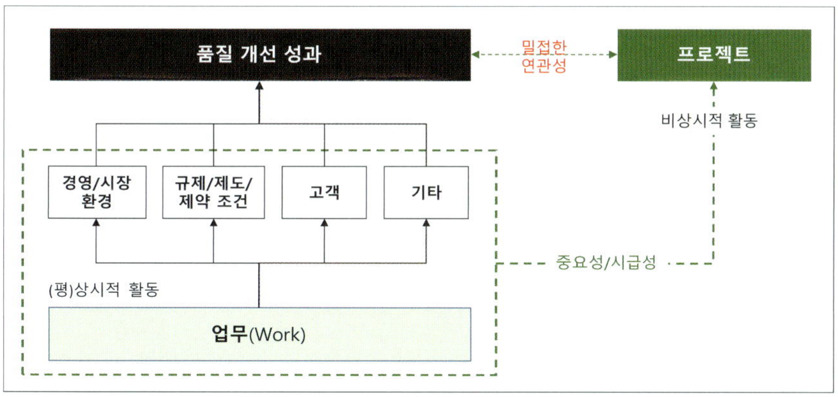


[그림 2.1] 품질 개선 성과를 위한 업무와 프로젝트의 구분

품질 개선 성과는 일상적인 업무 활동과 함께 중요성과 시급성에 따라 선정된 프로젝트를 통해 달성된다. 또한 품질 개선 성과와 밀접한 문제를 정의하기 위해서는 다양한 사업 환경, 변화하는 규제/제도/제약 조건 그리고 올바른 고객 정보를 객관적으로 검토/관찰해야 한다. 다음은 프로젝트 선정을 위하여 검토되었던 대상들을 정리한 것이다.

**프로젝트의 선정을 위한 검토 대상**

- 경영/시장 환경
  : 경쟁사 제품 검토, 시장 동향 데이터, 거시적 제품 수요 분석 데이터, 시장 점유율 변동 데이터 등
- 규제/제도 및 제약 조건
  : 제품 관련 법규의 검토, 제품 심사/인증 기준의 변경 등
- 고객
  : 제품 평가 보고서, 제품 벤치마킹 보고서, 시장 불량 데이터, 고객 요구사항 조사 또는 SNS의 품평 의견 등
- 기타
  : 경영자 강조사항, 내부 사전 품질 평가 결과 등

고려된 검토 대상들은 단일 프로젝트에서 동시에 반영될 수 있으며 올바른 프로젝트 선정을 위해서는 고려한 검토 대상들에 대한 객관적인 근거를 제시할 수 있어야 한다.

## 제약 조건의 검토

선정된 프로젝트를 등록하기 전 프로젝트 실행의 제약Constraint 조건을 검토해야 한다. 여기서 제약 조건이란 「목표 달성을 위한 조직 또는 개인의 활동을 방해하는 모든 것」으로 정의하고 일반적으로 물리적Physical 요소와 제도적Policy 요소로 구분한다. 이를 좀 더 세분화하면 [표 2.2]과 같다.[36)]

선정된 프로젝트가 높은 성과가 예상된다고 하더라도 제시된 제약 조건 중 일부가 실존한다면 프로젝트는 올바로 실행될 수 없다. 따라서 선정된 프로젝트에 대한 제약 조건을 검토하고 이에 대한 대응책을 고려해야 한다. 이를 위하여 관련 제약 조건에 대한 추가 정보 수집, 내/외부 벤치마킹 및 학습 또는 챔피언/경영자 면담 등을 통하여 제약 조건의 영향을 최소화할 수 있는 방법을 먼저 강구하여 프로젝트의 실행 가능성을 높일 수 있어야 한다.

---

36) E. Schragenheim and H.Dettmer(2001). Manufacturing at Warp Speed, CRC Press LLC.

[표 2.2] 프로젝트 실행의 7대 제약 조건

| 구분 | 조건 | 내용 또는 예제 |
|---|---|---|
| 물리적 요소 | 시장<br>Market | - 제품에 대한 시장의 수요가 충분하지 않다.<br>- 경쟁사 제품에 대한 정보가 부족하다. |
| | 자원<br>Resource | - 장비, 인력이 부족하다.<br>- 자원의 지원 시점이 적절하지 못하다. |
| | 재료<br>Material | - 제품에 필요한 재료 또는 재료의 품질을 확보할 수 없다.<br>- 재료의 원가, 생산 비용이 현실적으로 적절하지 못하다. |
| | 납품사<br>Supplier/Vendor | - 적절한 납품사를 찾을 수 없다.<br>- 납품사에서 적절한 납기를 보장하지 못한다. |
| | 재정<br>Financial | - 소요 비용을 적절하게 이관 받을 수 없다.<br>- 소요 비용을 예측할 수 없다. |
| | 지식/역량<br>Knowledge/Competence | - 조직 내 해당 지식 또는 기술이 확보되지 않았다.<br>- 경쟁사에 비하여 관련 지식과 역량이 부족하다. |
| 제도적 요소 | 제도<br>Policy | - 가까운 시일 내에 관련 규정이 변경될 것이다.<br>- 현 규정에 대한 정확한 정보를 파악하기 어렵다. |

## 2.3 대상 프로세스 선정

기업의 성과는 특정 목적 하에서 정의된 반복 가능한 일련의 활동들인 프로세스를 통하여 달성된다. 따라서 목표를 달성하기 위한 대상 프로세스의 범위와 구조를 파악할 수 있어야 한다. 올바른 대상 프로세스의 선정은 원인 규명의 명확한 범위 선정을 가능하게 하고 개선 후의 성과를 올바로 확인할 수 있게 한다. R&D 분야에서의 신제품 개발 또는 기존 성능의 경우에는 시스템System 또는 부시스템Sub-System이라는 용어가 적절하다고 생각할 수 있으나 이 역시 반복 가능한 일련의 활동이라고 할 수 있으므로 대상 프로세스로 표현하기로 한다. 올바른 대상 프로세스 정의를 위하여 다음과 같은 세부 전개 방법을 고려한다.

Better Data Scientist Σ You Must Know 50 Prof. KO Statistics

### 13. 대상 프로세스의 정의

(1) **상위 프로세스 맵핑** Upper Process Mapping

: 대상 프로세스의 한계를 명확히 정의하기 위하여 다음을 고려한다.
고객 - 핵심 요구 사항 - 프로세스 - 투입물 - 제공자

(2) **하위 프로세스 맵핑** Lower Process Mapping

: 상위 프로세스 맵핑에 의해 결정된 프로세스 범위 내의 활동들을 구체적으로 전개하고 상호 관계를 확인한다.

## 상위 프로세스 맵핑

상위 프로세스 맵핑(UPM)은 개선 대상 프로세스의 범위 결정을 위한 도구로서 전통적으로 SIPOC 전개라고 한다. 이는 프로세스와 연관된 중요 요소의 확인을 통하여 프로세스의 범위를 결정하는 활동 한계를 명확히 하고자 진행된다. 전통적인 방법은 [그림 2.2]과 같다. 이를 고객 관점의 프로세스를 강조하기 위하여 SIPOC 전개를 COPIS 전개라고 표현하고 [그림 2.3]와 같이 표현할 수 있다. 여기서 중요한 점은 SIPOC 전개에서 결정된 프로세스의 범위와 COPIS 전개를 통한 프로세스의 범위가 다를 수 있다는 점이다. COPIS 전개에 의한 프로세스는 기존의 업무 프로세스와 달리 목적에 따라 범위의 「융통성」을 갖는다는 장점을 갖는다. COPIS 전개의 각 단계에서 유용한 도구들과 검토 방법은 [그림 2.4]와 같다.[37]

37) 고승곤, 이종설(2012). 액션 리더, 엘빅미디어 참조

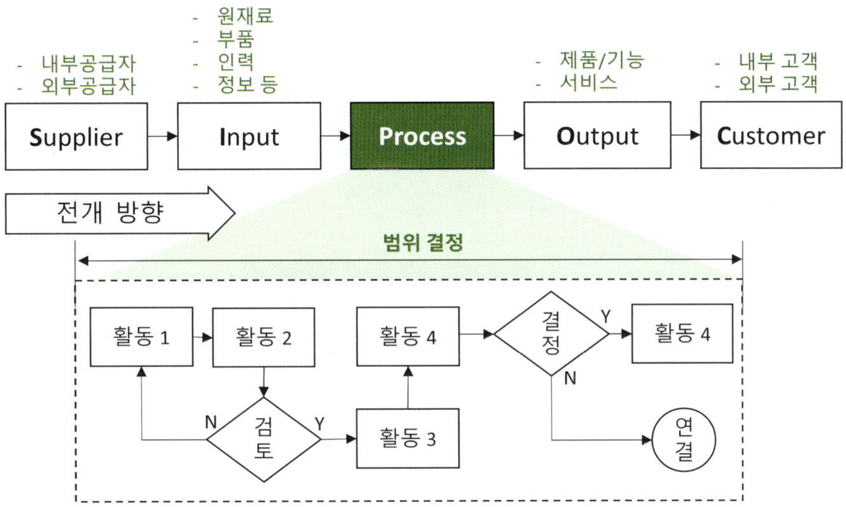


[그림 2.2] 업무 중심의 SIPOC 전개: 상위 프로세스 맵핑

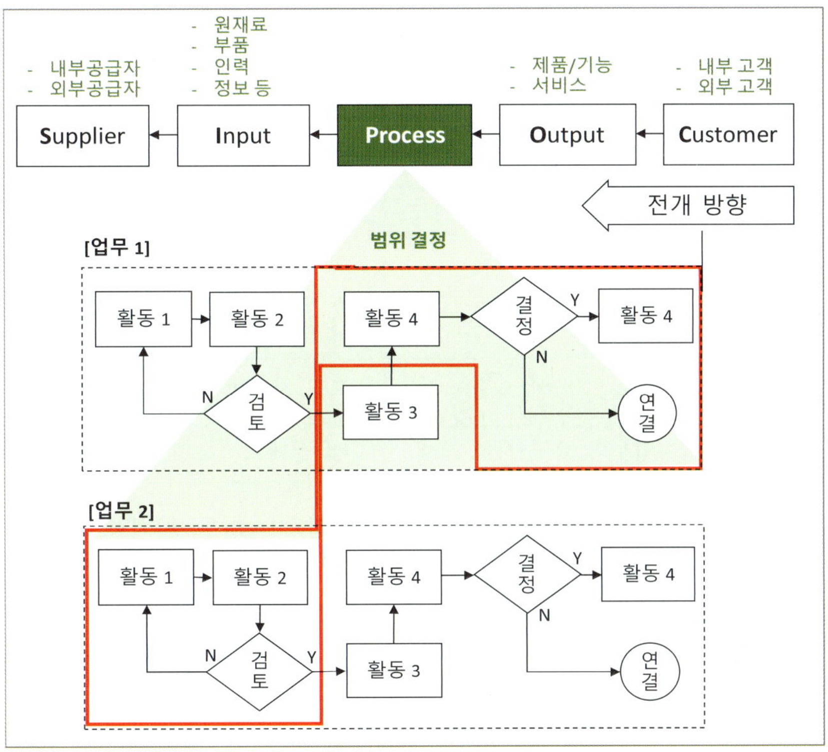


[그림 2.3] 성과 중심의 COPIS 전개: 상위 프로세스 맵핑

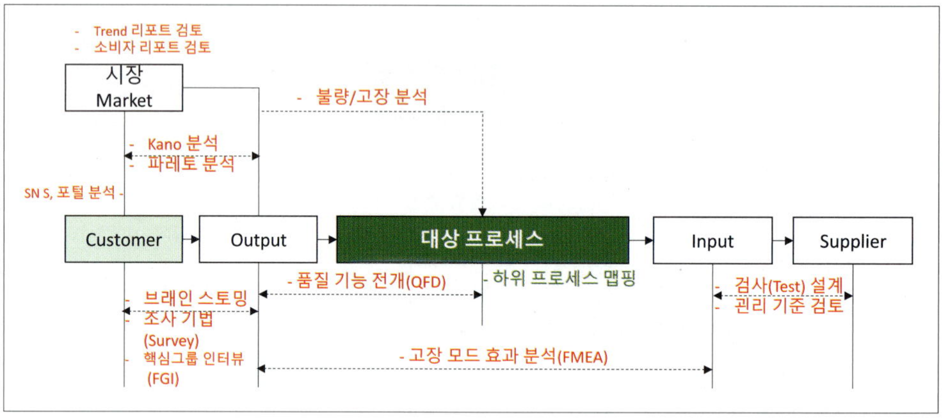


| 도구 | 목적 | 유용성 |
|---|---|---|
| Kano 분석 | 잠재적인 고객의 요구 사항을 체계적으로 분류 | - 잠재적인 요구사항들로부터 고객의 실제 요구사항을 구별<br>- 요구 사항을 체계적으로 분류 가능 |
| 파레토 분석 | 조사된 다양한 항목들 중에서 중요 항목 선정 | - 중요한 소수의 항목들 선정 가능<br>- 해당 항목들의 비중 확인 |
| 브레인 스토밍 | 다양한 의견과 아이디어의 수집 | - 개선안을 위한 기초 의견/아이디어 검토 및 수집 |
| 조사 기법 (Survey, FGI) | 고객의 실제 의견/선호도/불만족에 대한 정보 수집 | - 실제 고객의 개념적 요구 사항 파악<br>- 고객 특징별 요구 사항 분류<br>- 다양한 통계적 방법 적용 가능 |
| 품질 기능 전개 (QFD) | 고객의 요구 사항으로부터 필요한 업무의 요구 사항 구별 | - 요구 사항별 업무 활동 구분<br>- 고객 관점에서의 중요 업무 활동 구분 및 선택 |
| 고장 모드 효과 분석 (FMEA) | 제품의 잠재적 결함/고장 형태와 그 영향을 체계적으로 검토 | - 결함/고장의 발생 기회 확인<br>- 결함/고장에 대한 예방 조치 도출 |

[그림 2.4] COPIS 각 단계별 도구와 방법

## 하위 프로세스 맵핑

상위 프로세스 맵핑을 통하여 COPIS 전개의 각 단계의 요소들이 결정되고 프로세스의 한계가 결정되면 대상 프로세스 내의 활동 요소와 절차들을 가능한 한 자세히 전개할 수 있어야 한다. 이를 통하여 (1) 불필요하거나 모호한 활동 제거 또는 수정 (2) 개선 대상 활동의 탐색 및 결정 (3) 개선 활동의 성공 여부를 확인할 수 있는 측정 대상을 선정해야 한다. 이 때 세부적 활동들을 전개할 때 사용되는 도구를 하위 프로세스 맵핑 또는 간단히 프로세스 맵핑Process Mapping이라고 한다. 사용 기호는 구성원과의 소통을 위하여 반드시 [그림 2.5]을 사용해야 한다.

하위 프로세스 맵핑을 실시하는 경우 중요한 점은 (1) 모든 활동과 조건은 단일 개선 대책을 적용할 수 있도록 자세히 전개되어야 하며 (2) 불필요한 활동에 대한 제거와 수정 그리고 즉개선 활동을 사전에 정돈해야 한다.

| 기 호 | 의 미 | 사용 시 유의 사항 |
|---|---|---|
| 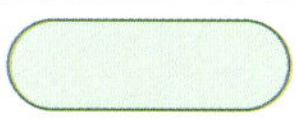 | 시작/종료 | 고객 관점의 시작/종료 시점을 고려 |
|  | 단위 활동 | 동사 또는 명사형으로 일관되게 기입 |
| 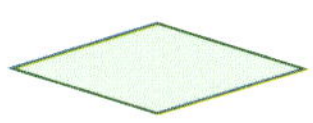 | 의사결정/판단 | Yes/No에 따른 단위 활동을 명확히 정의 |
|   | 활동의 진행 방향 | 주로 시간/결과물의 순서로 정의 |
|  | 연결 | 다른 영역 또는 다른 프로세스 전환 |

[그림 2.5] 하위 프로세스 맵핑의 표준 기호

이러한 과정의 결과로 선정된 최종 활동과 조건들의 모임을 대상 프로세스 Objective Process라고 한다. 하위 프로세스 맵핑의 절차와 사례는 다음과 같다.

## 14. 하위 프로세스 맵핑의 절차

(1) 가능한 한 자세하게 활동들을 구분하고 이를 간단히 표현한다.
: 활동명은 동사 또는 명사로 일관되게 정돈한다.
(2) 나열된 활동들의 진행 순서를 표시하고 조건이 있는 경우 이에 대한 기준을 구별하여 표시한다.
: 조건의 (예, 아니오)에 대한 활동을 명확히 지정한다.
(3) (2)의 전개 결과를 검토하여 개선의 관점에서 통합될 활동들을 재정의하고 각 활동들의 담당 부서 또는 시점에 따라 구분하여 완성한다.
(4) 완성된 전개 결과의 각 활동과 조건에 대한 추가 정보를 기입한다.

구매 프로세스의 하위 프로세스 맵핑

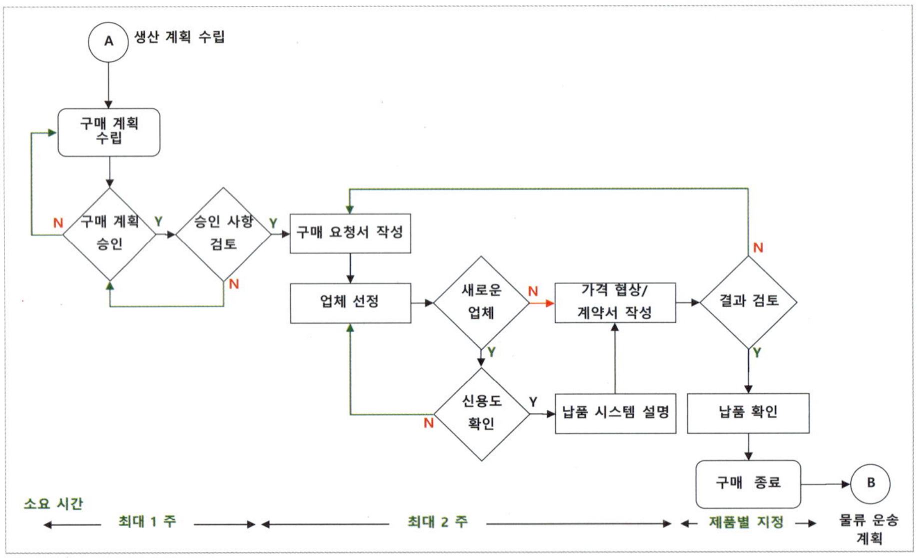

## 2.4 Project Y의 선정

고객/사업/시장의 관점에서 검토되어 품질 개선을 목표로 정의된 대상 프로세스로부터 (1) 해당 프로젝트의 성공을 확인할 수 있는 (2) 측정 가능한 (3) 중요 결과물을 Project Y라고 한다. 이를 이용하여 대상 프로세스의 실행 척도인 시그마 수준을 결정하게 된다. Project Y는 동일 프로젝트 내에서 2개 이상을 동시에 고려할 수 있으며 다음의 필요조건을 만족해야 한다.

### 15. Project Y의 필요조건

(1) 품질 개선 성과에 중요한 영향을 주는 제품/기능의 결과이어야 한다.
[품질 이슈, 기술적 한계 그리고 고객의 불만족과 밀접하게 연계]
(2) 명확한 목표를 정의할 수 있어야 한다.
(3) 측정 과정에서 오차 또는 오염의 정도가 영향을 미치지 않도록 가능한 한 짧은 시간 내에 즉시 측정될 수 있어야 한다.
(4) 최종적으로 측정되는 데이터의 형태는 연속형[Continuous]이 바람직하다.

품질 개선을 위하여 정의되는 Project Y는 반드시 품질 이슈 그리고 고객의 요구 사항과 연계되어야 한다. 예를 들어 CTQ[Critical To Quality]와 연관된 새로운 Project Y를 측정하거나 또는 CTQ의 일부로 Project Y가 결정될 수 있다. 또한 품질과 관련된 KPI[Key Performance Indicator]를 고려하는 경우에는 KPI의 대부분을 결정하는 결과물로 정의해야 한다. 이러한 경우에는 CTQ 또는 KPI와 연관성을 고려하여 명확한 목표를 정의할 수 있어야 한다.

성공한 프로젝트에서의 Project Y는 기존 지표 또는 특성으로 선정되기 보다는 새롭게 측정되거나 정의되는 경우가 많으며 측정되는 데이터의 형태는 대부분 연속형이다. 실무적으로 측정되는 데이터의 유형은 크게 3 가지로 구분 - 범주형[Categorical], 이산형[Discrete], 연속형[Continuous] - 된다. 범주형 또는 이산형의 경우에는 제품의 다양한 특징들을 동시에 반영할 수 있다는 장점을 갖는다. 따라서 주로 품질 관리 또는 품질 보증 분야에서 널리 활용된다. 하지만 이는 개선 활동의 판단 기준으로 활용하기에는 다음과 같은 단점이 있다.

### 16. 범주형/이산형 Project Y의 단점

(1) 개선 활동에 대한 객관적 판단 기준을 제시할 수 있는 데이터 분석 도구와 방법이 제한되어 기술적/경험적 판단에 기초하여 프로젝트를 진행해야 한다.
(2) 주로 여러 특성의 집합 또는 명확히 측정할 수 없는 특성에 적용되므로 이에 대한 핵심 원인들을 구별하기 어렵다.
(3) 일반적으로 변별력이 낮고 통계적 분석과 검증을 위한 많은 수의 데이터를 필요로 한다.
(4) 획기적인 개선을 제외하고 개선의 정도를 명확히 판단하기 어렵다.

만일 선정된 Project Y가 범주형/이산형으로 결정되었다면 프로젝트의 추가적인 단계를 진행하기 전에 Project Y의 범주 또는 빈도를 구성하는 다양한 특징들을 검토하여 가능하면 연속형으로 측정할 수 있는 대체 특성으로 정의할 수 있어야 한다. 그렇지 않다면 프로젝트를 위하여 충분한 데이터를 수집할 수 있는 시간과 비용을 사전에 확보할 수 있어야 한다.

## Project Y의 측정 설계

Project Y는 [Define 단계] 이후의 모든 활동 – 측정 타당성 검토, 현재 수준 파악, 핵심 원인 선정, 최적안 선정 등 - 을 결정한다. 따라서 올바른 현상 이해를 위하여 Project Y의 개별 특성과 연관된 다양한 환경과 조건을 기록할 수 있어야 한다.

데이터[Data]란 특정 목적을 위하여 수집된 일련의 숫자와 문자를 말한다. 그 대상을 프로세스로 정의한다면 이를 프로세스의 목소리[Voice of Process]라고 하고 간단히 VOP로 적는다. 실제 프로젝트를 진행하면서 시간/비용이 부족하여 원하는 특성을 올바로 측정할 수 없다거나 또는 측정 과정의 난이도가 높아 일부만 측정하였다라고 주장하는 경우가 있다. 이는 타당한 주장일 수 없다. 모든 데이터는 품질 개선의 목적에 적합해야 하기 때문이다. 따라서 의미 있는 데이터를 수집하기 위해서는 먼저 목적을 명확히 선정하고 그 다음으로 시간, 비용, 용이성 등의 실무적 제약 조건을 확인해야 한다. 만일 수집된 데이터가 개선 목표에 대한 진단 또는 의사 결정에 적합하지 않다면 데이터를 다시 수집해야 한다.

Project Y에 대한 데이터를 수집할 때는 대상 프로세스의 환경의 변화 또는 그 원인을 올바로 반영하기 위하여 반드시 데이터 레쥬메Data Resume를 함께 기록해야 한다. [그림 2.6]은 데이터 레쥬메 설계 시 고려해야 할 항목들을 정리한 것이다. 일반적으로 Project Y와 연관된 다양한 관련 변량Variate들과 COPIS 전개의 각 단계별로 발생할 수 있는 변동 원인들을 중심으로 설계하고 현장에서 Project Y와 동시에 기록한다.

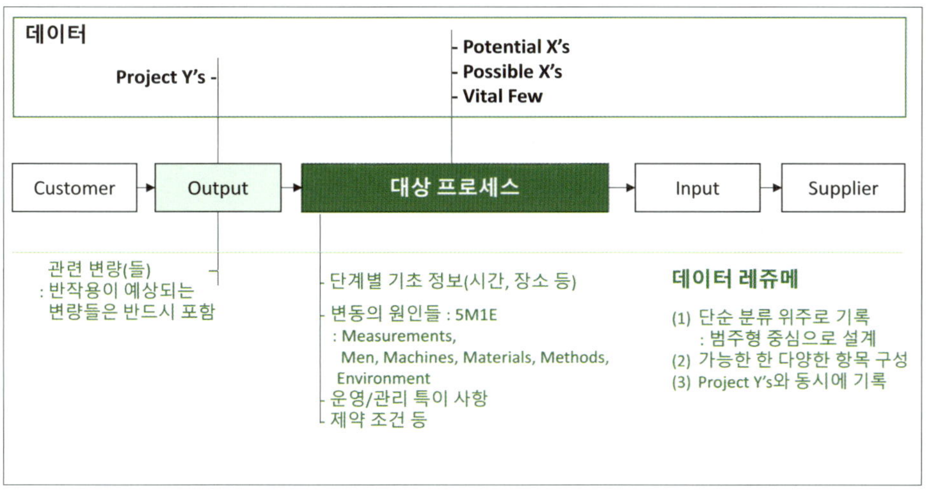


[그림 2.6] 데이터 레쥬메 설계시 고려 항목

## 17. 분석의 필수 요소: 데이터 레쥬메 Data Resume

Project Y의 수집 환경과 조건을 측정 가능 하도록 구분하고 Project Y의 측정과 동시에 기록한 데이터 보조 표를 말한다.

데이터 레쥬메 설계 시 프로세스 관련 정보와 중요 분류 기준 - 진행 절차, 5M1E 등 - 에 따라 항목들을 결정하고 운영과 관리상의 특이 사항과 제약 조건 등을 함께 기록하면 좋다.[38] 이러한 노력은 프로젝트의 각 단계에서의 분석 결과에 대한 해석을 명확히 할 수 있는 기초를 제공한다. 또한 품질 개선을 위한 새로운 사실[New Findings]을 찾을 수 있는 가능성을 높여 준다.

[Define 단계]는 올바른 문제를 정의하는 단계로 프로젝트의 시작점이다. 이는 문제에 대한 체계적인 검토 과정과 함께 객관적인 근거를 제시할 수 있어야 한다. 성과 중심의 올바른 프로젝트를 정의 하였는가 그리고 정의된 문제가 올바로 해결될 수 있는가를 확인하고 필요한 경우 이를 보완하여 다음 단계인 [Measure 단계]를 진행해야 한다.

■

38) 5M1E - Measurements, Men, Machines, Materials, Methods, Environment의 약자

3장

# 측정 Measure

**Load Kelvin, 1824-1907**

We don't know what we don't know.
If we can't express what we know in the form of numbers,
we really don't know much about it.
If we don't know much about it, we can't control it.
If we can't control it,
we are at the mercy of chance.

**Louis Pasteur, 1822~1895**

- 측정 기술의 발전과 과학의 발전은 궤를 같이 한다.

## 학습 목표

- [Measure 단계]의 목적을 이해한다.
- [Analyze 단계]로의 진행을 위한 핵심 결과물을 확인한다.

## 차례



## 중요 용어

- 측정 시스템 Measurement System
- 프로세스 능력/실행력 Process Capability/Performance
- 시그마 수준 Sigma Level

# 3.1 목적

[Define 단계]의 핵심 결과물인 Project Y에 대한 (1) 측정 시스템을 검토하고 (2) 현재 수준을 파악하여 (3) 원하는 품질을 달성할 수 있는 Project Y의 목표와 개선 방향을 결정하는 단계를 [Measure 단계]라고 한다. 그 목적과 결과물은 다음과 같다. [그림 3.1]은 [Measure 단계]의 중요 고려 사항들을 나타낸다.

### 18. [Measure 단계]의 목적과 결과물

**목적 : 측정 시스템 검토 및 현재 수준의 파악**

- 프로젝트의 성공 여부를 결정하는 Project Y의 측정 시스템을 검토하여 필요하다면 이를 개선한다.
- 명확한 개선 목표 확인을 위하여 Project Y의 현재 수준을 파악한다.
- Project Y의 개선 목표를 효과적으로 달성할 수 있는 개선 방향을 결정한다.

**결과물 : 개선 목표와 개선 방향**

- 측정 시스템 검토 결과 : Measurement System Analysis
- 현재 수준의 정의 : Normality Test/ Process Capability Analysis
- 개선 목표와 개선 방향의 결정 : 4 Block Diagram/Extreme Tolerance

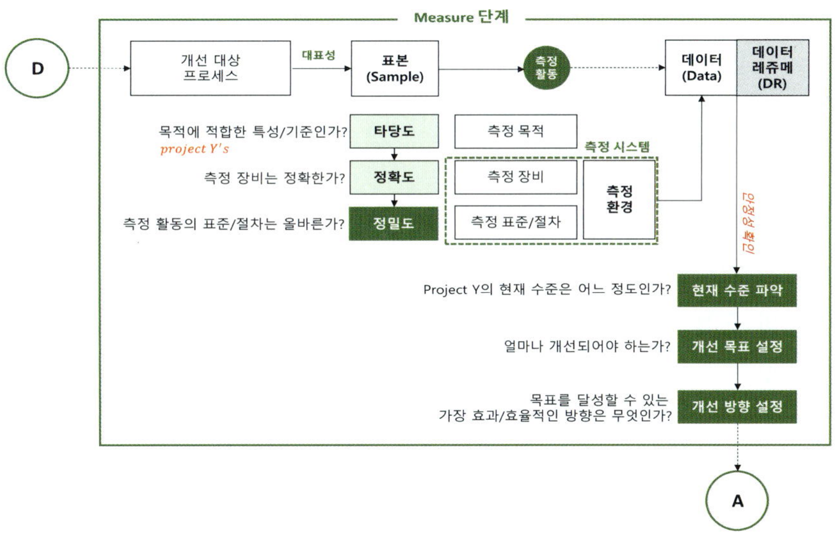


[그림 3.1] [Measure 단계]의 중요 고려 사항

현장의 사실 중 일부인 표본[Sample]을 측정한 결과를 데이터[Data]라고 한다. 따라서 올바른 측정 없이 유용한 데이터를 얻을 수 없다. 따라서 실질적인 개선 활동은 측정 활동의 검토로부터 시작된다. 측정 활동은 목적에 적합한 특성[Characteristic] 또는 기준[Criteria]의 선택으로부터 시작된다. [Define 단계]가 올바로 진행되었다면, Project Y는 개선 활동의 성공을 확인할 수 있도록 선택된 것이므로 타당도[Validity]를 만족한다.

### 19. 측정의 타당도 Validity[39)]

> 측정을 위하여 선정된 특성/기준이
> 원하는 실제 현상을 얼마나 정확하게 반영하는가에 대한 적합성의 정도

타당도가 확인되었다면 원하는 측정 대상/현상에 적합한 측정 장비[Gage]를 선택해야 한다. 측정 장비는 활동 목적에 의하여 결정되지만 Project Y의 측정 결과는 원하는 목표값[Target] , 허용한계[Tolerance Limit] 그리고/또는 규격한계[Specification Limit]에서 제시된 측정 단위[Measurement Unit]의 $1/10$을 구별할 수 있어야 한다. 이를 $10\%$ 분해능[Resolution]이라고 한다.[40)] 예를 들어 Project Y가 길이이며 측정 단위가 $cm$로 주어졌을 때 규격한계가 $(15.5, 17.5)$로 주어졌다면 측정되는 데이터는 $10\%$ 분해능에 따라 반드시 소수점 두 번째 자리까지 측정되어야 한다.

[예] Project Y : 15.34, 16.73, 15.67, 17.43, 16.01, 15.79, 16.47

만일 Project Y가 범주형 또는 이산형이라면 분해능을 적용할 수 없다. 또한 프로세스 개선 활동에서는 고객 관점을 강조하므로 설계 단계의 허용한계와 생산 단계의 규격한계를 구분하지 않고 사용하는 경우가 많다. 각각의 정의는 다음과 같다.

---

39) 사회 과학 분야에서는 주로 조사 설문/평가/검사 도구에 대한 적합성 확인을 위하여 적용하며, 내용관련 타당도, 기준관련 타당도 그리고 구성 타당도 등으로 구분하여 사용한다. <저자 주>
40) 중요한 부품인 경우에는 5%의 분해능을 요구하기도 한다. <저자 주>

**허용한계 Tolerance Limits**

측정 대상의 허용 가능한 변동의 한계를 말하며 일반적으로 다음과 같이 나타낸다. 허용한계간의 차이를 공차^Tolerance^라고 한다.

- 양측 대칭 : $Norminal \pm d,\ d > 0$
- 양측 비대칭 : $(Norminal - d_1,\ Norminal + d_2),\ d_1 \neq d_2$
- 단측 : $(Norminal - d,\ \infty),\ d > 0$ 또는 $(-\infty,\ Norminal + d),\ d > 0$

**규격한계 Specification Limits**

측정 대상의 양/불량 여부를 결정하는 프로세스 변동의 한계를 말하며 일반적으로 다음과 같이 나타낸다.

- 양측 : $(LSL,\ USL)$
- 단측 : $(LSL,\ \infty)$ 또는 $(-\infty,\ USL)$

여기서 $LSL$은 Lower Specification Limit 그리고 $USL$은 Upper Specification Limit의 약자

# 3.2 측정 시스템의 검증

측정 활동을 위해서는 측정 대상의 선택, 측정 장비의 선정 그리고 원하는 특성에 대한 측정의 표준과 절차를 결정해야 한다. 이러한 측정의 전 과정에 기여하는 모든 요소들을 총칭하여 측정 시스템^Measurement System^이라고 한다.

### 20. 측정 시스템의 정의

측정값을 얻기 위한 활동에서 고려되는 모든 요소들의 모임

(예) 측정 장비, 측정자 그리고 유/무형의 측정 환경 등

**[검토 기준] SWIPE[41]**

Standard, Workpiece, Instrument, Person/Process, Environment

## 측정 오차 Measurement Error

측정 시스템에 의하여 결정된 값을 측정값Measurement Value이라고 한다. 모든 측정값은 측정 오차Measurement Error를 갖는다. 측정 오차란 측정 대상의 참값True Value과 측정 시스템에 의하여 관찰된 측정값 간의 차이를 말하고 이는 고려된 측정 시스템의 다양한 변동 원인들의 영향을 받는다. 따라서 측정 시스템의 모든 구성 요소들은 측정 오차의 잠재 원인이라고 할 수 있다. 측정 오차는 반복Replication을 고려한 통계적 실험Statistical Experiment에 의해서만 진단될 수 있으며 다음과 같이 정의한다.

**측정 오차** $\epsilon_i$

$$Y_i = T + \epsilon_i\,,\ i = 1, 2, \ldots, n$$

여기서, $Y_i$는 반복 측정에 의하여 관찰된 측정값
$T$는 측정 대상의 실제 참값
$\epsilon_i$는 $i$번째 측정에서의 측정 오차

$$Var(Y_i) = \sigma_M^2$$

참값을 갖는 대상을 가정했을 때 측정 오차에 의하여 나타날 수 있는 가능한 측정값들의 범위를 측정 불확정 범위Measurement Uncertainty Range라고 하며 [그림 3.2]와 같이 정의된다.

측정 불확정 범위(MUR)의 추정 방법은 분야별로 다양하게 연구되고 있으며 이 책의 범위를 벗어난다.[42] 중요한 사실은 만일 측정 오차가 작은 경우라면 MUR 역시 좁게 정의되어 동일한 참값에 대한 반복적인 측정 활동에서 비슷한 값을 얻게 되지만, 측정 오차가 큰 경우에는 MUR이 넓어져 측정 활동에 의하여 얻어진 측정값을 믿을 수 없게 된다는 것이다. 따라서 MUR의 범위를 추정하는 것보다 중요한 활동은 측정 오차를 줄이는 것이다.

---

41) Automative Industry Action Group. 1982년에 미국의 3대 자동차사인 Ford, General Motors(GM) 그리고 Chrysler에 의해 설립된 비영리 기관으로 자동차 산업의 품질 개선을 위한 절차와 표준을 개발. <저자 주>
AIAG(2010). Measurement System Analysis Manuals, $4^{th}$ Edition

42) NASA(2010). Measurement Uncertainty Analysis Principles and Methods 참고

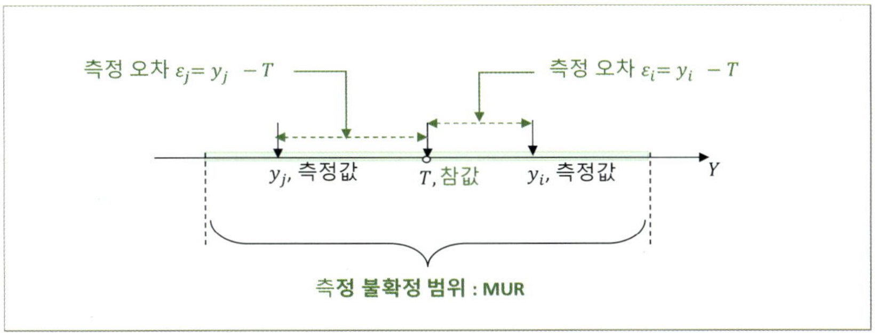


[그림 3.2] 측정 오차와 측정 불확정 범위 MUR

측정 오차를 줄이기 위해서는 측정 시스템에서 발생 가능한 변동 원인들을 구별하고 이들이 측정값에 미치는 영향을 확인할 수 있어야 한다. 미국 AIAG에서 제공하는 「측정 시스템 분석」 매뉴얼은 측정 시스템 검토를 위하여 SWIPE 기준을 적용할 것을 추천한다. [그림 3.3]은 SWIPE 기준의 검토 사례이다.[43)]

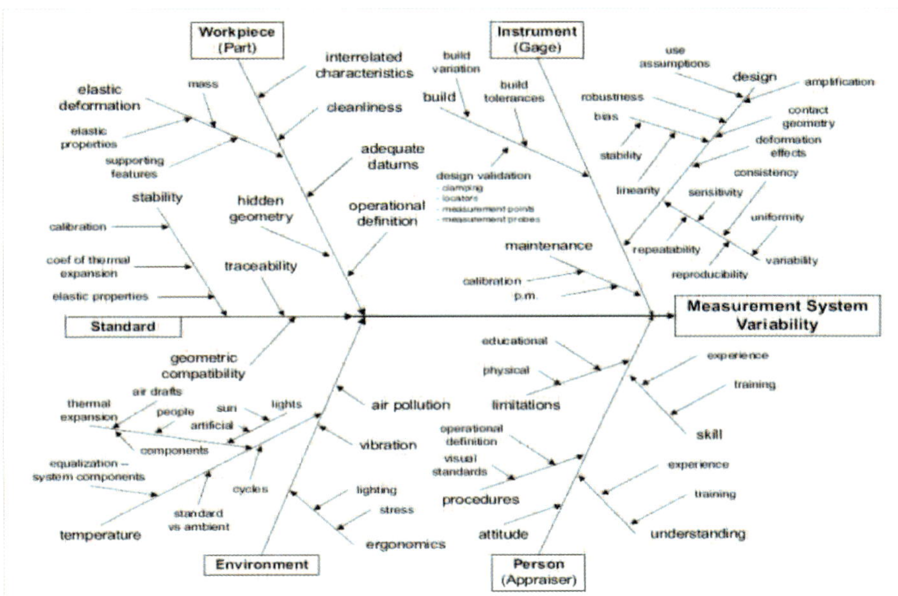


[그림 3.3] 측정 시스템 타당성 검토를 위한 SWIPE 전개 : 예

43) AIAG(2010) Measurement System Analysis Manuals, 4th Edition

## 측정 변동 Measurement Variation

측정 오차의 크기를 수량화 한 것을 **측정 변동**Measurement Variation이라 하고 일반적으로 **분산**Variance의 기호인 $\sigma^2$ 형태로 표현한다. 이를 이용하여 전체 측정 변동 $\sigma_T^2$ 을 구분하면 다음과 같다. 구분된 **체계적 변동**Systematic Variation과 **우연 변동**Random Variation을 개념적으로 표현하면 [그림 3.4]와 같다.

**측정 변동의 구분 I**

$$\sigma_T^2 = \sigma_S^2 + \sigma_R^2$$

여기서, $\sigma_S^2$은 체계적 원인에 의한 변동 그리고

$\sigma_R^2$은 우연 원인에 의한 변동

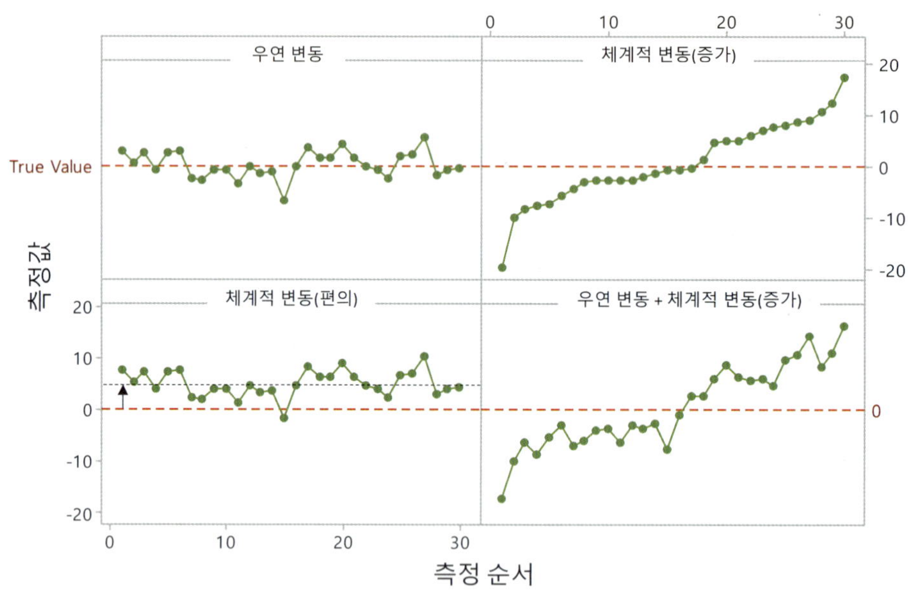


[그림 3.4] 체계적 변동과 우연 변동에 따른 측정 변동

[그림 3.5]는 참값 $T=100$을 가정하고 체계적 변동과 우연 변동 모두 정규분포를 가정하였을 때 측정 변동을 나타낸 것이다.[44] 측정값들은 체계적 변동과 우연 변동 모두에 영향을 받으며 제시된 $n=30$개의 측정값들은 대략 $[T-10.0, T+10.0]$의 범위 내에 포함되어 있다. 만일 고객 요구 사항에 의하여 제시된 규격한계Specification Limit가 이 범위 내에 포함된다면 측정 변동으로 인하여 실제로 올바른 제품을 불만족 판정하는 경우가 많아진다.

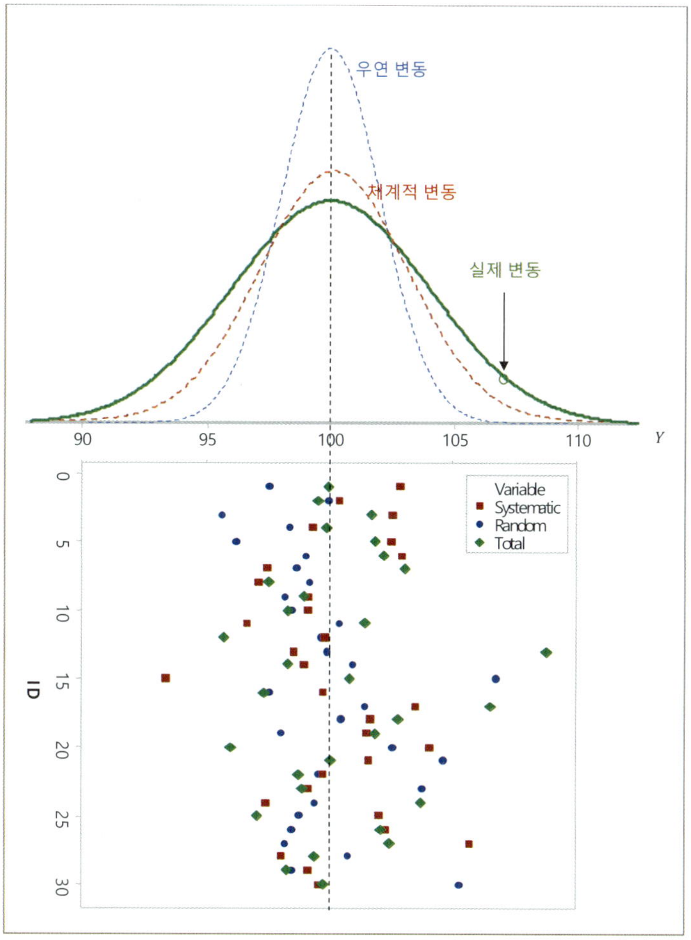


[그림 3.5] 체계적 변동과 우연 변동이 실제 변동에 미치는 영향

44) 일반적으로 체계적 변동은 정규분포가 아닐 수도 있으나 우연 변동은 정규분포를 따른다고 가정한다. <저자 주>

체계적 변동은 우연 변동과 비교할 때 일정한 패턴을 나타내므로 진단과 원인 규명이 비교적 용이하다. 따라서 측정 시스템을 개선하기 위해서는 체계적 변동을 먼저 고려하고 이를 정확도와 정밀도로 구분한다.

## 정확도와 정밀도

측정 활동은 단일 참값이 아니라 일정 범위 내의 값들을 대상으로 실행된다. 따라서 단일 값이 아닌 일정 범위에 대한 체계적 변동을 검토할 수 있어야 한다. 이를 위하여 고려하는 측정 범위에서 일정 수의 측정 대상을 골고루 선택하고 이를 대상으로 **정확도**Accuracy 그리고 **정밀도**Precision를 확인한다. [그림 3.6]은 측정의 정확도와 정밀도를 개념적으로 표현한 것이다.

### 21. 측정 정확도와 정밀도

> (1) 정확도 : 측정값(또는 이의 평균)이 채택 가능한 기준 값/수준과 일치하는 정도
>
> (2) 정밀도 : 특정 조건에서 측정된 측정값들의 상호 일치 정도

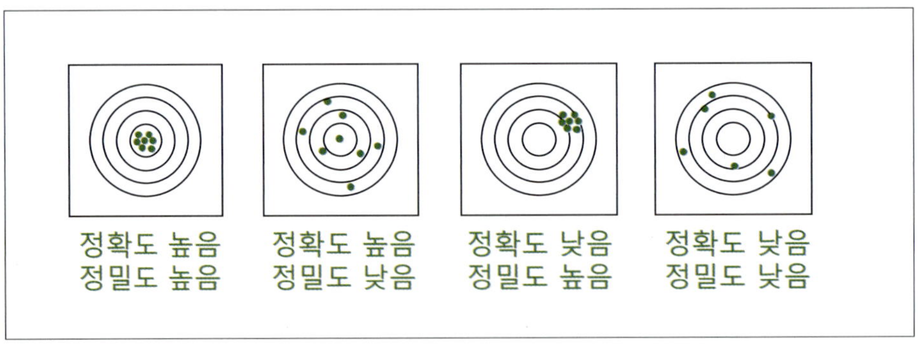


[그림 3.6] 측정의 정확도와 정밀도의 개념

만일 2가지 기준이 모두 높은 경우에는 측정 활동에서 나타날 수 있는 체계적 변동을 제거한 올바른 측정값이라고 할 수 있다. 만일 정확도만 낮은 경우에는 측정 장비의 문제일 가능성이 높으므로 측정 장비의 검/교정을 통하여 측정 변동을 개선할 수 있다. 정밀도가 낮은 경우는 측정 장비의 반복성의 문제 그리고 측정 표준/절차가 적절하지 않거나 적절하더라도 실제 측정 과정에서 지켜지지 않는 재현성의 문제로 구분하여 진단하고 그 결과에 따라 이를 개선해야 한다. 2가지 기준이 모두 낮은 경우의 측정값은 사용할 수 없지만 측정 변동을 추가로 개선할 가능성은 매우 높다.

이러한 개념들을 반영하여 일정한 측정 범위 내에서 $n \geq 2$의 측정 대상에 대한 측정 변동을 재분류하면 다음과 같다. 이때 고려되는 측정 대상은 측정 활동에서 관심을 갖는 전체 범위 내에서 골고루 선택해야 하며 각 변동을 올바로 확인하기 위해서는 **반복**Replication을 포함한 **통계적 실험**Statistical Experiments을 실시해야 한다.

**측정 변동의 구분 II**

$$\sigma_T^2 = \sigma_{Parts}^2 + \sigma_{Accuracy}^2 + \sigma_{Precison}^2 + \sigma_{Random}^2$$

여기서, $\sigma_T^2$은 총 변동,

$\sigma_{Parts}^2$는 고려한 대상들의 변동,

$\sigma_{Accuracy}^2$는 정확성에 의한 변동,

$\sigma_{Precision}^2$은 정밀도에 의한 변동 그리고

$\sigma_{Random}^2$은 우연 변동

이를 기초로 세분화된 측정 시스템의 검증 방법은 [그림 3.7]과 같다. 정확도와 정밀도는 각각의 판단 기준을 적용하여 측정 변동을 검증하여야 하고, 필요한 경우 실제 측정 활동을 시작하기 전에 개선할 수 있어야 한다.

## 22. 측정 시스템의 검증 기준 [그림 3.7]

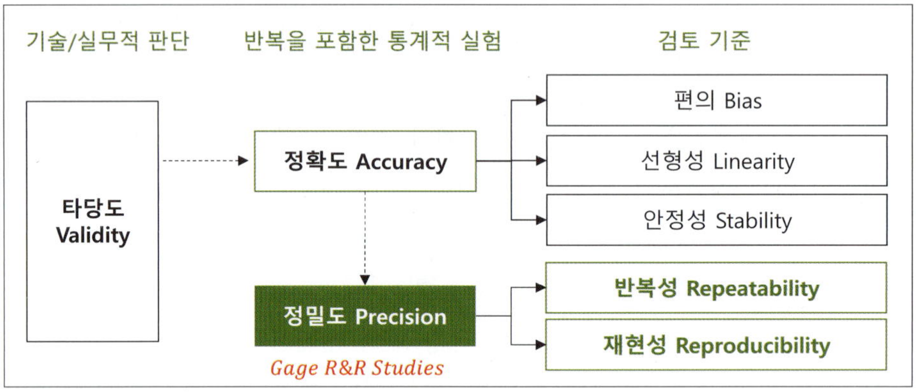


### 측정 정확도 검증 Assessment of Measurement Accuracy

측정의 타당도가 확보되었다면 현상을 일정한 형식의 숫자로 전환하는 측정 장비^Gage^가 충분히 정확한지 확인해야 한다. 이를 측정의 정확도^Accuracy^ 검증이라고 한다. 이는 편의, 선형성, 안정성의 특징으로 구분하여 검토한다.

편의^Bias^란 기준값^Reference Value^과 반복 측정된 측정값의 평균간의 차이를 말하는 것으로 확인된 편의가 충분히 작은가를 통계적으로 확인하는 것을 편의 검증^Bias Assessment^이라고 하고 이는 [그림 3.8]과 같다.

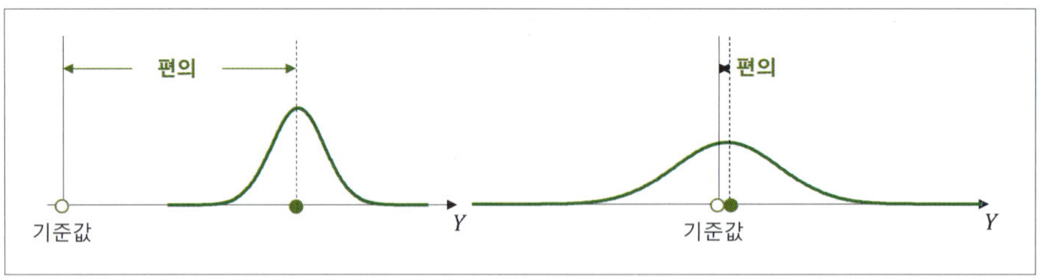


[그림 3.8] 편의 검증

**편의[Bias] 검증**

- 측정 활동에 익숙한 1명의 측정자가 실시한다.
- 측정자는 참값을 알 수 없고, 표준 지침에 의하여 최소 16회 이상 반복 측정한다. 단, 측정 시 모든 측정 환경은 동일하게 유지한다.

**[판단 기준]** 다음 조건을 만족하면 편의는 충분히 작다고 판단한다.

(1) 유의수준 $\alpha$하에서

$H_0 : \delta = 0 \ vs. \ H_1 : \delta \neq 0$에서 $H_0$를 기각할 수 없다.

그리고

(2) $\%(\hat{\delta})_{PV} = \dfrac{|\hat{\delta}|}{6\hat{\sigma}} \leq 5.0(\%)$, $\%(\hat{\delta})_{TL} = \dfrac{|\hat{\delta}|}{Tolerance} \leq 5.0(\%)$

여기서 $\hat{\delta}$ = 기준값 − 측정값의 평균, $\hat{\sigma}$는 경험적 표준편차,

$Tolerance$는 측정 장비가 적용될 허용/규격 범위

**[예제 3.1]** KSPS.3.1

2 종류의 측정 장비(A, B)에 대한 편의 검증을 실시하고자 한다. 측정 장비가 적용되는 프로세스의 특성은 목표값이 15.0($\mu m$)이며 허용 한계는 $\pm$ 2.2($\mu m$)이고 경험적 프로세스 표준편차는 0.85($\mu m$)이다. 측정자는 기준값이 15.0인 표준 부품을 선정하여 동일한 방법으로 각각 $n$ = 20개의 표본을 측정하여 편의를 계산하였다.

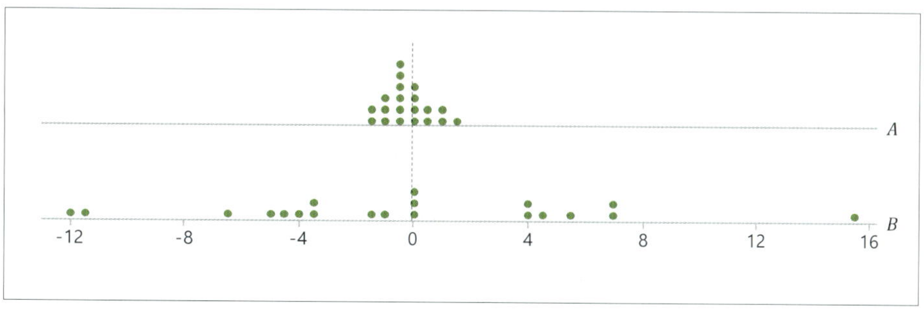

## 통계분석> 기초 통계 > 1-표본 t, KSPS.3.1

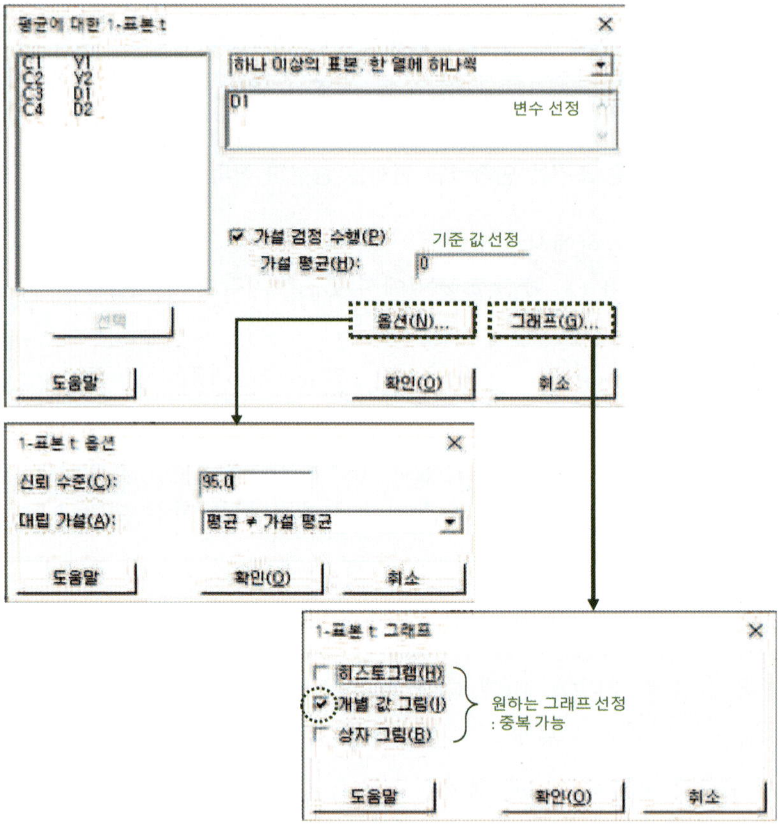


**[그래프 결과]**

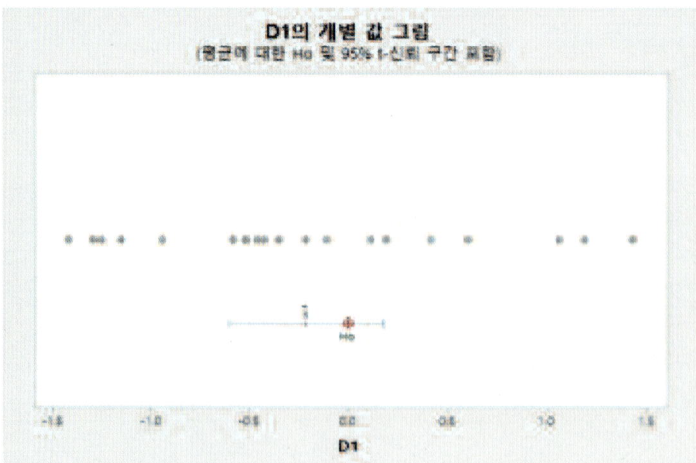

[A] 편의 검증의 모든 조건을 만족한다.

```
Test of μ = 0 vs ≠ 0
Variable    N    Mean  StDev  SE Mean        95% CI            T       P
D1         20  -0.211  0.832    0.186  (-0.600, 0.179)     -1.13   0.272
```

$$\%(\hat{\delta})_{PV} = \frac{0.211}{6 \times 0.85} \times 100 = 4.14(\%)$$

$$\%(\hat{\delta})_{TL} = \frac{0.211}{4.40} \times 100 = 4.80(\%)$$

[B] 편의 검증의 일부 판단 기준을 만족하지 않는다. 하지만 그 차이는 크지 않다.

```
Test of μ = 0 vs ≠ 0
Variable    N    Mean  StDev  SE Mean       95% CI          T      P
D2         20  -0.28   6.62     1.48  (-3.38, 2.82)    -0.19  0.851
```

$$\%(\hat{\delta})_{PV} = \frac{0.28}{6 \times 0.85} \times 100 = 5.49(\%)$$

$$\%(\hat{\delta})_{TL} = \frac{0.28}{4.40} \times 100 = 6.36(\%)$$

선형성Linearity 검증이란 측정 범위 내에서 정의된 여러 값에서 편의가 충분히 작은가 그리고 측정의 일관성을 검토하는 것으로 [그림 3.9]와 같다.

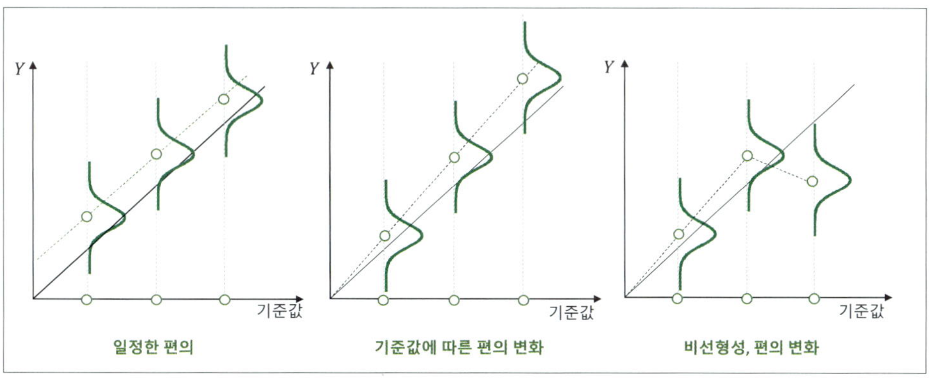


[그림 3.9] 선형성 검증

**선형성**Linearity **검증**

- 측정 활동에 익숙한 1명의 측정자가 실시한다.
- 측정 범위 내에서 최소 3개 이상의 기준값을 선정하고 랜덤한 순서로 각 기준값에서 12번 이상 반복 측정한다.
- 측정자는 참값을 알 수 없고 측정 시 모든 측정 환경은 동일하게 유지한다.

**[판단 기준]** 다음 조건을 만족하면 선형성을 만족한다고 판단한다.

(1) 유의 수준 $\alpha$하에서

$H_0 : \beta_1 = 0 \ vs. \ H_1 : \beta_1 \neq 0$에서 $H_0$를 기각할 수 없다.

여기서 $\beta_1$은 $\delta_i = \beta_0 + \beta_1(\text{기준값})_i + \epsilon_i, \epsilon_i \sim iid\, N(0, \sigma^2)$에서 추정된 회귀 계수 $\beta_1$ 그리고

$$\delta_i = (\text{측정값의 평균})_i - \text{기준값}_i,\ i = 1, 2, \ldots, k$$

그리고

(2) $\% Linearity = |\widehat{\beta_1}| \times (6 \times \text{프로세스의 표준편차}) \leq 5.0(\%)$

그리고

(3) 모든 $i$에서 $H_0 : \delta_i = 0$을 기각하지 못함

**[예제 3.2]** KSPS.3.2

[예제 3.1]에서 선택된 측정 장비 A가 적용되는 측정 범위 중에서 5개의 위치 $\{5.0, 10.0, 15.0, 20.0, 25.0\}$를 선택하여 12번씩 랜덤하게 반복하였다. 프로세스의 특성은 목표값이 $15.0(\mu m)$이며 허용 한계는 $\pm 2.2(\mu m)$이며 경험적 프로세스 표준편차는 $0.85(\mu m)$이지만 사전에 확인된 $\% Study\ Var.$는 약 41.85이다.

## 통계분석> 품질 도구 > Gage 연구 > Gage 선형성 및 치우침 연구, KSPS.3.2

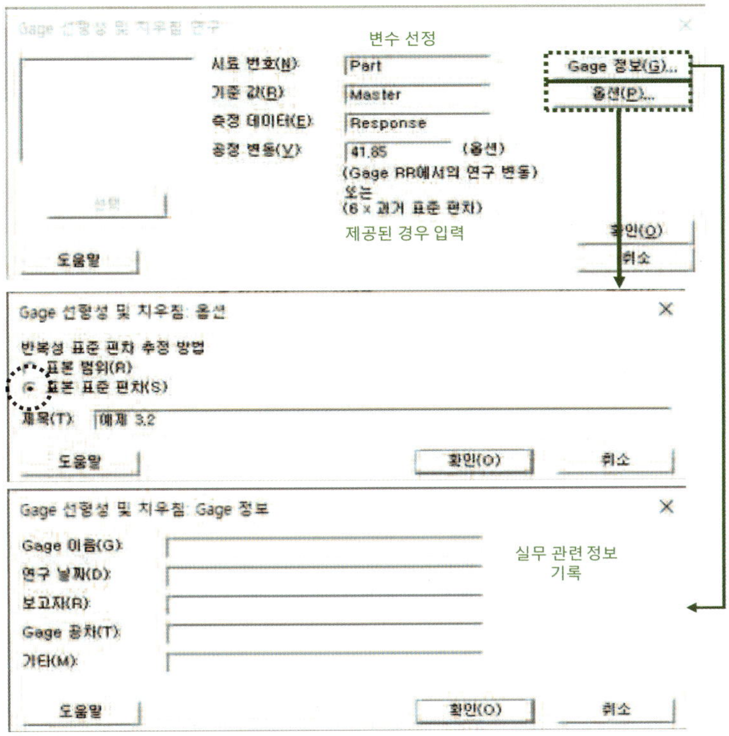


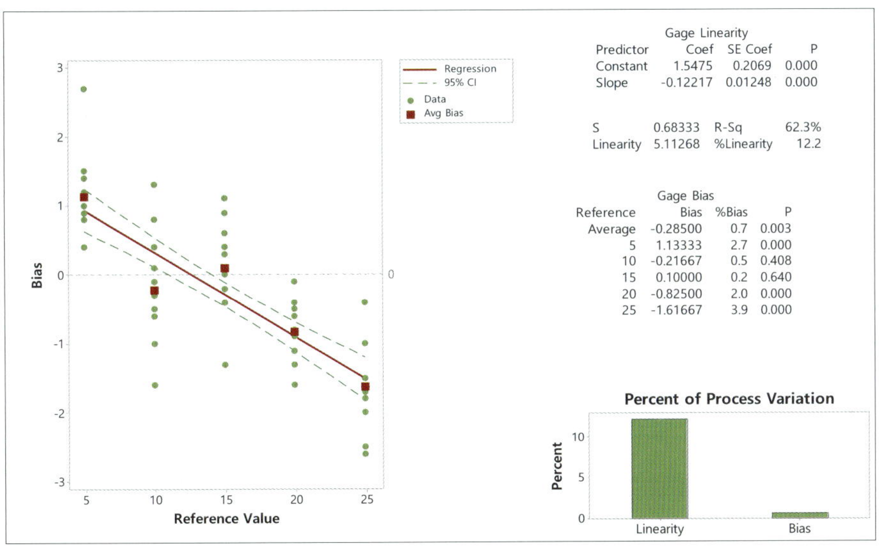

$p-value = 0.000 < \alpha = 0.05$이므로 $H_0 : \beta_1 = 0$을 기각한다. 또한 $\%(Linearity) = 12.2\% > 5.0\%$이며 기준값 $\{10,15\}$이외의 $\{5, 20, 25\}$의 편의가 통계적으로 유의하다. 따라서 선형성이 검증되지 못했다. 하지만 편의가 일정한 형태(작은 값에서 +편의, 큰 값에서 −편의)이므로 상대적으로 교정이 용이할 것으로 판단되어 측정 장비 제작사에 검/교정을 요구하였다. 검/교정 이후 재분석(KSPS.3.1: Response 2)에서는 다음과 같다.

$p-value = 0.919 < \alpha = 0.05$이므로 $H_0 : \beta_1 = 0$을 기각하지 못하며 $\%(Linearity) = 0.2\% < 5.0\%$이며 고려된 모든 기준값에서 $H_0 : \delta_i = 0$을 기각하지 못했다. 따라서 선형성이 검증되었다.

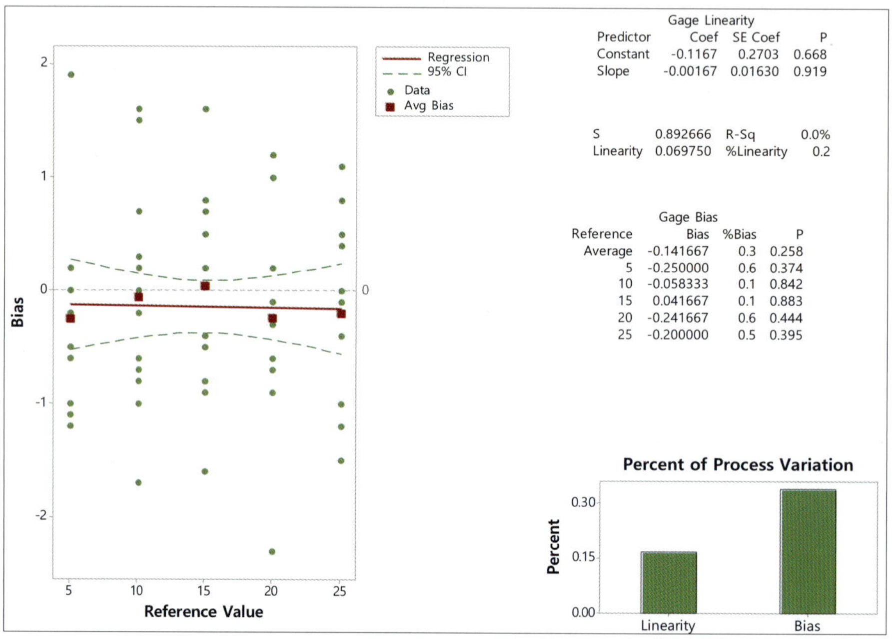


편의와 선형성을 만족함을 확인했다면 이러한 특징들이 측정 활동이 실행되는 일정 시간 동안 유지될 수 있는가를 통하여 검/교정 주기를 결정할 수 있어야 한다. 이를 안정성Stability 검증이라고 하고 [그림 3.10]과 같다.

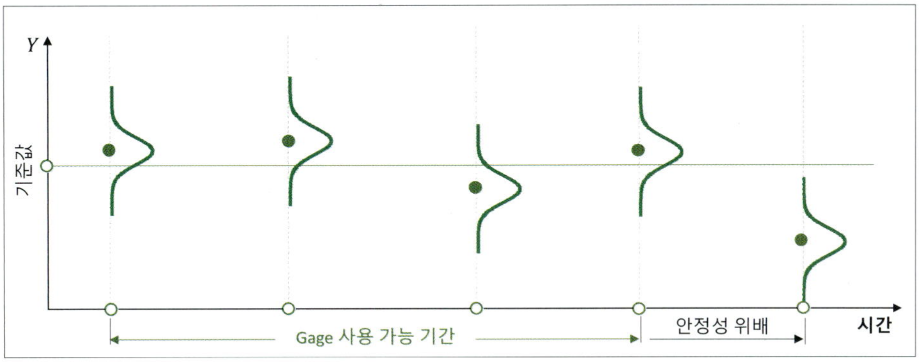


[그림 3.10] 안정성 검증

**안정성Stability 검증**

- 추적이 가능한 표준 시료 1~2개를 측정 활동에 익숙한 1명의 측정자가 실시한다.
- 시료는 측정 활동이 이루어지는 기간 동안 최소 1번 이상 측정하고 이를 $20 \sim 30$군Group을 관찰한다.

**[판단 기준]** 다음 조건을 만족하면 안정성을 만족한다고 판단한다.

각 군에서 1번 측정된 경우에는 $I-MR$ 관리도를 사용하고 2번 이상측정된 경우에는 $\overline{X}-R$ 또는 $\overline{X}-S$관리도를 통하여 이상 패턴 여부를 확인한다. 만일 이상 패턴이 발생하지 않으면 고려된 기간 동안 안정성이 있다고 판단한다.

**[예제 3.3]** KSPS.3.3

[예제 3.1]과 [예제 3.2]에서 고려된 **측정 장비 A**를 적용하는 프로세스 세부 단계에서 측정 장비 관리 주기를 결정하기 위하여 측정 활동 중에 기준값이 15.0 $(\mu m)$인 표준 부품을 30일 동안 1번씩 측정하여 안정성을 검증하였다. 그 결과는 다음과 같다.

**통계분석> 관리도 > 개별값 계량 관리도 > I-MR, KSPS.3.3**

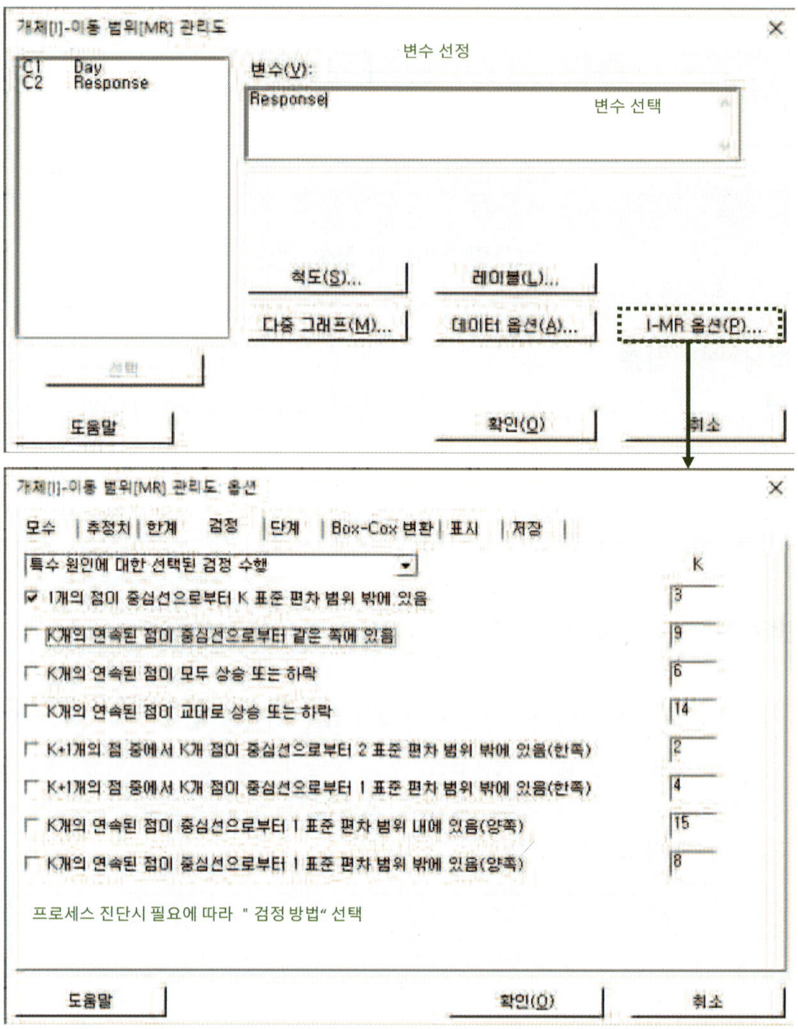

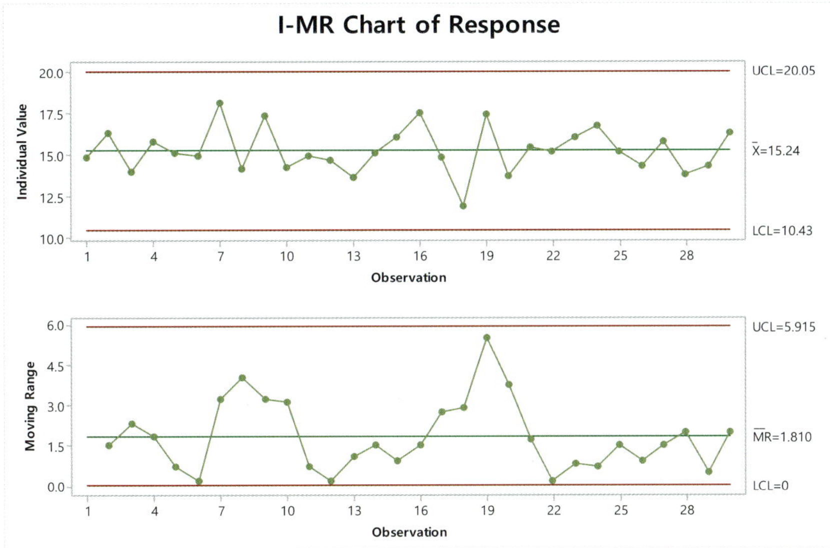


고려된 측정 장비 A는 주어진 기간 30일 동안 개별값과 이동 평균의 관리 조건을 만족하였고 따라서 30일 동안은 검/교정 없이 사용이 가능하다는 점이 증명되었다.

■

## 측정 정밀도 검증[45]

측정의 정확도가 확인된 측정 장비라고 하더라도 반복되는 측정값들의 변동이 크다면 측정 변동은 커진다. 또한 측정 방법의 표준과 절차가 명확하지 못하거나 명확하더라도 측정자들 간의 실행 기준이 다른 경우 역시 측정 변동은 커질 수 있다. 따라서 측정값들 간의 일치 여부를 확인하여야 하는데 이를 측정 정밀도 검증이라고 한다.

### 23. 측정의 정밀도

동일 대상에 대한 측정값의 일치 정도를 말하며 다음과 같이 구분한다.

(1) 반복성 Repeatability
반복된 측정에서 측정 장비의 정밀도
(2) 재현성 Reproducibility
측정 활동에 기여하는 측정자들 간의 정밀도

정확도가 확인된 측정 장비라고 하더라도 측정의 정밀도 - 반복성과 재현성 - 를 보장해 주지 않는다. 따라서 [표 3.1]의 통계적 방법을 적용하여 측정의 정밀도를 검증해야 한다.

[표 3.1] 측정 정밀도 검증을 위한 통계적 방법

| 상황 | 적용 방법 |
|---|---|
| 측정 장비만의 반복성 확인 | Type I Gage 실험[46] |
| 측정 시스템의<br>반복성과 재현성의 확인 | Type II Gage 실험 [Gage R&R] |
| 측정 시스템에서의 반복성 확인<br>(측정자가 기여하지 않는 경우) | Type III Gage 실험 |

45) AIAG(2010). Gage Repeatability and Reproducibility
46) Bosch(2003). Bosch Booklet Series : Quality Assurance in the Bosch Group, Technical Statistics, No. 10, Capability of Measurement and Test Processes

## Type I Gage 실험

측정 시스템의 다양한 변동 원인들 중에서 측정 장비[Gage]만의 변동을 확인하기 위한 통계적 방법을 Type I Gage 실험이라고 한다. 이는 정확도가 확인된 측정 장비에 가장 먼저 적용하는 정밀도 검증 실험이다. [그림 3.11]은 비슷한 편의와 서로 다른 반복성을 경우로 [예제 3.1]에서 고려되었다.

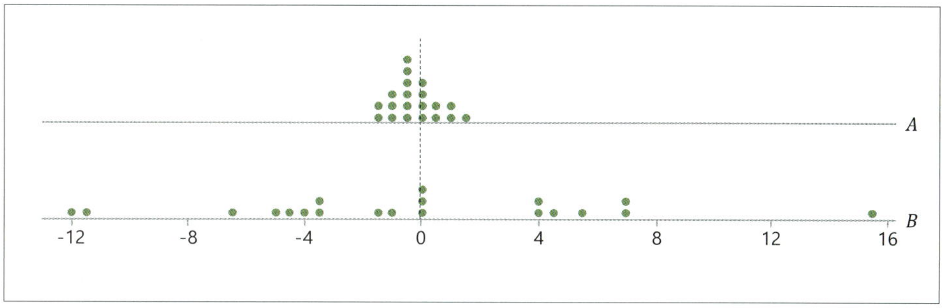


[그림 3.11] 비슷한 편의와 서로 다른 반복성을 갖는 측정 장비: 예

정확도 검증을 통하여 구별할 수 없는 측정 장비의 반복성은 다음의 게이지 능력 지수[Gage Capability Index]를 이용하여 판단한다.[47] 이는 1명의 측정자가 동일한 부품을 25번 이상 반복 측정함을 원칙으로 한다.

**게이지 능력 지수**

$$C_g = \frac{T \times (\frac{k}{100})}{6 \times \hat{\sigma}},$$ 여기서 $T$는 프로세스의 Tolerance,
$k$는 Tolerance의 비중(일반적으로 20%),
$\hat{\sigma}$는 실험에서의 표준편차

$$C_{gk} = \frac{T \times (\frac{k}{100}) - |\overline{y_g} - \text{기준값}|}{6 \times \hat{\sigma}},$$ 여기서 $\overline{y}_g$는 실험에서의 평균

47) GM(2010). Global Machinery and Equipment Specification Document : Measurement System Specification SP-Q-MSS, Ver. G2.0

**반복성 판단 기준**

(1) $C_g \ge 1.33$ 또는 $C_{gk} \ge 1.33$

그리고

(2) $\% Var(Repeatability) = \dfrac{k}{C_g} \le 15.0\%$ 또는

$\% Var(Repeatability \text{ and } Bias) = \dfrac{k}{C_{gk}} \le 15.0\%$

**[예제 3.4]** KSPS.3.1

[예제 3.1]의 2종류의 측정 장비의 편의는 통계적으로 유의하지 않았고 $\%(\hat{\delta})_{PV}$ 역시 큰 차이가 없었다.($4.14(\%)$와 $5.49(\%)$) 동일한 데이터를 이용하여 2종류의 측정 장비의 반복성을 확인하기 위하여 Type I Gage 실험의 분석 방법을 적용해 보면 다음과 같다. 측정 장비가 적용되는 프로세스의 특성은 목표값이 $15.0(\mu m)$이며 허용 한계는 $\pm 2.2(\mu m)$이므로 측정 장비의 허용 한계는 프로세스 규격 한계의 $10\%$ 이내를 가정하였다.

**통계분석> 품질 도구 > Gage 연구**
**> 유형 I Gage 연구, KSPS.3.1**

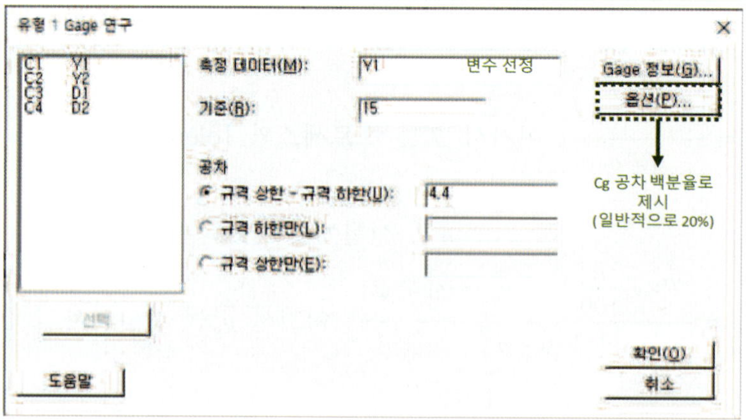

[측정 장비 A]

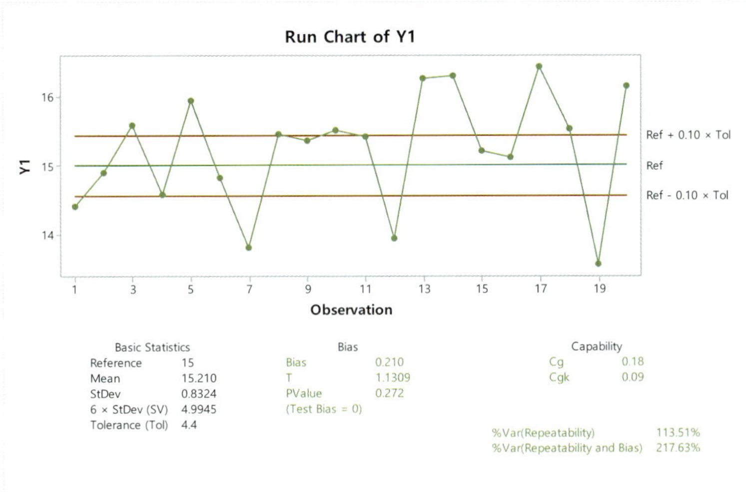


측정 장비 A의 경우 $p-value = 0.272 > \alpha = 0.05$이므로 편의에 대한 $H_0 : \delta = 0$의 가설을 기각하지 못하였고 $C_g = 0.18 < 1.33$ 그리고 $C_{gk} = 0.09 < 1.33$으로 게이지 능력 지수를 만족하지 못하였다. 또한 $\%\, Var(Rep) = 113.51\%$와 $\%\, Var(Rep \text{ and } Bias) = 217.63\%$ 모두 판단 기준인 $15.0\%$를 훨씬 넘는 값을 얻어 반복성에 문제가 있음이 진단되었다.

[측정 장비 B]

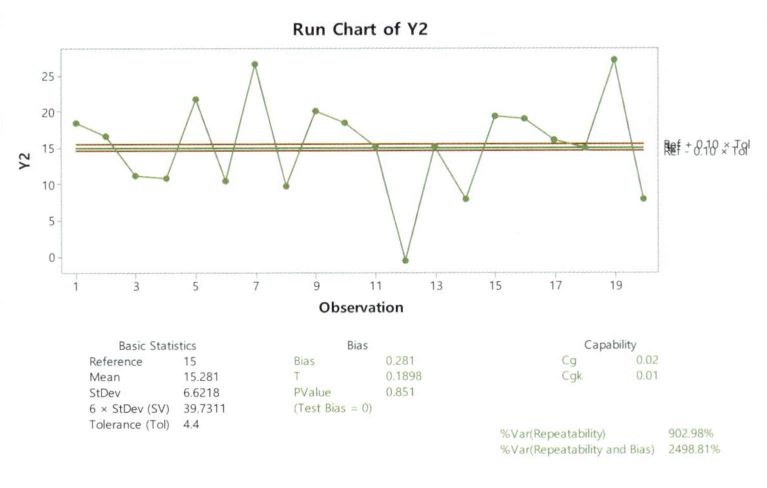

측정 장비 B의 경우에도 편의에 대한 $H_0 : \delta = 0$의 가설을 기각하지 못하였지만 $C_g = 0.02 < 1.33$, $C_{gk} = 0.01 < 1.33$, $\% Var(Rep) = 902.98\%$ 그리고 $\% Var(Rep \text{ and } Bias) = 2498.81\%$로 모든 판단 기준을 만족하지 못하였다. 하지만 편의 검증과 달리 Type I Gage 실험의 분석 결과는 측정 장비간의 차이점을 보여준다. 측정 장비 A가 측정 장비 B에 비하여 더 높은 게이지 능력지수를 나타내므로 측정 장비 A를 적용하기로 하고 반복성을 개선하기 위하여 측정 장비를 교정하였다. 개선 결과를 확인하기 위하여 동일한 방법으로 $n = 30$번 반복 측정하였다. 결과는 다음과 같다.

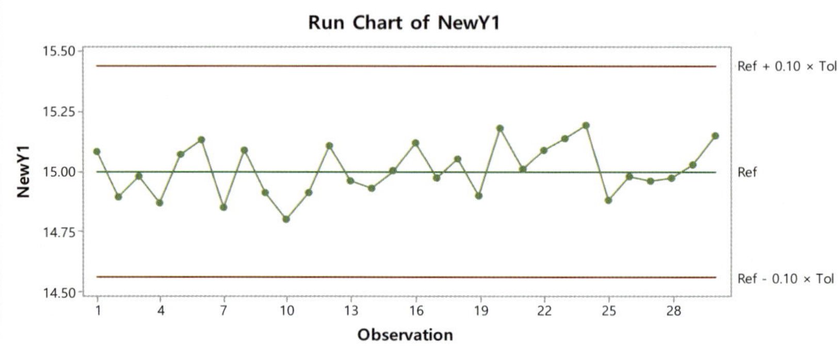


| Basic Statistics | |
|---|---|
| Reference | 15 |
| Mean | 15.007 |
| StDev | 0.1061 |
| 6 × StDev (SV) | 0.6366 |
| Tolerance (Tol) | 4.4 |

| Bias | |
|---|---|
| Bias | 0.007 |
| T | 0.3442 |
| PValue (Test Bias = 0) | 0.733 |

| Capability | |
|---|---|
| Cg | 1.38 |
| Cgk | 1.36 |
| %Var(Repeatability) | 14.47% |
| %Var(Repeatability and Bias) | 14.69% |

측정 장비 A의 교정 결과를 보면 편의에 대한 $H_0 : \delta = 0$의 가설을 기각하지 못하였고 $C_g = 1.38$, $C_{gk} = 1.36$으로 기준 조건인 1.33보다 크게 나타났으며, $\% Var(Rep) = 14.47\%$ 그리고 $\% Var(Rep \text{ and } Bias) = 14.69\%$ 역시 판단 기준인 15.0%보다 작게 나타났다. 따라서 측정 장비 A는 반복성과 편의를 모두 만족함을 확인하였다. ■

Type I Gage 실험을 통하여 특정 기준값에서 측정 장비의 반복성을 확인했다면 전체 측정시스템의 정밀도를 확인해야 한다. 이를 위하여 실제 측정 활동이 이루어지는 범위의 다양한 기준값들에 대하여 실제로 측정을 수행하는 작업자들의 변동이 반영될 수 있어야 한다. 이러한 목적을 위하여 설계된 실험으로 Type II Gage 실험과 Type III Gage 실험을 들 수 있다. Type III Gage 실험은 Type II Gage 실험의 특수한 경우로 측정자가 측정 시스템의 변동에 기여하지 않는 경우에 적용한다.

## Type II Gage 실험 : Gage R&R[48)]

전체 측정 시스템의 정밀도 검증을 위한 통계적 방법을 Type II Gage 실험이라고 하고 일반적으로 Gage R&R 실험이라고 부른다. 여기서 R&R은 각각 반복성Repeatability과 재현성Reproducibility을 의미하는 것으로 반복성이란 동일한 측정자가 동일한 측정 장비를 사용하여 측정했을 때의 변동[49)]의 정도를 말하며, 재현성이란 서로 다른 측정자가 동일한 측정 장비를 사용하여 특정 대상을 측정했을 때 나타나는 변동[50)]의 정도를 의미한다. [그림 3.12]는 Gage R&R 실험의 설계 구조와 중요 용어를 표현한 것이다.

**Gage R&R 실험의 목적**

(1) 측정 시스템의 변동 원인별 구분이 가능하도록 실험을 실시한다.
(2) 각 변동 원인이 측정 결과에 미치는 영향 정도를 파악한다.
(3) 측정 시스템의 타당성을 검토하고, 필요하다면 측정 시스템의 개선안을 도출한다.

---

48) AIAG(2010). Measurement System Analysis Manuals, $4^{th}$ Edition
49) 계측기 변동 Equipment Variation이라고도 부른다. <저자 주>
50) 평가자 변동 Appraiser Variation이라고도 부른다. <저자 주>

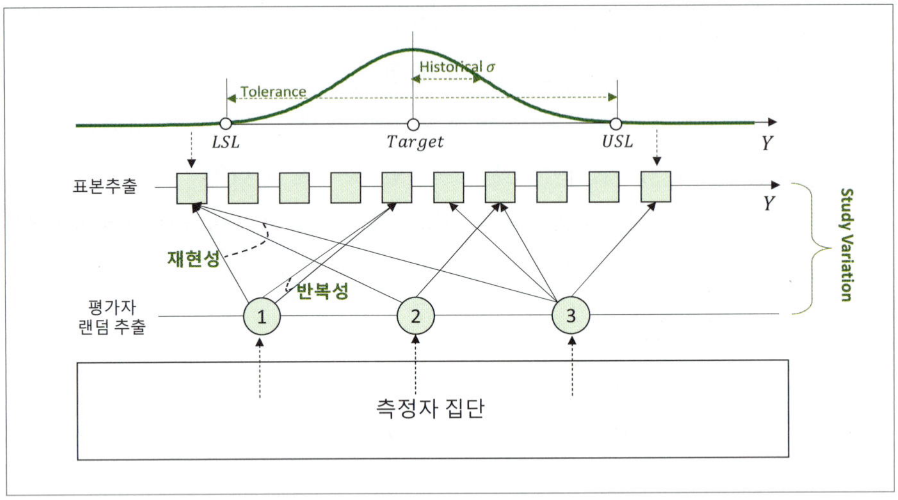


[그림 3.12] Gage R&R 실험의 설계 구조와 중요 용어

Gage R&R은 설계된 실험이다. 따라서 비교하고자 하는 인자들의 수준을 제외한 실험 환경을 올바로 통제할 수 있어야 한다. [이는 측정 시스템의 사용 여부 결정과 함께 고려된 각 원인별 변동의 비중을 확인하기 위하여 실시한다. 또한 실험을 통한 검증 결과가 판단 기준에 적합하더라도 각 원인별 변동을 검토하여 필요하다면 측정 시스템을 추가로 개선할 수 있어야 한다. Gage R&R 실험의 실시 방법과 수집된 데이터의 형태는 다음과 같다.

### Gage R&R 실험의 실시 방법과 데이터의 형태

**(1) 표본 추출**

가능하면 규격 한계의 전 범위를 대표할 수 있도록 층화하여 $n = 10$개의 표본을 (랜덤하게) 선택한다. 이때 규격 하한 그리고/또는 규격 상한 근처의 표본을 반드시 포함해야 한다.

**(2) 측정자의 선택**

실제 현장에서 측정 활동에 기여하는 측정자 집단에서 랜덤하게 $a = 3$명을 선택한다.

### (3) 실험의 실시와 데이터 정리

선택된 모든 표본($n = 10$)에 대하여 각 평가자별로 $r = 2 \sim 3$회 반복 측정한다. 측정자는 측정 실시 전에 표본의 측정값을 알 수 없어야 하고 각 표본과 반복에서 완전 랜덤Completely Random 순서로 측정을 실시해야 한다. 단, 실험 실시 중에 측정 장비를 조정하거나 변경하지 않아야 한다. 수집된 데이터는 다음과 같이 정리한다.

| ID | 측정자(3) | 제품(10) | 반복(2~3) | 특이 사항 |
|---|---|---|---|---|
| 1 | A | 1 | 1 | 재측정 |
| 2 | B | 2 | 1 | |
| 3 | B | 1 | 1 | 계측기 오류 |

수집된 데이터는 분산분석Analysis of Variance을 이용하여 고려된 원인별 변동을 분해하고 통계적인 검정과 변동의 크기를 확인하여 측정시스템의 타당성을 확인한다. 다음은 Gage R&R 실험의 통계적 모형이다.

### Gage R&R 실험의 통계적 모형

$$Y_{ijk} = \mu + p_i + o_j + (op)_{ij} + \epsilon_{ijk},$$

$$i = 1, 2, \ldots, n,\ j = 1, 2, \ldots, a,\ k = 1, 2, \ldots, r$$

여기서 $p_i \sim iid\,N(0, \sigma_p^2)$, $o_j \sim iid\,N(0, \sigma_o^2)$ 51),

$$(op)_{ij} \sim iid\,N(0, \sigma_{op}^2),\ \epsilon_{ijk} \sim iid\,N(0, \sigma_E^2)$$

$$Var(Y_{ijk}) = \sigma_p^2 + \sigma_o^2 + \sigma_{op}^2 + \sigma_E^2$$

분산 분석 결과에서 고려되는 원인들과 해석 기준은 [표 3.2]와 같다. 여기서 분산 성분Variance Component이란 측정값 $Y_{ijk}$의 분산인 $Var(Y_{ijk})$를 구성하고 있는 변동 원인별 분산을 말한다. 이 중에서 재현성과 반복성의 분산 성분을 합한 $\sigma_{RR}^2 = \sigma_o^2 + \sigma_{op}^2 + \sigma_E^2$의 추정값을 R&R 변동이라고 한다.

51) iid는 independent and identically distributed의 약자. <저자 주>

[표 3.2] Gage R&R 실험의 결과 : ANOVA 표

<table>
<tr><th>원인</th><th>분산 성분</th><th colspan="2">해석 기준</th></tr>
<tr><td>부품(Parts)</td><td>$\sigma_p^2$</td><td colspan="2">고려된 부품들의 변동</td></tr>
<tr><td>측정자(Operator)</td><td>$\sigma_o^2$</td><td rowspan="2">재현성</td><td rowspan="3">R&R 변동</td></tr>
<tr><td>교호작용(측정자×부품)</td><td>$\sigma_{op}^2$</td></tr>
<tr><td>오차</td><td>$\sigma_E^2$</td><td>반복성</td></tr>
<tr><td>총계</td><td>$\sigma_T^2$</td><td colspan="2">총 변동, Study Variation</td></tr>
</table>

다음은 분석된 결과를 이용한 Gage R&R의 판단 기준이다.

**Gage R&R 실험 결과의 해석**

**(1) 기초 분석 : ANOVA Table**

- 고려된 변동 원인들 중에서 부품(Parts)을 제외한 모든 원인들이 통계적으로 유의하지 않아야한다 : $p-value > \alpha$

**(2) 사용 가능 여부 판단**

1) $\%\, Study\ Var. \leq 10\%$ 이고 작을수록 바람직하다.

2) 다음의 추가 정보가 주어진다면

   1)과 동일한 기준($\leq 10\%$)을 적용하여 판단한다.

   - 프로세스의 경험적 표준편차 : $\%Process$
   - 고려하는 프로세스 특성의 허용한계 : $\%Tolerance$

3) 가능한 구별 범주의 수 $N_{DC} \geq 5$ 이고 클수록 바람직하다.

**(3) 원인별 변동 기여도(%) 확인**

- 반복성과 재현성 그리고 재현성을 구성하는 원인들의 비중이 가능한 한 비슷해야 한다. (2)의 결과가 적절하더라도 특정 항목의 비중이 크다면 이를 개선할 수 있어야 한다.

* 반복성이 큰 경우에는 정확성 검증과 Type I Gage 실험을 통하여 재확인

* 재현성이 큰 경우에는 측정 표준 검토 및 측정자 절차 준수 여부 확인

**(4) 그래프 진단: [예제 3.5] 참조**

각 항목은 모두 개별적으로 확인하여 주어진 조건을 모두 만족할 때 측정 시스템이 타당하다고 할 수 있다. 여기서 $N_{DC}$는 현재의 측정 시스템에서 가능한 구별 범주의 수Number of Distinct Categories로 클수록 바람직하며, $\%\,Study\ Var.$는 Gage R&R 실험에서의 총 변동 대비 R&R의 변동 비중을 백분율(%)로 표현한 것이다.

ANOVA는 Gage R&R 실험에서 고려된 인자들과 교호작용에 대한 통계적 유의성을 확인하는 기초 분석이다. 나머지 조건들이 모두 만족한다고 하더라도 ANOVA의 각 항목별 조건이 만족하지 않는다면 측정 시스템은 [표 3.3]의 보완 활동 또는 추가 개선이 필요하다.

[표 3.3] ANOVA 분석 결과에 대한 대책

| 원인 | 판단기준 | 검정 결과 | 대책 |
|---|---|---|---|
| 부품 | 유의함 | 유의하지 않음 | 부품이 일정 범위에서만 선정만 선정되었으므로 규격 한계를 고려하여 표준 부품 재선정 |
| 측정자 | 유의하지 않음 | 유의함 | 표준 확인 및 전체 측정자 재교육 |
| 교호작용 (측정자×부품) | 유의하지 않음 | 유의함 | 상이한 부품을 구별하여 해당 부품에 대한 표준 확인 및 전체 측정자 재교육 |

가능한 구별 범주의 수 $N_{DC}$는 현재의 측정 시스템을 이용하여 고려된 부품의 총 변동을 얼마나 구별할 수 있는가를 판단하는 지표로서 합부 판정용 측정 시스템이 아닌 경우 일반적으로 $N_{DC} \geq 5$을 요구한다. 이는 반복 측정간의 일치도가 높을수록 큰 값을 갖는다.

$\%\,Study\ Var.$는 실시된 Gage R&R 실험에서 나타난 총변동에 대한 R&R 변동의 비중을 나타내는 것으로 $\%\,Study\ Var. \leq 10.0(\%)$가 바람직하다.

**%R&R :**

$$\%\,Study\ Var. = \frac{\hat{\sigma}_{RR}}{\hat{\sigma}_T} \times 100$$

$$\text{가능한 경우, } \%\,Process = \frac{\hat{\sigma}_{RR}}{\hat{\sigma}_{Historical}} \times 100,$$

$$\%\,Tolerance = \frac{(6.0) \times \hat{\sigma}_{RR}}{Tolerance}$$

**구별 범주의 수 :** $N_{DC} = \sqrt{\frac{2\hat{\sigma}_T^2 + \hat{\sigma}_p^2}{\hat{\sigma}_{RR}^2}} \approx 1.414\frac{\hat{\sigma}_p}{\hat{\sigma}_{RR}}$

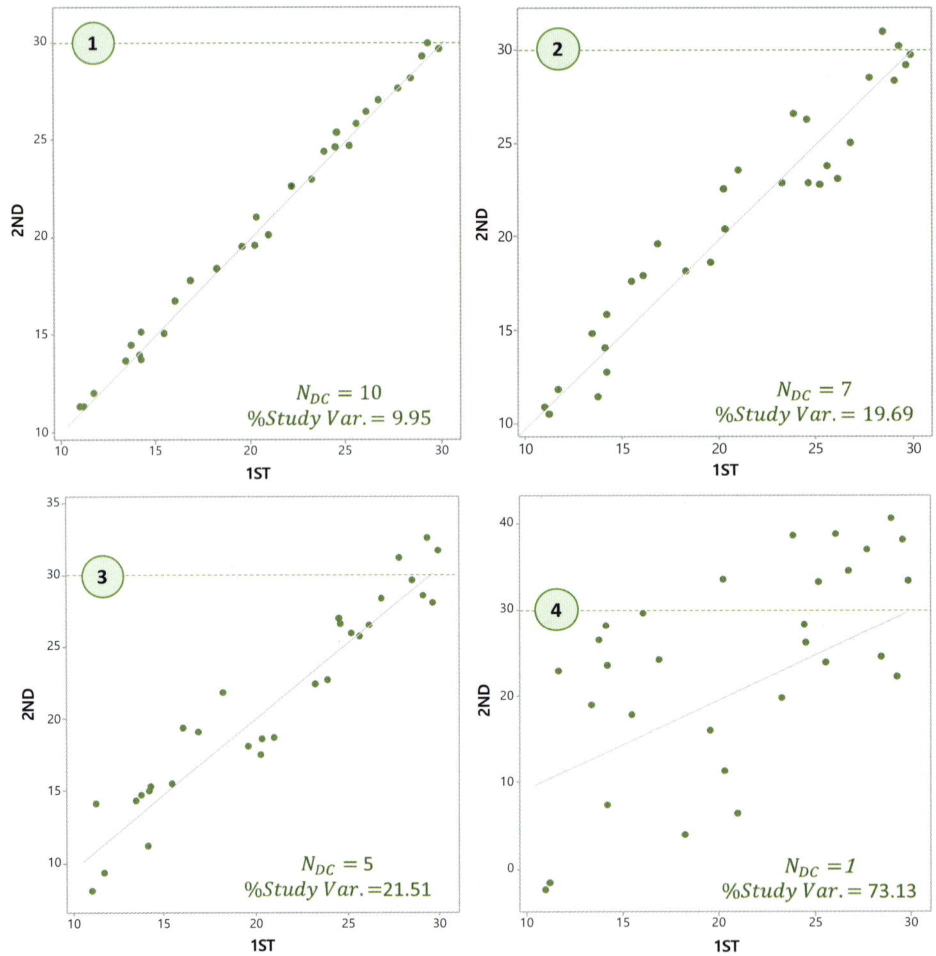


[그림 3.13] Gage R&R 실험에서 반복(1st, 2nd)과 $N_{DC}$와 $\%\,Study\,Var.$

[그림 3.13]은 규격 한계 $[10.0, 30.0]$을 갖는 특성에 대한 Gage R&R 실험에서 각 부품에 대한 평가자들의 반복 측정 결과를 산점도로 나타낸 것이다. 기울기 1을 갖는 실선에 가깝게 나타난다면 바람직하다고 할 수 있다. ①, ② 그리고 ③의 경우에는 $N_{DC}$ 조건을 만족하는 경우이고 ④는 $N_{DC}$ 조건을 만족하지 못하는 경우이다. ②와 ③의 경우는 그래프의 형태는 비슷하지만 두 번째 반복에서의 측정 범위가 첫 번째 반복에서의 측정 범위와 비교할 때 더 크다는 것을 점선을 통하여 알 수 있다. 이러한 경우 $\% Study\ Var.$보다 $N_{DC}$가 더 큰 영향을 받음을 확인할 수 있고 $N_{DC}$ 조건을 만족하더라도 $\% Study\ Var.$ 조건은 만족하지 않음을 확인할 수 있다. 따라서 사용 가능 여부를 판단할 때도 각 항목은 모두 만족해야 한다.

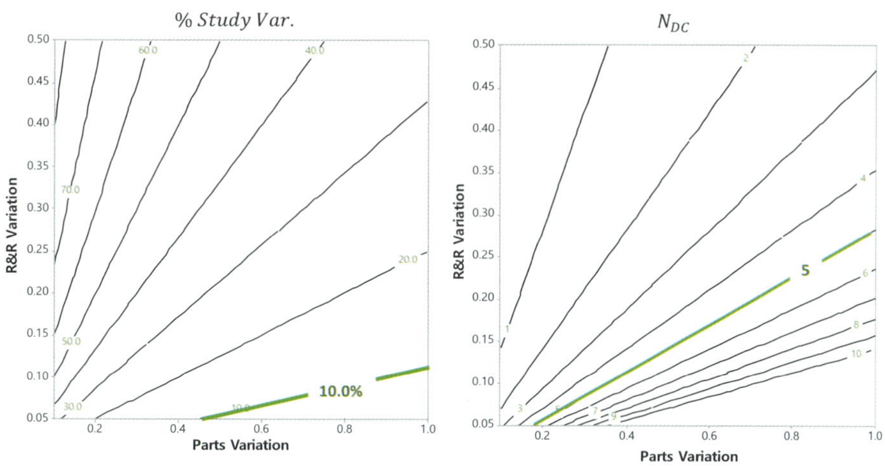


[그림 3.14] 부품 총변동 대비 R&R 변동의 영향 : $\% Study\ Var.$ vs. $N_{DC}$

[그림 3.14]는 부품의 총변동과 R&R 변동의 비중에 따른 $\% Study\ Var.$와 $N_{DC}$의 값의 변화를 보여준다. $\% Study\ Var.$ 기준($\leq 10.0\%$)이 $N_{DC}$의 기준($\geq 5$) 보다 더 작은 R&R 변동을 요구함을 확인할 수 있다. 또한 동일한 R&R 변동이라고 하더라도 Gage R&R 실험을 위하여 선택된 부품들의 변동이 작은 경우 - 고려하는 규격 한계를 충분히 반영하지 못하고 일정 범위에서 선택 - 에는 규격한계를 충분히 반영하는 경우와 비교할 때 측정 시스템의 타당성 검증 기준을 만족하지 못할 가능성이 높다는 것을 확인할 수 있다.

**[예제 3.5]** KSPS.3.5.1

정확성 검증과 반복성이 확인된 측정 장비의 측정 시스템 검증을 위한 실험을 설계하였다. 측정 시스템이 적용될 특성의 목표값은 16.5($\mu m$), 규격한계는 ±0.8($\mu m$)이며 경험적 표준편차는 약 0.35($\mu m$)로 확인되었다. 연구자는 해당 프로세스의 규격한계의 범위를 10개의 구간으로 구분하고 각 구간으로부터 랜덤하게 부품을 선택하였다. 규격하한 근처의 부품들은 현재 프로세스에서 나타나지 않아 보관 중인 부품 중에서 3개를 선택하여 적용하였다. 측정자는 실제 측정 작업을 진행하는 작업자 중에서 랜덤하게 3명을 선택하였다. 실험을 실시하기 전에 평상시와 동일하게 작업해 줄 것 그리고 측정 작업 중에 측정 장비를 조정하지 않을 것을 설명하였고 재측정은 현장에서 작업할 때와 동일하게 표준 적용 오류에 한하여 허용하였다. 반복은 2회 진행하였으며 모든 측정자는 선택된 부품과 반복에서 완전랜덤하게 측정을 실시하였다.

**통계분석> 품질 도구 > Gage 연구**
**> Gage R&R 연구(교차), KSPS.3.5.1**

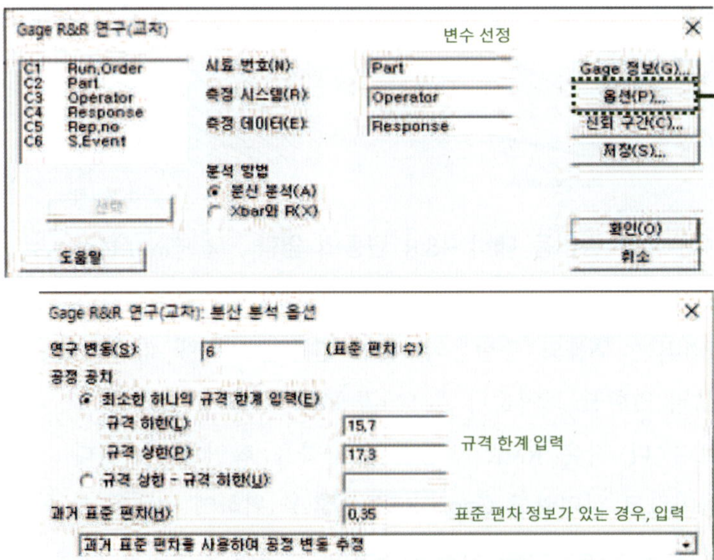

**[표본 범위 확인]** 표본 선택 범위 : 규격한계 16.5 ± 0.8

| Variable | N | N* | Minimum | Q1 | Median | Q3 | Maximum |
|---|---|---|---|---|---|---|---|
| Response | 60 | 0 | 16.000 | 16.313 | 16.720 | 16.920 | 17.050 |

**[ANOVA]**

Gage R&R Study - ANOVA Method
Two-Way ANOVA Table With Interaction

| Source | DF | SS | MS | F | P |
|---|---|---|---|---|---|
| Part | 9 | 5.39914 | 0.599905 | 93.8138 | 0.000 |
| Operator | 2 | 0.02166 | 0.010832 | 1.6939 | 0.212 |
| Part * Operator | 18 | 0.11510 | 0.006395 | 7.3926 | 0.000 |
| Repeatability | 30 | 0.02595 | 0.000865 | | |
| Total | 59 | 5.56186 | | | |

α to remove interaction term = 0.05

ANOVA에서 Part는 [표본 범위 확인]에서 확인된 것과 같이 $p-value = 0.000 < \alpha = 0.05$으로 통계적으로 유의하다. 측정자(Operator)는 $p-value = 0.212 > \alpha = 0.05$이므로 통계적으로 차이가 있다고 할 수 없다. 하지만 교호작용(Part*Operator)은 $p-value = 0.000$으로 통계적으로 유의하다고 판단되므로 특정 Part에서 Operator간의 유의한 차이가 있을 것으로 판단된다.

**[분산 성분과 기여율]**

Gage R&R

| Source | VarComp | %Contribution (of VarComp) |
|---|---|---|
| Total Gage R&R | 0.003852 | 3.75 |
| Repeatability | 0.000865 | 0.84 |
| Reproducibility | 0.002987 | 2.91 |
| Operator | 0.000222 | 0.22 |
| Operator*Part | 0.002765 | 2.69 |
| Part-To-Part | 0.098918 | 96.25 |
| Total Variation | 0.102770 | 100.00 |

Gage R&R 실험의 총 변동은 $\hat{\sigma}_T^2 = 0.10277$이며 이 중에서 Part의 변동이 약 96.25% 그리고 R&R 변동이 3.75%를 차지한다. R&R 변동 중에서 재현성은 2.91%로 반복성 0.84%에 비하여 비중이 높고, 재현성 변동 중에서 2.69%는 교호작용에 의한 변동으로 측정자 변동인 0.22%보다 상대적으로 높다. 따라서 현재의 측정 시스템은 재현성 중에서 교호작용에 의한 측정 변동에 가장 큰 영향을 받는 것으로 확인되었다.

### [%R&R과 $N_{DC}$ 확인]

Process tolerance = 1.6
Historical standard deviation = 0.35

| Source | StdDev (SD) | Study Var (6 × SD) | %Study Var (%SV) | %Tolerance (SV/Toler) | %Process (SV/Proc) |
|---|---|---|---|---|---|
| Total Gage R&R | 0.062062 | 0.37237 | 19.36 | 23.27 | 17.73 |
| Repeatability | 0.029411 | 0.17647 | 9.17 | 11.03 | 8.40 |
| Reproducibility | 0.054650 | 0.32790 | 17.05 | 20.49 | 15.61 |
| Operator | 0.014895 | 0.08937 | 4.65 | 5.59 | 4.26 |
| Operator*Part | 0.052582 | 0.31549 | 16.40 | 19.72 | 15.02 |
| Part-To-Part | 0.314513 | 1.88708 | 98.11 | 117.94 | 89.86 |
| Total Variation | 0.320578 | 1.92347 | 100.00 | 120.22 | 91.59 |

Number of Distinct Categories = 7

%R&R은 $\%\,Study\ Var. = 19.36(\%)$, $\%\,Tolerance = 23.27(\%)$ 그리고 $\%\,Process = 17.73(\%)$로 모두 수용 기준인 10.0(%)보다 크게 나타났으므로 추가 개선이 필요하다. $N_{DC} = 7 > 5$로 조건을 만족하였다.

## [그래프 진단]

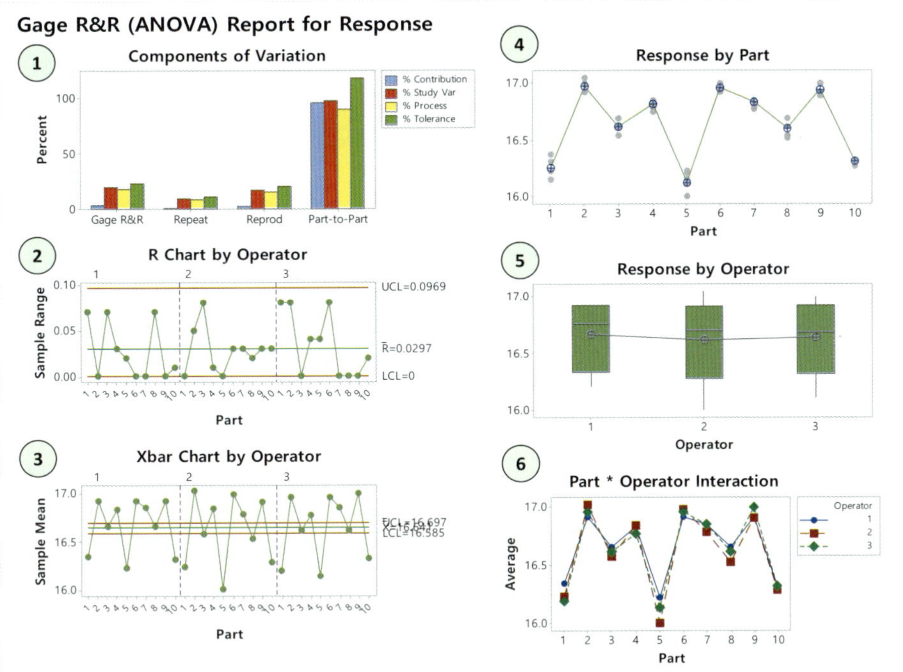


그래프 진단은 Gage R&R 실험의 변동 원인별로 패턴을 확인하는 것으로 측정 시스템 추가 개선에 유용한 정보를 제공한다. 진단 결과 ④의 그림에서 1번째와 5번째 부품의 산포가 상대적으로 크게 나타나는 것으로 보이며 ⑥의 교호작용 그림에서도 동일한 부품에서 측정자별 패턴이 서로 다르게 나타난다. 특히 5번 부품의 경우는 그 정도가 심한 것으로 보인다. 현재의 측정 시스템을 개선하기 위해서는 해당 부품에서 측정자들 간의 측정 표준 또는 절차가 일치하는가를 먼저 확인해 보아야 한다.

일반적인 Gage R&R 실험의 그래프 진단 기준은 다음과 같다. 모든 진단 기준은 동시에 만족해야 하며 만족하지 않는 경우를 통하여 측정 시스템의 추가 개선을 위한 원인을 확인할 수 있다.

**Gage R&R 실험의 그래프 진단 기준**

**① 변동 원인별 기여도**

실험에서의 총 변동 또는 주어진 프로세스 변동 정보에 대한 중요 원인별로 변동 비율을 표현한다.

**② 측정자별 R(범위) Chart**

각 측정자별 측정된 값의 최대 측정값과 최소 측정값 간의 차이로 측정자별로 얼마나 일관되게 측정하는가를 확인한다.

: 관리 한계를 벗어나는 값이 없어야 하며 표본별 동일하지 않은 값이 많아야 한다.

**③ 측정자별 $\overline{X}$(평균) Chart**

고려된 표본별로 반복 측정된 값의 평균을 측정자별로 제공한다.

: 서로 다른 표본에 적용된 값이므로 관리 한계선을 벗어나는 값이 많아야 하며(최소한 전체의 50% 이상) 측정자별 패턴이 비슷해야 한다.

**④ 부품(표본)별 반응값과 그 평균**

측정자와 반복을 고려하지 않고 부품별로 측정된 반응값과 그 평균을 제공한다.

: 산점의 산포가 일정하고 작아야 하며 표본별 값의 크기가 랜덤하게 나열되어야 한다. 또한 그 값의 범위는 규격한계의 대부분을 포함해야 한다.

**⑤ 측정자별 반응값과 그 평균**

부품과 반복을 구별하지 않고 측정자별로 측정된 반응값과 그 평균을 제공한다.

: 산포의 크기가 비슷하고 이상점이 없어야 하며 평균 연결선은 수평에 가까워야 한다.

**⑥ 부품과 측정자의 교호작용**

부품과 측정자의 조합별 평균을 측정자로 구분하여 제공한다.

: 측정자별로 연결된 선이 동일한 형태이어야 하며 교차하지 않아야 한다. 만일 특정 부품에서 차이가 크거나 연결된 선이 교차된다면 교호작용이 존재한다는 증거가 된다.

특정 부품별로 평가자들의 반복성과 재현성을 추가 진단 할 수 있는 그림은 다음과 같다. 각 부품별로 반복된 평가자의 측정값을 나타내는 점들의 수평 정도로 반복성을 확인할 수 있고 평가자간 수평 정도로 재현성을 확인할 수 있다.

**통계분석> 품질 도구 > Gage 연구**
**> Gage Run Charts, KSPS.3.5.1**

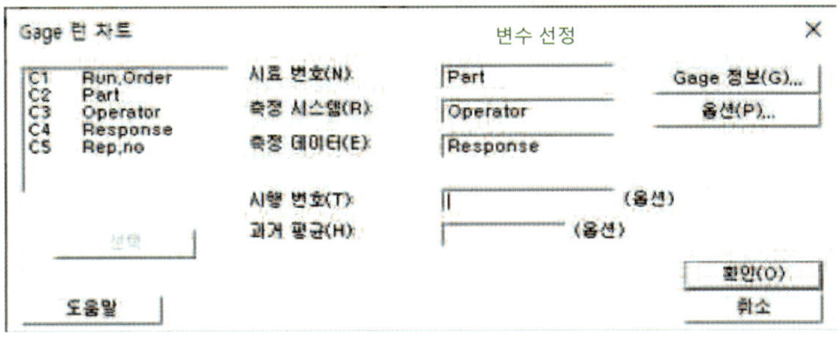


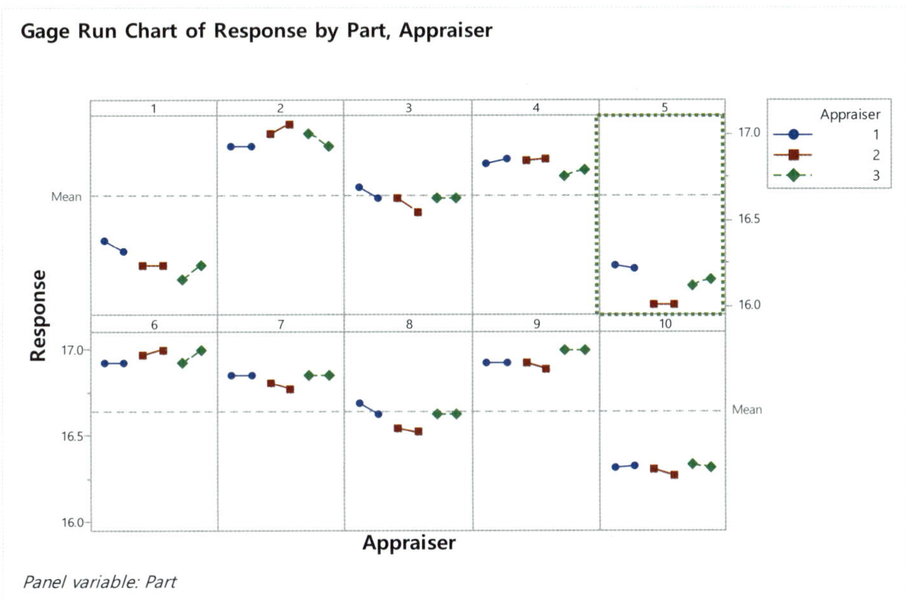


진단 결과 예상대로 5번 부품에서 재현성이 가장 큰 차이를 보이고 있음을 확인할 수 있다. 5번 부품은 현재 프로세스에서 표본을 구하지 못하여 보관 중인 부품을 사용한 것으로 측정자들이 자주 측정하는 값의 범위가 아니었고 다

른 부품과 비교할 때 더 많은 재측정이 이루어졌다. 따라서 해당 범위에 해당하는 값들에 대한 표준을 측정자들과 재설정하였다. 새로운 표준이 적절한지를 확인하기 위하여 Gage R&R 실험을 재실시하였다. 새로운 실험의 결과 (KSPS.3.1.2)는 다음과 같다.

**[표본 범위 확인]** 표본 선택 범위 : 규격한계 $16.5 \pm 0.8$

| Variable | N | N* | Minimum | Q1 | Median | Q3 | Maximum |
|---|---|---|---|---|---|---|---|
| Response | 60 | 0 | 16.000 | 16.310 | 16.755 | 16.930 | 17.010 |

**[ANOVA]**

Two-Way ANOVA Table With Interaction

| Source | DF | SS | MS | F | P |
|---|---|---|---|---|---|
| Part | 9 | 6.30174 | 0.700193 | 2139.81 | 0.000 |
| Operator | 2 | 0.00074 | 0.000372 | 1.14 | 0.343 |
| Part * Operator | 18 | 0.00589 | 0.000327 | 1.66 | 0.106 |
| Repeatability | 30 | 0.00590 | 0.000197 | | |
| Total | 59 | 6.31427 | | | |

α to remove interaction term = 0.05

Two-Way ANOVA Table Without Interaction

| Source | DF | SS | MS | F | P |
|---|---|---|---|---|---|
| Part | 9 | 6.30174 | 0.700193 | 2850.66 | 0.000 |
| Operator | 2 | 0.00074 | 0.000372 | 1.51 | 0.231 |
| Repeatability | 48 | 0.01179 | 0.000246 | | |
| Total | 59 | 6.31427 | | | |

**[분산 성분과 기여율]**

Gage R&R

| Source | VarComp | %Contribution (of VarComp) |
|---|---|---|
| Total Gage R&R | 0.000252 | 0.22 |
| Repeatability | 0.000246 | 0.21 |
| Reproducibility | 0.000006 | 0.01 |
| Operator | 0.000006 | 0.01 |
| Part-To-Part | 0.116658 | 99.78 |
| Total Variation | 0.116910 | 100.00 |

### [%R&R과 $N_{DC}$ 확인]

Process tolerance = 1.6
Historical standard deviation = 0.35

| Source | StdDev (SD) | Study Var (6 × SD) | %Study Var (%SV) | %Tolerance (SV/Toler) | %Process (SV/Proc) |
|---|---|---|---|---|---|
| Total Gage R&R | 0.015872 | 0.09523 | 4.64 | 5.95 | 4.53 |
| Repeatability | 0.015672 | 0.09403 | 4.58 | 5.88 | 4.48 |
| Reproducibility | 0.002510 | 0.01506 | 0.73 | 0.94 | 0.72 |
| Operator | 0.002510 | 0.01506 | 0.73 | 0.94 | 0.72 |
| Part-To-Part | 0.341552 | 2.04931 | 99.89 | 128.08 | 97.59 |
| Total Variation | 0.341921 | 2.05153 | 100.00 | 128.22 | 97.69 |

Number of Distinct Categories = 30

### [그래프 진단]

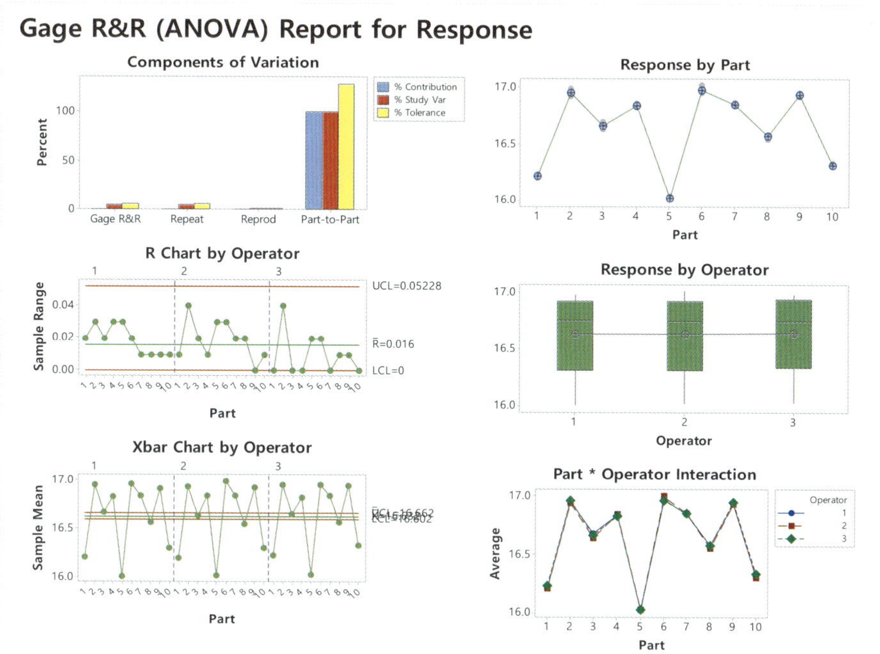


재실험 결과 모든 조건이 만족함을 확인할 수 있었고 규격한계의 대부분에서 발생 가능한 부품 특성에 대한 $\%Study\ Var. = 4.64(\%)$와 $N_{DC} = 30$을 달성하여 측정 시스템의 정밀도를 개선하였다. ■

## Type III Gage 실험

Type III Gage 실험은 Gage R&R 실험에서 고려한 변동 원인들 중에서 측정자 그리고 측정자와 부품 간의 교호작용을 고려하지 않는 방법이다. 이는 측정자 관련 측정 변동을 고려할 필요가 없는 자동 측정 시스템인 경우에 반복성을 확인하는 실험이다. 이는 규격한계 범위를 충분히 반영하는 최소 $n \geq 5$ 개의 표본에 대하여 최소 $r \geq 5$ 번의 반복을 권장하며 총 실험 회수 $nr \geq 50$ 을 권장한다. 분석 방법과 판단 기준은 Gage R&R 실험과 동일하다.[52]

**[예제 3.6]** KSPS.3.6

[예제 3.5]에서 최종 개선된 측정 시스템은 추가적인 측정 자동화가 적용되어 더 이상 측정자 관련 변동이 기여하지 않는다고 한다. 측정 시스템이 적용될 특성의 목표값은 $16.5(\mu m)$, 규격한계는 $\pm 0.8(\mu m)$이며 경험적 표준편차는 약 $0.35(\mu m)$로 확인되었다. 연구자는 해당 프로세스의 규격한계 범위를 10개의 구간으로 구분하고 각 구간으로부터 랜덤하게 부품을 선택한 뒤 각 부품에서 5번의 반복을 완전 랜덤하게 실시하였다.

**[표본 범위 확인]** 표본 선택 범위 : 규격한계 $16.5 \pm 0.8$

| Variable | N | N* | Minimum | Q1 | Median | Q3 | Maximum |
|---|---|---|---|---|---|---|---|
| Response | 50 | 0 | 16.000 | 16.307 | 16.755 | 16.930 | 17.0 |

**[ANOVA]**

One-Way ANOVA Table

| Source | DF | SS | MS | F | P |
|---|---|---|---|---|---|
| Part | 9 | 5.27038 | 0.585598 | 2098.92 | 0.000 |
| Repeatability | 40 | 0.01116 | 0.000279 | | |
| Total | 49 | 5.28154 | | | |

52) GM(2010). Global Machinery and Equipment Specification Document : Measurement System Specification SP-Q-MSS, Ver. G2.0

### [분산 성분과 기여율]

Gage R&R

| Source | VarComp | %Contribution (of VarComp) |
|---|---|---|
| Total Gage R&R | 0.000279 | 0.24 |
| Repeatability | 0.000279 | 0.24 |
| Part-To-Part | 0.117064 | 99.76 |
| Total Variation | 0.117343 | 100.00 |

### [%R&R과 $N_{DC}$ 확인]

Process tolerance = 1.6
Historical standard deviation = 0.35

| Source | StdDev (SD) | Study Var (6 × SD) | %Study Var (%SV) | %Tolerance (SV/Toler) | %Process (SV/Proc) |
|---|---|---|---|---|---|
| Total Gage R&R | 0.016703 | 0.10022 | 4.88 | 6.26 | 4.77 |
| Repeatability | 0.016703 | 0.10022 | 4.88 | 6.26 | 4.77 |
| Part-To-Part | 0.342146 | 2.05287 | 99.88 | 128.30 | 97.76 |
| Total Variation | 0.342553 | 2.05532 | 100.00 | 128.46 | 97.87 |

Number of Distinct Categories = 28

### [그래프 진단]

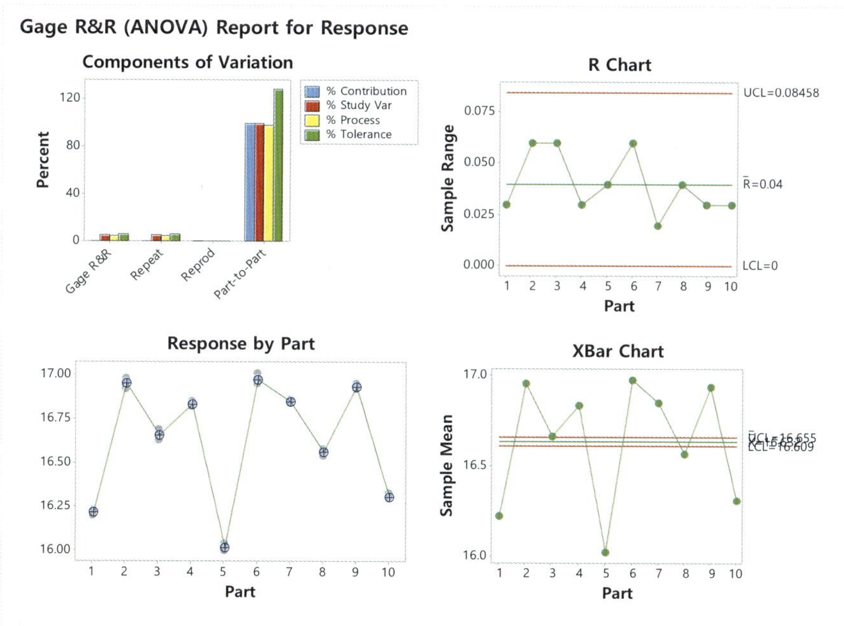

표본 범위와 ANOVA에서 $p-value = 0.000 < \alpha = 0.05$이므로 고려된 표본은 적절하다고 할 수 있다. 분산 성분과 기여율에서 반복성에 의한 변동은 전체 변동의 0.24%로 작게 나타났다. $\%\,Study\ Var. = 4.88\%$와 $N_{DC} = 28$로 기준을 만족한다. 그래프 진단에서 역시 특이한 점을 발견할 수 없으므로 전체 측정 시스템의 반복성은 검증되었다. ■

Gage 실험을 통하여 측정 시스템의 변동이 충분히 작다는 것을 검증하는 이유는 앞으로 진행될 프로젝트의 활동이 Project Y의 측정 결과에 따라 결정되기 때문이다. 특히 바로 다음 단계인 「현재 수준 파악」에서 올바른 프로세스 능력을 판단하기 위해서는 반드시 측정 시스템 검증이 전제되어야 한다. 만일 $\%\,Study\ Var.$ 그리고/또는 $N_{DC}$가 주어진 기준을 만족하지 못하다면 현재 수준을 올바로 파악할 수 없다.

## 24. 측정 변동이 큰 경우의 문제점

(1) 측정값을 믿을 수 없다.
(2) 모든 실무적/통계적 지표가 현장의 사실을 올바로 표현할 수 없다.
(3) 현재 수준 및 개선 결과를 확인할 수 없다.

측정을 통하여 현재 수준과 올바른 핵심 원인을 파악하기 위해서는 프로세스의 관찰된 변동이 프로세스의 실제 변동이라는 가정이 필요하다. 측정 시스템 검증을 통하여 확인된 측정 변동이 기준에 적합하다면 고려하는 특성의 측정 오차는 충분히 작다고 가정할 수 있다. 이는 Project Y의 관찰된 변동이 실제 변동이라고 가정할 수 있음을 의미한다. 이러한 경우에 한하여 일정 크기의 표본 관찰을 통해서 현재 수준을 확인할 수 있고 변동의 크기를 진단하여 개선 목표와 개선 방향을 객관적으로 결정할 수 있다.

지금까지 설명된 측정 시스템 검증의 역할을 정리하면 [그림 3.15]와 같다.

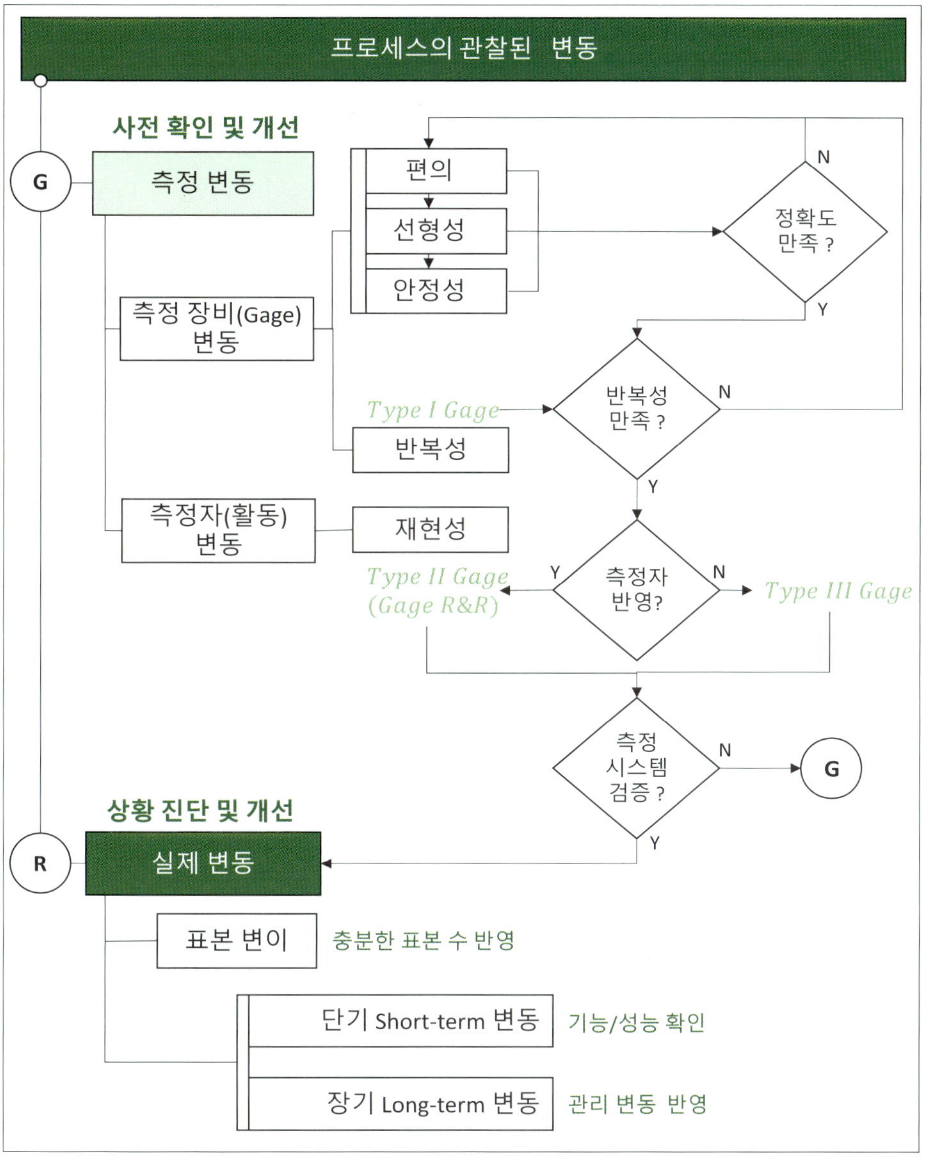


[그림 3.15] 관찰된 변동과 측정 시스템 검증의 역할

# 3.3 현재 수준의 파악

Project Y는 프로젝트의 성공을 확인할 수 있는 측정 가능한 중요 특성을 말한다. 그리고 앞으로 진행될 모든 프로젝트의 활동은 Project Y에 의하여 결정된다. 프로세스의 현재 수준 파악은 반드시 측정 시스템이 검증된 Project Y를 통하여 확인해야 한다.

**프로세스의 현재 수준 파악**

(1) 프로세스의 안정성 확인 : **정규성 검정과 통계적 관리도**

(2) 고객의 요구 사항에 대한 프로세스 적합도 확인 : **프로세스 능력 분석**

프로세스의 진단 또는 평가는 프로세스가 안정적인 상태에서 이루어질 때 대표성과 예측성을 보장받을 수 있다. 따라서 프로세스의 현재 수준을 올바로 파악하기 위해서는 먼저 프로세스의 안정성을 확인해야 한다.

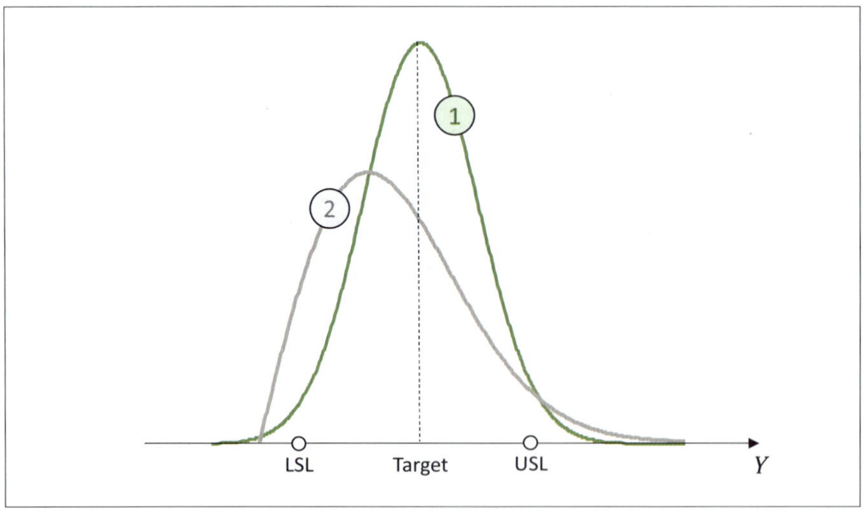


[그림 3.16] 안정적인 프로세스(①)와 치우침이 발생한 프로세스(②)

[그림 3.16]은 동일한 고객 요구 사항(목표값, 규격한계)을 갖는 2종류의 프로세스를 나타낸 것이다. ①의 경우는 프로세스 특성인 $Y$가 목표값을 안정적으로 달성하는 경우로 정규분포Normal Distribution 또는 그 형태를 강조하여 「좌우대칭 그리고 종형의 형태」이라고 한다. ②의 경우에는 프로세스의 특성이 오른쪽으로 긴 꼬리를 갖는 경우로 「비정규성」 또는 「양(+)의 왜도Skewness의 형태」 라고 표현한다. 2개의 분포에 대한 중요 특징을 정리하면 [표 3.4]와 같다.

[표 3.4] 분포의 특징 : 형태, 위치, 척도(산포)

| | 분포 ① | 분포 ② |
|---|---|---|
| 형태 | 좌우대칭, 종형 | 양(+)의 왜도 |
| 위치 | $Target = \mu_1 = \mu_2$ | |
| 척도 | $\sigma_1^2 < \sigma_2^2$ 또는 $\sigma_1 < \sigma_2$ | |

프로세스의 안정성은 분포의 위치Location를 나타내는 모평균($\mu$) 그리고/또는 척도Scale를 나타내는 모표준편차($\sigma$)로는 확인할 수 없고 반드시 분포의 형태Shape를 통하여 확인해야 한다. 분포란 프로세스의 특성 $Y$에 대한 예측 패턴을 의미하고, 규격한계가 주어진다면 주어진 위치 그리고 척도 정보와 함께 예상 불량률Non-conformance Proportion 또는 수율Yield에 대한 명확한 값을 제공한다.

일반적으로 (1) 명확한 목표를 갖고 (2) 즉시 측정되며 (3) 연속형으로 측정되는 Project Y인 경우에 정규분포를 가정한다. 따라서 프로세스 능력 분석Process Capability Analysis을 적용하기 전에 반드시 안정성을 확인하기 위한 정규성 검정Normality Test을 실시하고, 양산 단계에서 일정한 기간 동안 수집된 데이터인 경우에는 정규분포를 가정한 통계적 관리도Statistical Control Chart를 적용하여 이상 패턴 여부를 확인한다.

Project Y는 기존의 특성보다는 새롭게 측정되는 경우가 많으므로 정규성 검정을 통한 안정성 확인이 중요하다. 만일 정규성이 위배된다면 비정규성을 먼저 개선한 후 프로세스 능력을 확인해야 한다.

## 정규성 검정

프로세스의 안정성 확인을 위한 Project Y의 정규성 검정을 위해서는 일정 수 이상의 데이터를 취할 수 있어야 한다. R&D의 개발 또는 기능 개선과 같이 일정 시간 범위 내의 변동 확인이 의미가 없는 경우에는 통계적 관리도는 생략될 수 있으나 정규성 검정은 반드시 실시해야 한다.

> **정규성 검정**
>
> 선택된 표본이 정규분포로부터 추출된 표본인가를 통계적으로 확인하는 가설 검정 방법
>
> (1) **통계적 가설**
>
> $H_0$ : 표본으로부터 측정된 데이터는 정규분포로 부터의 표본이다.
> vs.
> $H_1$ : $H_0$가 아니다.
>
> **(2) 의사 결정** : $p-value < \alpha$이면 $H_0$를 기각

정규성 검정은 표본으로부터 측정된 데이터가 정규분포를 따르는 모집단으로부터의 표본인가를 확인하는 가설 검정[Hypothesis Testing] 방법으로 추출된 표본은 임의 표본[Random Sample]을 가정한다.

정규성 검정은 [그림 3.17]에서 확인할 수 있듯이 확률 그림[Probability Plot]에 표시된 표본점들의 패턴을 이용하여 가설의 기각 여부를 결정한다. 즉, 표시된 점들이 확률 그림의 기준선인 직선과 밀접한 형태를 갖는다면 가정된 모집단 분포로부터의 표본이라는 증거가 될 수 있고 그렇지 않다면 가정된 모집단 분포로부터의 표본이 아니라는 증거가 된다. 이에 대한 통계적 의사 결정을 위한 다양한 종류의 검정 방법이 존재한다. 가장 일반적으로 사용되는 정규성 검정 방법은 [표 3.5]와 같다.

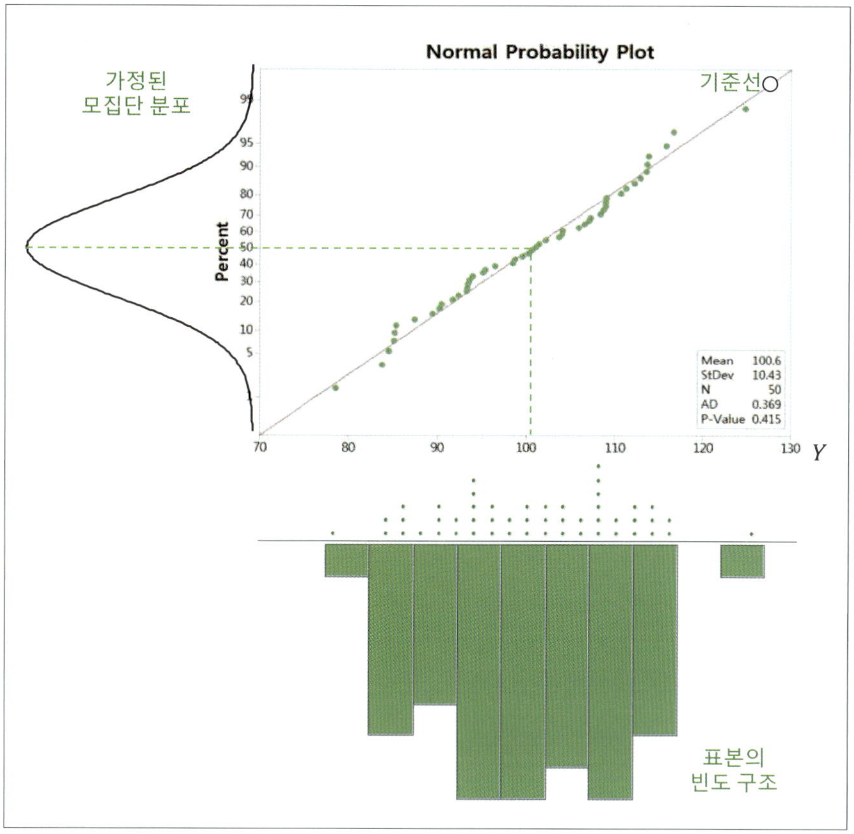


[그림 3.17] 확률 그림과 정규성 검정

[표 3.5] 정규성 검정의 종류

| 종류 | 진단 기준 |
|---|---|
| Anderson-Darling 검정 | 경험 누적 분포 함수와<br>정규 누적 분포 함수의 가중 함수 |
| Ryan-Joiner 검정 | 확률 그림의 점들 간 가중 상관계수 |
| Kolmogorov-Smirnov 검정 | 경험 누적 분포 함수와<br>정규 누적 분포 함수의 최대 편차 |

프로세스의 정규성이 중요한 개발/제조 분야에서는 Anderson-Darling(AD) 검정을 주로 사용한다. Ryan-Joiner 검정은 Shapiro-Wilk 검정과 동일한 검정으로 직관적으로 이해가 쉽고 연속형 분포에 대해서는 Anderson-Darling 검정과 비슷한 결과를 제공하지만, 정수 값에서만 빈도가 나타나는 이산형의 입도 Discreteness 문제를 제대로 진단하지 못한다는 단점을 갖고 Kolmogorov-Smirnov 방법은 최대 편차Maximum Deviation만을 사용하므로 주어진 데이터를 충분히 활용하지 못한다는 단점을 갖는다.[53] 다양한 분포 형태에 따른 확률 그림과 Anderson-Darling 검정 결과는 [그림 3.18]과 같다.

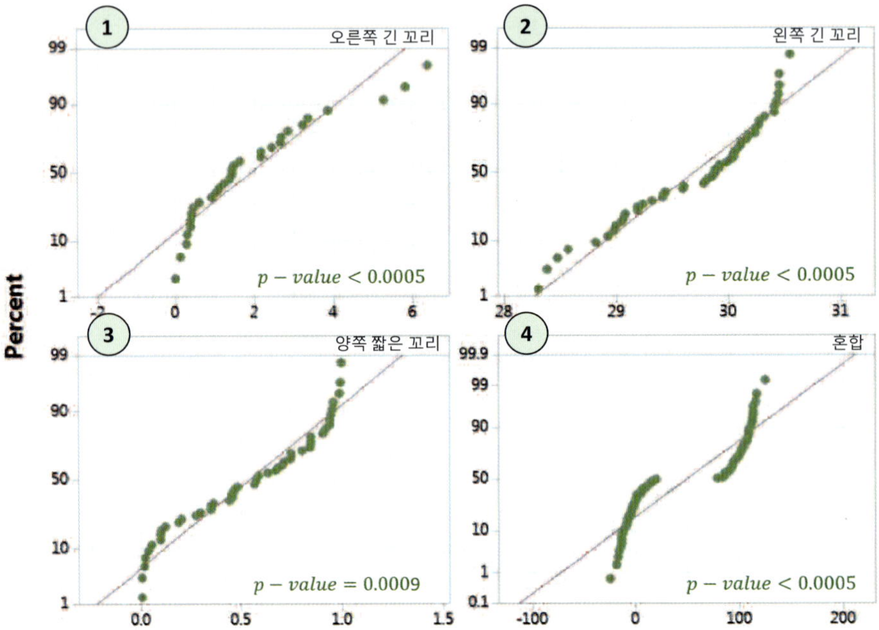


[그림 3.18] 다양한 분포 형태의 확률 그림과 Anderson-Darling 검정 결과

①의 경우에는 오른쪽 긴 꼬리의 형태로 점들의 패턴이 기울기가 급한 시작과 완만한 종료의 철면Convex 형태임을 확인할 수 있으며 ②의 경우에는 형태가

53) N. M. Razali and Y. B. Wah(2011). Power Comparisons of Shapiro-Wilk, Kolmogorov-Smirnov, Lilliefors and Anderson-Darling Tests, Journal of Statistical Modeling and Analytics, Vol. 2, No.1

①의 반대 모양인 요면Concave 형태임을 확인할 수 있다. 이러한 패턴은 좌우대칭Symmetric의 형태에서 한쪽 방향으로 치우친 형태를 의미하며 통계적으로 왜도Skewness라고 부른다. ③의 경우에는 그 형태가 $S$-Curve 형태를 보이며 기울기가 급한 시작과 급한 종료의 형태를 나타낸다. 이러한 경우는 종형Bell-Shaped의 형태에서 양쪽 꼬리가 모두 짧은 형태를 말하며 통계적으로 첨도Kurtosis라고 부른다. ④의 형태는 ③의 형태와 비슷하지만 중간에 끊김이 발생하여 2개 이상의 분포가 혼합Mixed된 경우이다.

[그림 3.18]에서 나타난 패턴은 혼합되어 나타날 수 있으며 이는 모두 데이터가 정규분포를 따른다고 가정할 수 없는 경우이다. 따라서 비정규성의 원인을 파악하고 이를 먼저 개선해야 한다. 만일 비정규성의 개선 없이 프로젝트를 진행한다면 현재 수준의 진단뿐만 아니라 해당 표본으로부터 계산되는 평균, 표준편차 등의 결과 역시 왜곡되어 프로세스에 대한 올바른 정보를 확인할 수 없다. 만일 비정규성이 진단된다면 그 원인에 따라 [표 3.6]의 대책을 고려할 수 있다.

Better Data Scientist Σ You Must Know 50 Prof. KO Statistics

**25. 비정규성의 원인과 대책** [표 3.6]

| 원인 | 대책 |
|---|---|
| 서로 다른 환경 또는 조건의 혼합 | 데이터 레쥬메의 항목별 분류 검토를 진행 한 후 분류 기준을 찾아 원인 개선 후 적용 |
| 프로세스의 불안정 | 분포 꼬리 부분의 주요 원인을 제거하는 안정화 작업을 통한 정규성 달성 후 적용 |
| 긴 측정 시간 또는 내구성을 측정 | 정규성 변환 방법을 통한 적절한 변환 함수를 도출하여 적용 |

Project Y의 비정규성이 확인되었다면 가장 먼저 데이터 레쥬메(DRM)를 검토하여 서로 다른 환경/조건이 반영되지 않았는지를 확인해야 한다. 이러한 경우 비정규성은 일반적이므로 DRM에 기록된 항목별로 구분하여 그 원인을 확인하고 개선한 후 정규성 검정을 재실시해야 한다.

**[예제 3.7]** KSPS.3.7

[그림 3.19]에서와 같이 2종류(A, B)의 장비를 구별하지 않는 경우에는 $p-value < 0.005$로 $\alpha = 0.05$보다 작아 정규성이 위배된다. D데이터 레주메를 검토하여 장비별로 구분하여 적용된 정규성 검정은 2 종류 모두 $p-value > \alpha$를 만족하는 것을 확인할 수 있다. 이는 현재 수준 파악 과정을 통하여 2 종류의 장비 간 차이를 확인한 경우로 또 다른 프로세스의 개선 기회라고 할 수 있다.

**통계분석> 기초통계 > 정규성 검정, KSPS.3.7**

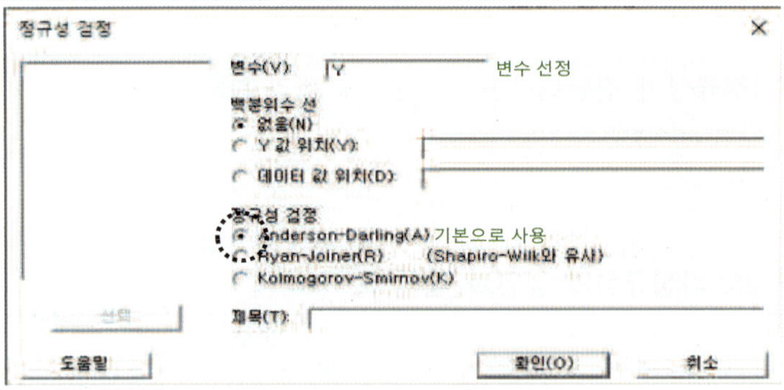


**통계분석> 그래프 > 확률그림: 다중, KSPS.3.7**

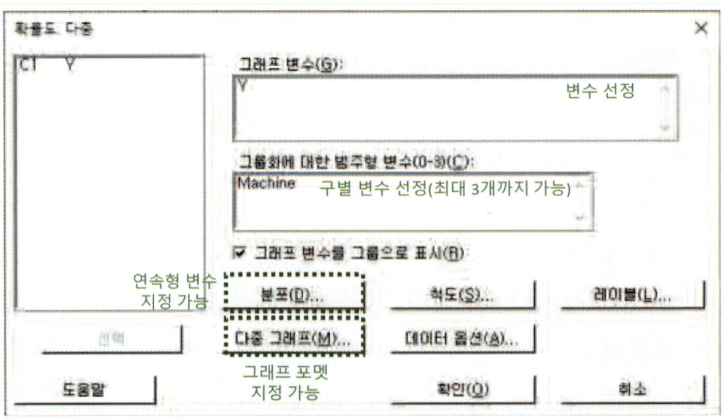

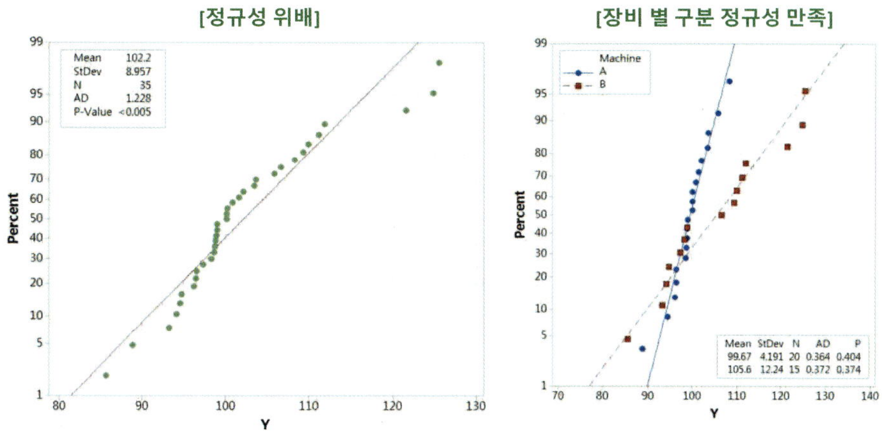


[그림 3.19] 서로 다른 환경의 혼합인 경우 : 예

프로세스의 불안정으로 인한 비정규성은 개발 단계에서 자주 나타나며 주로 왜도의 문제를 갖는다. 즉, 대부분의 조건에서 목표값을 달성하지만 특정 조건이 발생하면 한쪽 방향으로 치우치는 형태를 갖는 경우이다. 이러한 경우에도 왜도의 원인을 찾아 개선하고 정규성 여부를 재확인해야 한다. 만일 개발 단계의 부품의 편차 또는 장비의 불안정성 등과 같이 당장 개선할 수 없는 상황이라면 이에 대한 원인을 구별하고 관련된 데이터를 제거한 후 정규성 여부를 재확인해야 한다. 단, 해당 원인에 대한 명확하고 객관적인 근거를 반드시 첨부해야 한다. [그림 3.20]은 이에 대한 예제이다. 개발 단계에서 고려하고 있는 특성 $Y$는 대부분 목표값을 달성하고 있으나 일부 측정값이 큰 쪽으로 치우쳐서 나타난다. 그 원인을 조사해 본 결과 재료의 온도가 높아지는 경우(고온)에서 오른쪽으로 치우치는 경향이 발견되었다. 현재의 상태에서 이를 당장 개선할 수 없어 재료의 온도에 대한 특성 변화를 검토하여 양산 단계의 재료 온도 적용 기준($< 65^\circ C$)을 명시하고 이를 벗어나는 조건에 해당되는 값들을 제거한 뒤 정규성 검정을 재실시하였다. (고온 조건 제거 후 정규성 검정 결과 : $p-value = 0.15$로 정규성 만족)

[정규성 위배] [고온 조건에서의 치우침 발생]

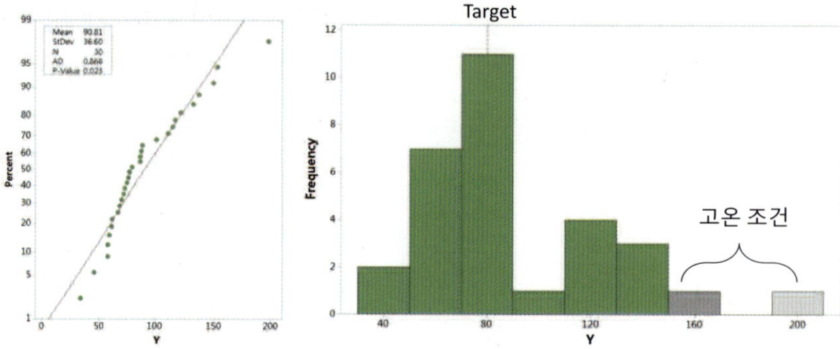


[그림 3.20] 프로세스가 불안정한 경우 : 예

앞에서 언급된 경우가 아니라면 측정을 위한 소요 시간이 일정한지 여부와 신뢰성Reliability 확인을 위한 내구성 특성인가를 확인해야 한다. 이러한 이유로 정규성이 위배된다면 새로운 측정 방법을 찾지 못하는 한 비정규성은 일반적이다. 따라서 연구자는 새로운 측정 방법을 고려하는 동시에 Box-Cox 변환[54]을 통한 변환 함수를 도출하여 모든 측정값에 적용하고 정규성을 재확인한다.

**통계분석> 관리도 > Box-Cox, KSPS.3.7.1**

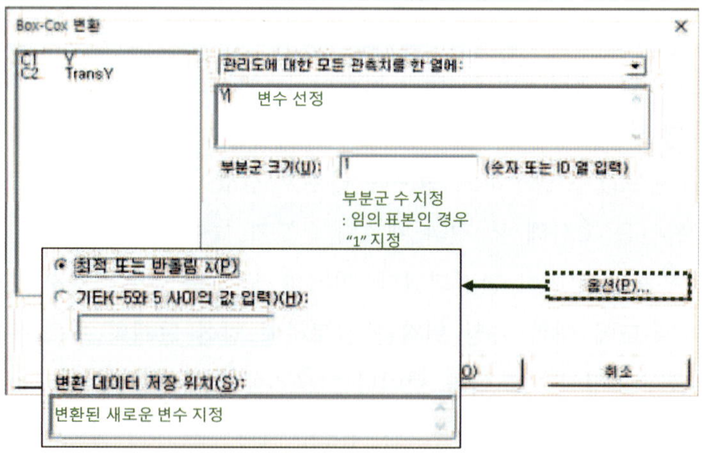


54) G.E. Box and D.R Cox(1964). "An analysis of transformations". Journal of the Royal Statistical Society, Series B. 26 (2)

[그림 3.21]은 변환을 통한 정규성 달성의 예제이다. 여기서 특성 $Y$는 연속 동작하는 장비의 수명(1000 Hr.s)을 가속 조건에서 조사한 것이다. 최초 측정된 값들은 정규성에 위배되었지만 Box-Cox 변환을 통하여 결정한 변환 함수 $Y^* = Y^2$을 적용한 데이터는 정규성을 만족하였다.

**Box-Cox 변환**

$$Y^* = \begin{cases} Y^\lambda & \text{if } \lambda \neq 0 \\ \ln(Y) & \text{if } \lambda = 0 \end{cases}$$

여기서

$\lambda$는 다음의 $\{V_i\}$의 표준편차가 최소가 되는 $k \in [-5, 5]$로 결정

$$V_i = \begin{cases} (Y_i^k - 1)/[k(G_n)^{k-1}] & k \neq 0 \\ G_n[\ln(Y_i)] & k = 0 \end{cases}, \ i = 1, 2, \ldots, n$$

여기서 $G_n$은 원 데이터의 기하 평균

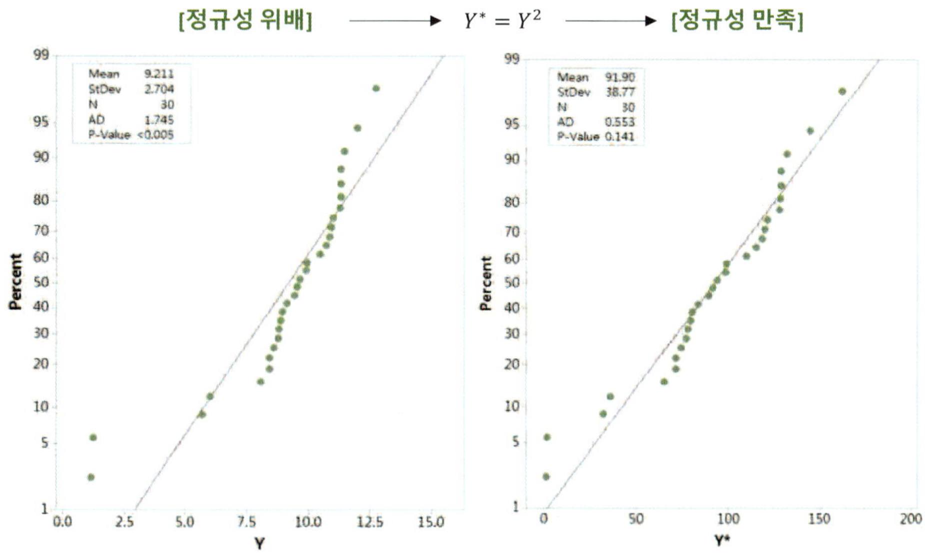


[그림 3.21] 내구성 특성의 정규성 변환: 예

이러한 변환 함수를 적용하는 경우에는 이후 적용되는 모든 절차(예를 들면, 프로세스 능력 분석, 실험 계획법 등)에서 변환된 $Y^*$를 적용해야 하며, 목표값

그리고 규격한계 등과 같이 $Y$와 비교되는 모든 기준값에 동일한 변환 함수를 적용하여 분석해야 한다.

정규성 검정은 고려한 표본의 수에 따라 그 결과가 영향을 받으며 일반적으로 표본의 수가 적은 경우 정규성을 기각하지 못한다. 따라서 올바른 정규성 검정을 위해서는 충분한 표본의 수를 고려해야 한다. [그림 3.22]는 다양한 표본 크기($n = 10, 20, 40$)에 대한 확률 그림의 형태를 보여준다.[55]

이는 정규 분포와 비정규 분포로부터 $n = 10, 20, 40$의 표본을 각각 5번 반복 선택하여 확률 그림으로 나타낸 것이다. 표본 변이(Sample Variation)로 인하여 각 반복에서 모두 동일한 형태를 갖지 않는다는 점 그리고 표본 크기($n$)가 작은 경우에는 정규 분포와 비정규 분포의 확률 그림 형태가 비슷하고 직선으로부터 크게 벗어나지 않는 다는 점을 확인할 수 있다. 하지만 표본의 크기가 큰 경우에는 정규 분포와 비정규 분포의 확률 그림 형태가 뚜렷하게 차이를 보이고 비정규 분포의 경우에는 직선의 형태에서 벗어남을 확인할 수 있다. 일반적으로 유의 수준 $\alpha = 0.05$하에서 올바른 정규성 검정을 위해서는 $n \geq 30$을 요구한다.[56]

선택된 표본으로부터 측정된 데이터가 정규 분포를 따른다는 가정을 확인하거나 비정규성 진단 후 일련의 개선 활동 또는 변수 변환을 통하여 정규성에 위배되지 않음을 확인했다면 올바른 현재 수준을 파악할 수 있다. 이때 사용되는 방법을 프로세스 능력 분석(Process Capability Analysis)이라고 한다.

55) W. Q. Meeker, 1998, Statistical Methods for Reliability Data, Wiley & Sons, New York

56) Anderson, T. W., & Darling, D. A. (1954). A test of goodness of fit. *Journal of the American Statistical Association, 49*(268).

**[정규분포로부터의 임의 표본]**

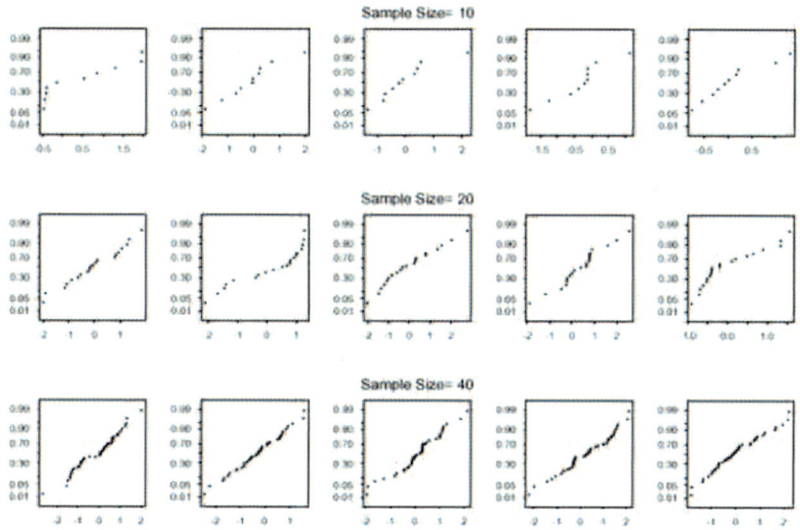


**[비정규 분포로부터의 임의 표본]**

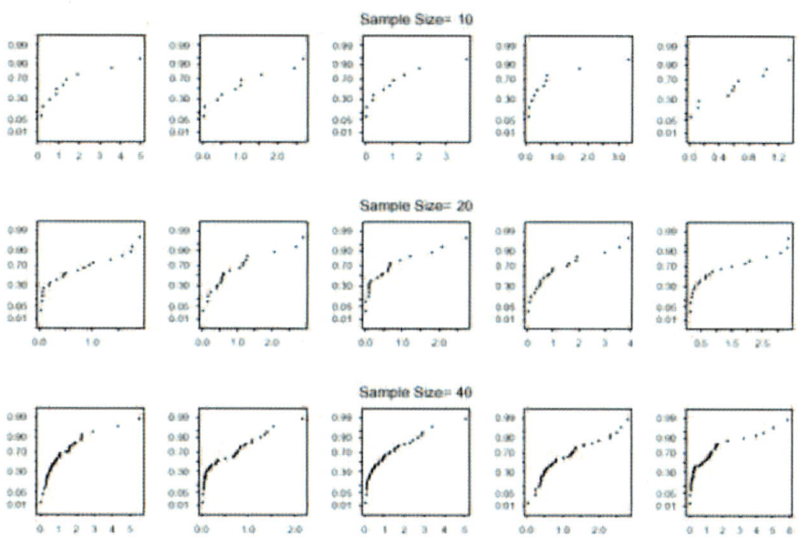


[그림 3.22] 정규분포와 비정규 분포의 확률 그림의 형태: $n = 10, 20, 40$; 5번 반복

## 프로세스 능력 분석

프로세스의 능력Capability이란 목표Target, 기준Nominal 그리고/또는 규격Specification에 대한 프로세스의 적합 정도를 의미한다. 이를 진단하는 방법을 프로세스 능력 분석이라 하고 약어로 PCA로 표현한다. PCA를 적용하기 위하여 필요한 정보는 다음과 같고 기본 개념은 [그림 3.23]과 같다.

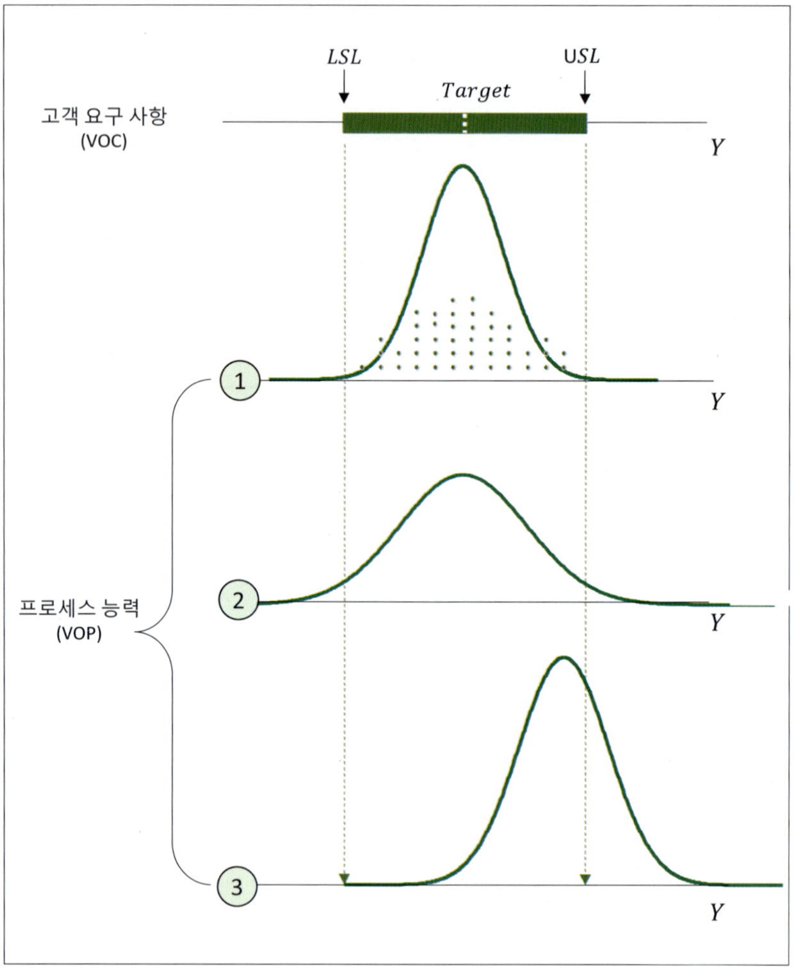


[그림 3.23] 프로세스 능력 분석(PCA)의 개념

**프로세스 능력 분석을 위한 필요 정보**

(1) VOC : 고객의 요구사항을 반영하는 규격한계
(그리고/또는 목표/기준값)
(2) VOP : 프로세스의 중요 특성을 측정한 일정 수의 데이터

PCA의 기본적인 목적은 고객의 요구 사항으로부터 정의되는 규격한계를 프로세스의 특성 $Y$가 얼마나 만족시키는가를 확인하는 것으로 그 개념은 [그림 3.23]과 같다. ①과 같은 경우에는 목표값을 달성하였고 분포의 변동이 작고 프로세스의 분포가 거의 모두 규격한계 내에 포함되어 있다. 이는 ② 또는 ③의 경우보다 고객 불만족의 정도인 불량Non-Conformance의 비중이 적다. 따라서 프로세스 능력이 높다고 할 수 있다. ②의 경우에는 목표값을 달성하고 있으나 ①과 비교할 때 프로세스의 산포가 크고 ③의 경우에는 프로세스의 변동은 ①과 비슷하지만 프로세스가 목표값으로부터 한쪽 방향으로 치우쳐 불량 비중이 높다. PCA는 「프로세스의 분포가 규격한계Specification Limit내에 있는가?」 또는 좀 더 근본적으로 「프로세스가 얼마나 고객 요구 사항을 만족 시키는가?」로 해석할 수 있다. PCA는 제조 현장에서 유용성이 검증된 방법으로 개발 단계와 일반 양산/지원 단계 모두에서 다양한 목적으로 활용될 수 있다.[57][58]

**개발 단계의 PCA 적용 절차**

(1) 고객에 의한 기준/목표값 결정
(2) 고객 또는 성능/폐해에 따른 변동의 허용한계 검토
(3) 고객 요구 사항의 수용 가능성 검토 : **PCA**
(4) 고객과의 협의를 통한 규격한계와 설계 도면 확정
(5) 요구된 규격한계에 대한 생산 및 검증 : **PCA**

57) Deleryd M.(1996). Process Capability Studies in theory and Practice/ Licentiate thesis, Lulea University of Technology, Lulea, Sweden
58) Finley J.C.(1992). What is capability? Or What is Cp and Cpk. ASQC Quality Congress Transactions, Nashville

| **PCA 결과의 활용** |
|---|
| (1) 현재 수준의 파악 |
| (2) 개선 대책의 검토 |
| (3) 개선 우선순위의 결정 |
| (4) 고객 요구 사항의 반영 |
| (5) 고객/업체에 대한 대응 |
| (6) 공통 업무의 협의 기준 |
| (7) 신제품 규격의 결정 |
| (8) 생산 계획의 기준 |
| (9) 생산 설비 투자 또는 재료 비용의 결정 |
| (10) 프로세스 관리를 위한 경고 한계의 결정 |
| (11) 검사 또는 보전 활동의 기준 |

PCA에서 올바른 프로세스 능력을 판단하기 위해서는 일정 수 이상의 데이터를 수집할 수 있어야 하고 프로세스의 안정성을 사전에 확인해야 한다. 이를 위한 사전 검토 기준은 [그림 3.24]와 같다.

**통계분석> 품질 도구 > Capability Six Pack > 정규분포**

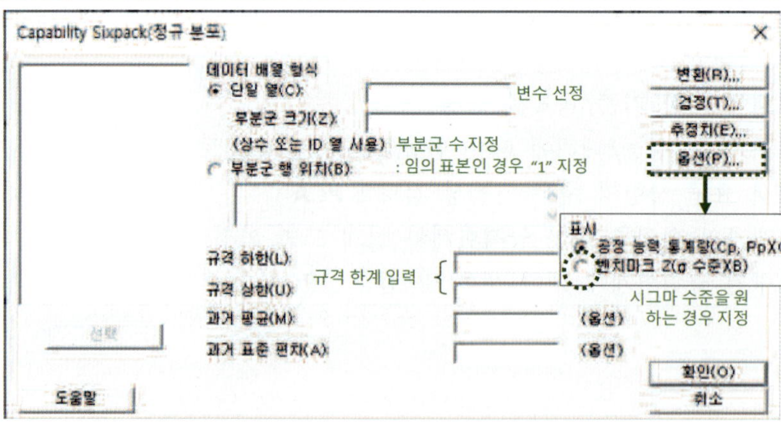

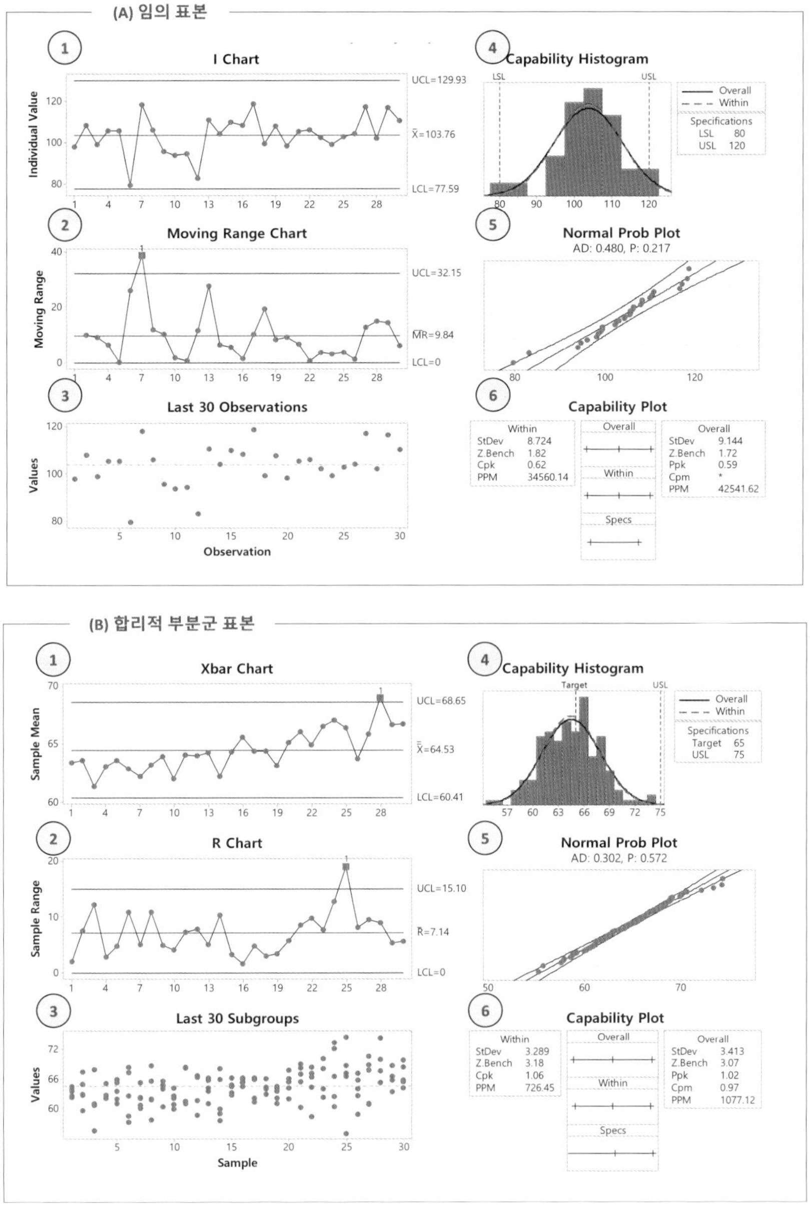


[그림 3.24] 프로세스 능력 분석(PCA)을 위한 검토 기준

[그림 3.24]의 (A)는 임의 표본의 경우로 주로 R&D 또는 양산 단계의 새로운 특성에 적용되며 (B)는 합리적인 부분군 표본인 경우로 양산 단계의 기존 특성에 적용되는 경우가 많다.

①은 시간에 따라 측정되는 값의 안정성을 확인하는 통계적 관리도로서 (A)의 경우에는 개별값에 적용되는 $I$-Chart를 이용하고 (B)의 경우에는 부분군Subgroups 평균에 적용되는 $\overline{X}$-Chart를 이용하여 이상 패턴 여부를 판단한다. ②는 시간에 따라 측정되는 값의 산포 변화를 확인하는 통계적 관리도로써 (A)의 경우에는 이동 평균Moving Range을 적용한 $MR$-Chart를 이용하고 (B)의 경우에는 부분군의 범위를 적용하는 $R$-Chart를 이용하여 이상 패턴 여부를 판단한다. ①과 ②의 이상 패턴 판단에는 일반적인 통계적 관리도의 기준이 적용된다. 예를 들어, (A)의 ②에서는 7번째 값에서 다른 값들에 비하여 이전 값과 큰 차이를 보임을 확인할 수 있다. 이러한 경우에는 그 원인을 파악하여 이를 개선할 수 있어야 한다.

③의 경우에는 수집 순서에 따른 개별값을 타점한 것으로 전체적인 패턴에서 벗어난 이상점Outlier을 판단한다. 이에 대한 통계적 기준은 별도로 제시되지 않는 것이 일반적이며 데이터 레쥬메 검토를 통하여 그 여부를 판단한다. ④와 ⑤를 통하여 전체 데이터에 대한 히스토그램과 정규성 검정을 이용한안정성 여부를 확인할 수 있다. (A)의 경우에는 RSP에 의하여 표본이 선택되지 않았으므로 Within과 관련된 값들은 의미가 없다. ⑥의 경우에는 ①~⑤가 모두 만족할 때의 프로세스 능력 지수와 대략적인 산포의 정도를 규격한계와 비교해 준다.

RSP에 의한 표본인 경우가 임의 표본인 경우보다 더 많은 프로세스 관련 정보를 얻을 수 있다. 하지만 RSP에 의한 표본을 항상 얻을 수 있는 것은 아니며 RSP를 통하여 표본이 취해지지 않는 경우 $(C_{pk}, P_{pk})$와 $(Z_{ST}, Z_{LT})$을 구분할 수 없고 따라서 $Z_{Shift}$를 계산할 수 없다. 이와 같이 PCA의 가정을 만족했을 때 프로세스의 능력을 정량화한 값을 프로세스 능력 지수Process Capability Index라고 한다.

## 프로세스 능력 지수와 시그마 수준

PCA에서 주어진 가정이 만족하는 경우, 그 결과를 간단히 표현할 수 있는 프로세스 능력 지수를 PCI라고 하며 일반적인 형태는 다음과 같다.

$$\text{PCI의 일반 형태} = \frac{\text{규격한계의 범위}}{\text{프로세스 산포의 정도}}$$

PCI를 구성하는 「규격한계의 범위」는 양측인 경우에 $USL - LSL$로 표현하고 이를 간단히 허용공차[Tolerance]라고 부른다.59) 그리고 「프로세스 산포의 정도」는 정규분포의 가정 하에서 평균으로부터 $\pm 3\sigma$의 범위인 $6\sigma$를 사용한다. 여기서 $\sigma$를 추정하는 방법은 [표 3.7]과 같이 표본 추출 방법에 따라 달라진다.

[표 3.7] PCI를 위한 모 표준편차($\sigma$)의 추정 방법60)

| 표본 추출 | $\sigma$ 추정 방법 | |
|---|---|---|
| 합리적인 부분군 ($g$그룹, $n_i$부분군) | 군내 합동 표준편차 Within Pooled StDev | $\hat{\sigma}_{within} = U_c^w \times \sqrt{\dfrac{\sum_{i=1}^{g}\sum_{j=1}^{n_i}(y_{ij} - \overline{y_{.j}})^2}{\sum_{i=1}^{g}(n_i - 1)}}$, $n_i > 1$ |
| | 전체 표준편차 Overall StDev | $\hat{\sigma}_{overall} = U_c^o \times \sqrt{\dfrac{\sum_{i=1}^{g}\sum_{j=1}^{n_i}(y_{ij} - \overline{y_{..}})^2}{\sum_{i=1}^{g}(n_i) - 1}}$, $n_i > 1$ |
| 임의 표본 | 표준편차 StDev | $\hat{\sigma} = U_c \times \sqrt{\dfrac{\sum_{i=1}^{n}(y_i - \bar{y})^2}{n-1}}$ |

* 여기서 $U_c^w, U_c^o$ 그리고 $U_c$는 불편 상수[Unbiased Constant]

59) Engineering Tolerance를 말하며 특성 변동의 허용 가능한 한계를 의미한다. <저자 주>

60) $U_c^w = \dfrac{\Gamma\left(\dfrac{\sum_i (n_i - 1)}{2}\right)}{\sqrt{\dfrac{2}{\sum_i (n_i - 1)}}\,\Gamma\left(\dfrac{\sum_i (n_i - 1) + 1}{2}\right)}$ 그리고 $U_c^o = U_c = \dfrac{\Gamma\left(\dfrac{n-1}{2}\right)}{\sqrt{\dfrac{2}{n-1}}\,\Gamma\left(\dfrac{n}{2}\right)}$, $n = \sum_i n_i$

PCI는 Juran박사에 의하여 처음 제시되었고[61] 다양한 프로세스 환경을 반영할 수 있는 다양한 지수들이 소개되었다.[62] 올바른 PCI를 위한 가정을 정리하면 다음과 같다.

### 26. 올바른 프로세스 능력 지수(PCI) 계산을 위한 가정

(1) 프로세스의 안정성
Process Stability
(2) 고려하는 특성의 정규성
Normality of the characteristics being measured
(3) 표본의 대표성
Representativeness of samples

합리적 부분군(RSP)에 의한 표본(RS 표본)이 선택되는 경우의 PCI는 $\hat{\sigma}_{within}$을 적용하는 $C-type$의 능력[Capability] 지수와 $\hat{\sigma}_{Overall}$을 적용하는 $P-type$인 실행[Performance] 지수로 구분하여 계산할 수 있다. $C-type$은 통계적 관리 상태[Statistically-in-control]에서 달성 가능한 프로세스 능력을 의미하며 $P-type$은 실제로 관찰되는 프로세스의 실행력을 의미한다. 따라서 RS 표본의 경우 2종류의 지수를 모두 계산한다면 일반적으로 $P-type$이 $C-type$에 비하여 작은 값을 제공한다.

RS 표본이 아닌 임의 표본인 경우에는 2 종류의 지수를 구분하여 계산할 수 없다. 따라서 $P-type$과 $C-type$은 동일한 값을 갖게 되고 통상적으로 현장에서는 $C-type$으로 표현한다. 하지만 RS 표본이 아닌 경우에도 아직 양산이 적용되지 못한 새로운 프로세스이거나 개발 단계의 검증에서는 이를 $P-type$으로 해석하기도 한다. 이는 새로운 프로세스 또는 개발 단계에서 통계적 관리 상태를 가정할 수 없기 때문이다.[63] [표 3.8]은 대표적인 PCI를 정리한 것이다. $P-type$은 [표 3.8]의 $\hat{\sigma}$의 추정 방법만 다를 뿐 동일한 계산식을 사용한다.

---

61) Juran J. M. et al. (1974) Quality Control Handbook, McGraw-Hill, New York
62) Kotz S. and Lovelace C. R.(1988) Process Capability Indices in Theory and Practice, Arnold, New York
63) VDA 6.3, GM PPAP 2010

[표 3.8] 대표적인 프로세스 능력 지수[64)]

| PCI | 설명 |
|---|---|
| $\hat{C}_p = \dfrac{USL - LSL}{6\hat{\sigma}}$ | - 양측 규격 한계인 경우<br>- 프로세스의 중심이 규격 한계의 중간에 위치 한다고 가정<br>(단점) 프로세스 평균의 치우침을 반영 못함 |
| $\hat{C}_{pl} = \dfrac{\hat{\mu} - LSL}{3\hat{\sigma}}$ | - 규격 하한만 존재하는 경우 |
| $\hat{C}_{pu} = \dfrac{USL - \hat{\mu}}{3\hat{\sigma}}$ | - 규격 상한만 존재하는 경우 |
| $\hat{C}_{pk} = (1-k)\hat{C}_p = \min(\hat{C}_{pl}, \hat{C}_{pu})$<br>여기서<br>$k = \dfrac{\lvert (USL+LSL)/2 - \hat{\mu} \rvert}{(USL - LSL)/2}$ | - 모든 규격 한계에 적용<br>(장점) 프로세스의 치우침을 반영<br>(단점) 양측 규격한계의 경우, 불량 비중이 큰 쪽의 함수로 올바른 불량 비중을 반영하지 못할 수 있음 |
| $\hat{C}_{pm} = \hat{C}_p \left[ 1/\sqrt{1+\left(\dfrac{\hat{\mu}-T}{\hat{\sigma}}\right)^2} \right]$ | - 목표값이 규격한계의 중앙에 있는 양측 규격한계에 적용<br>(장점) 목표값의 올바른 반영<br>(단점) 프로세스의 표준편차가 작은 경우 민감하게 변화 |
| $\hat{C}_{pmk} = \hat{C}_{pk} \left[ 1/\sqrt{1+\left(\dfrac{\hat{\mu}-T}{\hat{\sigma}}\right)^2} \right]$ | - 목표값이 규격한계의 중앙으로부터 치우쳐 정의된 경우 적용<br>(장점) 양쪽 규격한계와 목표값의 상대적 거리를 반영<br>(단점) 불량 비중이 큰 쪽 한계의 함수로 올바른 불량 비중을 반영하지 못할 수 있음 |

64) 헷( ^ )으로 표현한 이유는 표본으로부터 계산되는 통계량statistic을 나타내기 위한 것으로 표본 변이로 인하여 모집단의 PCI와는 다른 값이 될 수 있음을 의미한다.

먼저 이들 지수들의 특징을 고찰해 보면 [그림 3.25]와 같다. $C_p$는 가장 간단하고 직관적으로 이해가 쉽지만 프로세스의 표준편차 값만으로 결정되므로 평균의 치우침을 반영하지 못한다. 따라서 프로세스의 분포가 규격한계의 정 중앙에 위치한 경우에만 프로세스의 능력을 올바로 반영한다. $C_p$의 이러한 단점을 보완한 지수인 $C_{pk}$는 프로세스의 치우침을 반영할 수 있지만 계산식에서 알 수 있듯이 양쪽 규격 중에서 불량의 비율이 큰 쪽의 함수로 정의되므로 경우에 따라서는 왜곡된 결과를 제공할 수 있다.

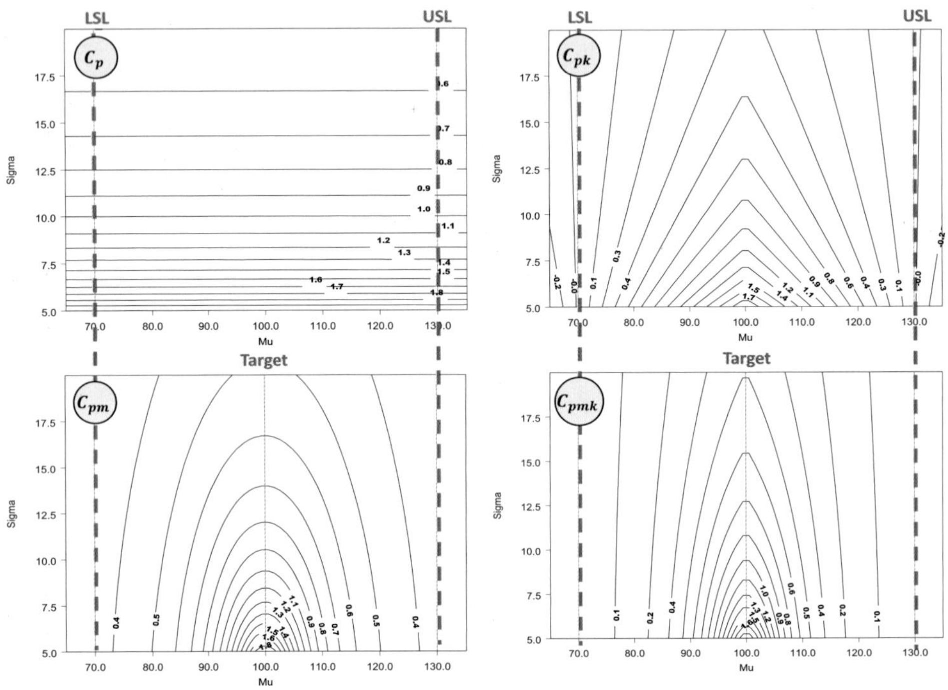


[그림 3.25] 대표적인 PCI의 진단 능력 : $\mu \in (60, 140)$, $\sigma \in (5, 20)$

$C_{pm}$과 $C_{pmk}$는 목표값을 반영할 수 있고 대칭 규격한계에서는 큰 차이가 없지만 비대칭 규격한계 - 목표값이 규격한계의 중앙에 있지 않은 경우 - 에서는 $C_{pm}$보다 $C_{pmk}$가 더 객관적으로 판단한다. [그림 3.26]에서 확인할 수 있듯이 규격 하한Lower Limit을 벗어난 $(\mu, \sigma) = (70, 10)$에서 $C_{pm} = 0.4$ 이다. 하지만 규격

상한Upper Limit 쪽에서 동일한 $C_{pm}$값인 0.4를 갖는 경우는 모두 규격 한계 내에 포함되어 있다. $C_{pmk}$의 경우에는 이러한 왜곡이 없고 비대칭 규격한계의 상대적 거리를 반영할 수 있음을 확인할 수 있다.

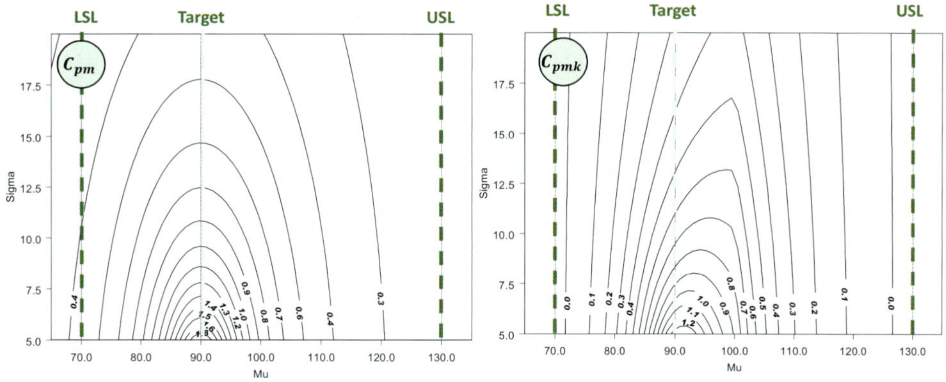


[그림 3.26] 비대칭 규격 한계에 대한 $C_{pm}$과 $C_{pmk}$: $\mu \in (60, 140)$, $\sigma \in (5, 20)$

다양한 PCI들의 특징을 기초로 각 PCI들의 해석 가능한 상황을 정리해 보면 [표 3.9]와 같다.

[표 3.9] PCI의 해석 가능한 상황65)

| PCI | 해석 가능한 상황 |
|---|---|
| $C_p$ | 프로세스의 분포가 규격한계의 정 중앙에 있는 경우 |
| $C_{pk}$ | 프로세스의 목표값을 지정하지 않고 프로세스의 분포가 한쪽으로 치우쳤을 경우 |
| $C_{pm}$ | 프로세스의 목표값이 규격한계의 중심에 있는 경우 |
| $C_{pmk}$ | 프로세스의 목표값이 규격한계의 중심이 아닌 경우 |

65) $P-type$ 역시 동일한 기준이 적용된다.

PCI의 선택은 PCI들의 특징과 이를 적용하는 프로세스의 환경 - 고객의 요구, 규격한계의 종류, 적용 단계의 구분 등 - 에 따라 결정된다. $C_p$의 경우에는 $C_{pk}$에서 치우침이 보정될 경우에 달성 가능한 프로세스 능력으로 해석하며 $P_p$와 $P_{pk}$의 경우에도 동일한 기준을 적용한다.

특정 PCI가 선택되면 프로세스의 목표를 지수의 달성 수준Acceptable Level으로 표현할 수 있어야 한다. 이는 (1) 고객의 요구 (2) 품질 개선 목표 (3) 현재의 프로세스 능력을 고려하여 결정되며 그 값이 클수록 높은 품질을 의미한다. 일반적으로 제품/부품의 목표 달성 수준은 [표 3.10]과 같다.[66][67]

[표 3.10] PCI의 목표 달성 수준

| 구분 | 조건 | 양측 규격 | 단측 규격 |
|---|---|---|---|
| 일반 | 새로운 프로세스 | 1.50 | 1.45 |
| | 기존 프로세스 | 1.33 | 1.25 |
| 안전 관련 | 새로운 프로세스 | 1.67 | 1.60 |
| | 기존 프로세스 | 1.50 | 1.46 |
| Six Sigma 프로세스 | | 2.00 | 2.00 |

이러한 고전적 PCI의 단점을 보완하기 위하여 시그마 수준을 사용한다. 또한 합리적 부분군 표본이 가능한 경우 $P-type$의 $\hat{\sigma}_{overall}$을 장기Long-term변동 그리고 $C-type$의 $\hat{\sigma}_{within}$을 단기Short-term변동으로 가정하고 이들 간의 차이를 진단하여 품질 개선의 방향을 결정한다. 이를 기초로 [표 3.11]과 같이 $C_{pk}$값에 따른 시그마 수준, PPM 그리고 예상 수율을 계산할 수 있다.

66) AIAG(2010). Production Part Approval Process, 4th Edition
67) 현장에서는 이를 명확히 구분하지 않는 경우 통상적으로 $C-type$을 사용한다.

[표 3.11] $C_{pk}$와 시그마 수준

| $C_{pk}$ | 시그마 수준 | PPM | 예상 수율 |
|---|---|---|---|
| 0.33 | 1 | 691462 | 30.85% |
| 0.67 | 2 | 308538 | 69.15% |
| 1.00 | 3 | 66807 | 93.32% |
| 1.33 | 4 | 6209 | 99.38% |
| 1.67 | 5 | 232.6 | 99.9767% |
| 2.00 | 6 | 3.40 | 99.99966% |

여기서 PPMParts Per Million 68)을 계산하기 위하여 $1.5\sigma$의 중심 이동을 가정하는데 이는 절대적인 값은 아니며 1980년대 초반 미국 제조기업에서 관찰된 프로세스의 과장 계수Inflation Factor를 반영한 것이다.69) 이러한 이유로 장기 변동을 포함하는 표본의 경우에는 다음과 같이 시그마 수준을 계산한다.

$$\text{시그마 수준} \equiv Z_{ST} = Z_{LT} + 1.5$$

만일 양산 프로세스가 아니거나 양산 프로세스라고 하더라도 합리적 부분군에 의하여 표본을 선택하지 않는다면 장기와 단기를 구분할 수 없으므로 관찰된 시그마 수준에 1.5를 더하지 않고 시그마 수준으로 정의하는 것이 일반적이다.

68) Defects Per Million Opportunities의 약자로 DPMO라고도 한다. <저자 주>

69) D. H. Evans(1975). Statistical Tolerancing : The State of the Art, Part III, Methods for Estimating Moments, Journal of Quality Technology, Vol 7, No.1

**[예제 3.8]** KSPS.38

측정 시스템이 검증된 프로세스로부터 합리적 부분군($g = 30, n = 5$) 표본을 추출하였다. 현재의 규격은 $(LSL, T, USL) = (15.7, 16.5, 17.3)(\mu m)$이며 기존 프로세스의 평균과 표준편차는 각각 $16.50, 0.27$이다. 시그마 수준($z-$값)을 통하여 프로세스를 진단하고자 한다.

**통계분석> 품질 도구 > 공정능력 분석 > 정규분포, KSPS.3.8**

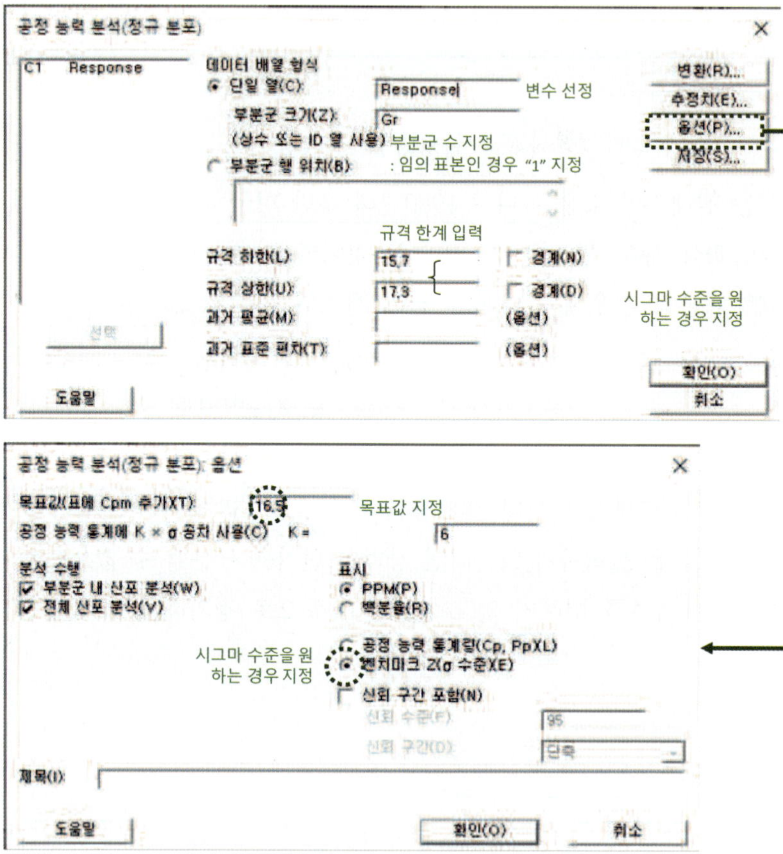

**[결과]**

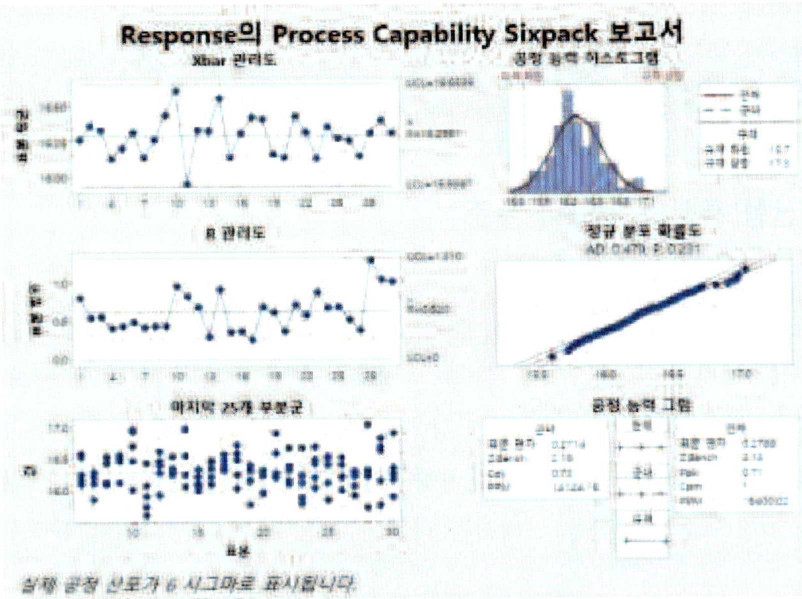


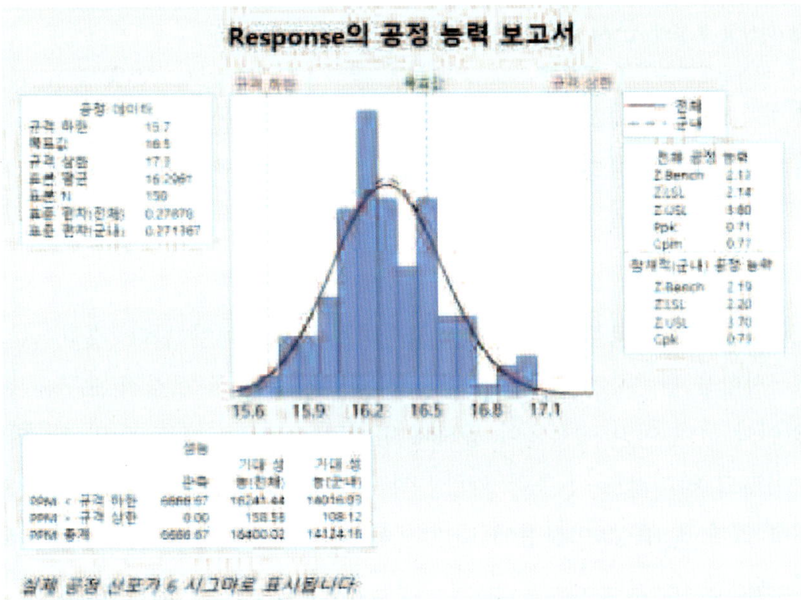


부분군 표본인 경우에는 군내(Within, Short-term)과 전체(Overall, Long-term)으로 구분하여 프로세스 능력을 확인할 수 있다. 예제에서는 $Z_{short-term}$값은 2.19이고 $z_{long-term}$값은 2.13으로 $z_{shift}$는 약 0.06으로 관

리의 문제는 크지 않아 보인다. 하지만 프로세스는 안정되어 있으나 그 능력은 낮은 편이다. 이는 프로세스의 분포가 규격 하한 방향으로 치우쳐 있어 목표값을 올바로 달성하지 못하고 있기 때문이다. 따라서 치우침을 개선하여 프로세스 능력을 높일 필요가 있고 필요하다면 산포 역시 추가 개선을 고려해야 한다.

## 범주형/이산형 특성의 시그마 수준

Project Y는 연속형을 가정한다. 하지만 생산 프로세스 또는 SW 개발 프로세스에서는 불량 또는 결점으로 측정되는 범주형Categorical 또는 이산형Discrete의 특성을 고려하는 경우가 많다. 이러한 경우에 대한 현재 수준 파악 또는 프로세스 능력 판단을 위하여 근사 시그마 수준Approximated Sigma Level을 정의할 수 있다. 근사 시그마 수준의 계산을 위해서는 다음의 기본 용어를 정의해야 한다.

**범주형/이산형 특성의 근사 시그마 수준을 위한 기본 정의**

**결함**Defect : 고객의 요구 사항을 만족하지 못하는 모든 결과물
**단위**Unit : 결함의 측정을 위하여 고려된 검사 또는 작업의 기준
**기회**Opportunities : 단일 단위 내에서 결함이 발생 가능한 모든 경우의 수

여기서 결함Defect은 고객의 입장에서 명확하게 정의되어야 한다. 결함이란 고객의 요구사항을 만족하지 못하는 모든 결과물로서 고객의 실질적 요구를 반영할 수 있어야 하며 여러 속성들이 동시에 반영될 수 있다. 예를 들어 제품의 동일 성능이라고 하더라도 「출력 약함」과 「소음 발생」을 동시에 결함으로 정의할 수 있다. 범주형/이산형에 대한 근사 시그마 수준은 [그림 3.27]의 절차에 따라 계산할 수 있다.

결함이 정의되면 표본 관찰을 통하여 평균 결함의 수 또는 결함율Defect Proportion 등의 결함 정보를 계산한다. 이때 결함은 고려한 단위Unit내에서 임의로 발생해야 한다. 결함 정보를 위하여 수집되는 데이터는 장기적으로 발생할 수 있는 다양한 변동 원인을 포함할 수 있도록 충분히 많은 수를 고려해야 한다. 유용

한 결함 정보는 다음과 같다. 여기서 기회Opportunity는 반드시 결함이 실제로 발생하는 경우로 정의되어야 하고 기회의 수를 객관적으로 정의할 수 없는 경우에는 DPO와 DPMO는 사용하지 않는다.

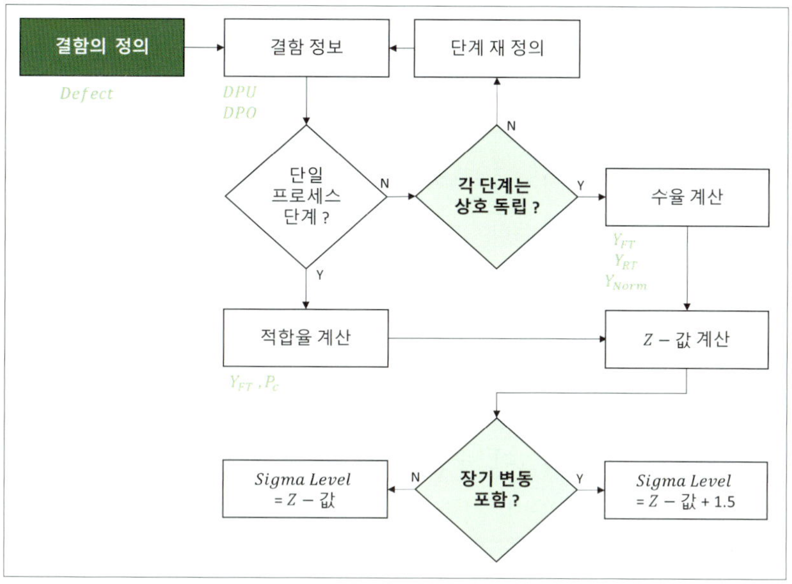


[그림 3.27] 범주형/이산형 특성의 근사 시그마 수준 계산 절차

**유용한 결함 정보**

**DPU** : 한 개의 단위 내에 존재하는 평균적인 결함의 수
$DPU = d/u$, 여기서 $d$는 결함의 수 그리고 $u$는 단위의 수

**DPO** : 총 가능한 결함 기회에 대한 Defect의 상대 빈도
$DPO = d/(u \times o)$, 여기서 $o$는 기회의 수

**DPMO** : 1백만 개의 기회에서 발생 가능한 결함의 수
$DPMO = [d/(u \times o)] \times 10^6$

단일 단계에 적용하는 경우 주어진 정보에 따라 [표 3.12]와 같이 **적합율**Conformance proportion을 계산한다. 여기서 $DPU$를 이용한 적합율은 결함의 수에 대하여 **포아송분포**Poisson Distribution를 가정하고 단 하나의 결점도 나타나지 않을 확률을 구한 것이다.

[표 3.12] 단일 단계에 대한 적합율의 계산

| 정보 | 적합율 $P_C$ 의 계산 |
|---|---|
| $DPU$ | $P_C = \exp(-DPU)$ |
| $DPO$ | $P_C = 1 - DPO$ |
| $DPMO$ | $P_C = 1 - (DPMO/10^4)$ |

$DPU$, 적합율 그리고 시그마 수준 간의 관계는 [그림 3.28]와 같다. $DPU$의 경우에는 대략 5 이상 된다면, 적합률은 거의 0.0이며 $DPU$가 0.0에 가까워질수록 적합율은 1.0에 가까워진다. 따라서 시그마 수준 역시 큰 값을 갖는 것을 확인할 수 있다.

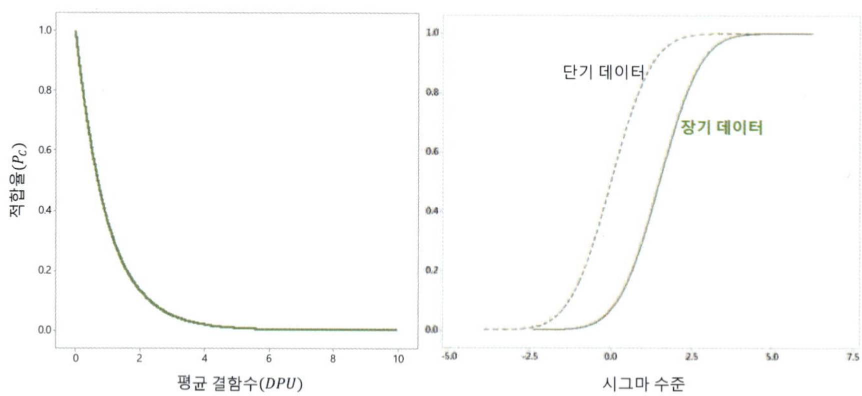


[그림 3.28] 평균 결함수($DPU$)와 적합율($P_C$) 그리고 시그마 수준간의 관계

2개 이상의 단계로 구성된 프로세스의 일부 단계 또는 전체를 고려하는 경우 [표 3.13]과 같이 여러 종류의 수율을 계산할 수 있다.

[표 3.13] 주어진 정보에 따른 수율의 계산

| 종류 | 해석 | 정보 | 계산 |
|---|---|---|---|
| 초기 수율 $Y_{FT}$ | 각 단계에서 재작업 없이 통과할 수율 | $DPU$ | $\exp(-DPU_i),\ i=1,2,\ldots,k$ |
| | | $DPO$ | $(1-DPO_i)^{O_i}, i=1,2,\ldots,k$ |
| 누적 수율 $Y_{RT}$ | 모든 단계에서 단 한 번의 결함도 없이 통과할 수율 | $DPU$ | $\exp(-\sum_{i=1}^{k} DPU_i)$ |
| | | $DPO$ | $\prod_{i=1}^{k}(1-DPO_i)^{O_i}$ |
| 평균 수율 $Y_{Norm}$ | 고려된 모든 단계의 평균 수율 | $DPU$ | $[\exp(-\sum_{i=1}^{k} DPU_i)]^{1/k}$ |
| | | $DPO$ | $\left[\prod_{i=1}^{k}(1-DPO_i)^{O_i}\right]^{1/k}$ |

이를 적용하기 위해서는 구성된 각 단계가 상호 독립[Mutually Independent]이어야 한다. 만일 그렇지 않다면 고려하는 단계들이 상호 독립이 되도록 재정의하고 각각에 대한 적합율을 계산한다. 만일 DPMO가 주어졌다면 이를 백분율로 전환한 후 DPO의 식을 이용하면 된다. 계산된 적합율 또는 수율은 「올바른 것의 정도」를 의미하므로 이를 이용하여 프로세스의 능력인 시그마 수준을 다음과 같이 근사적으로 계산한다. 단, 수집된 데이터가 장기 변동을 포함하지 않는 경우에는 계산된 $Z-$값에 1.5를 더할 수 없다.

**범주형/이산형 특성의 근사 시그마 수준**

$$Z^A = \Phi^{-1}(\text{적합율 또는 수율}) + 1.5,$$

여기서 $\Phi^{-1}(.)$는 표준 정규분포의 역누적 분포 함수

### [예제 3.9]

카메라의 인식 성능을 조사하기 위하여 3종류의 대상들에 대하여 반복 인식 시험을 실시하였다. 인식 엔진은 주어진 사진 또는 사물을 촬영하여 고유의 알고리즘으로 인식된 대상을 구별한다. 시험에서는 동일 대상에 대하여 서로 다른 환경에 노출된 사진을 제공하고 충분한 수를 시험하는 것으로 장기 변동을 반영하고자 하였다. 고려한 대상을 올바로 분류하지 못하는 경우를 「결함」으로 정의하였고 시험 결과는 다음과 같다.

| 대상 | 시험의 수 | 성공의 수 | 적합율 | DPU | 근사 시그마 수준 |
|---|---|---|---|---|---|
| A | 3705 | 3577 | 0.965 | 0.035 | 3.32 |
| B | 5502 | 5327 | 0.968 | 0.032 | 3.35 |
| C | 4230 | 4121 | 0.974 | 0.026 | 3.45 |

■

## 3.4 개선 목표의 확인과 방향 설정

안정된 프로세스로부터 수집된 데이터를 통하여 확인된 현재 수준은 [Define 단계]에서의 개선 목표와 비교하여 품질 그리고/또는 비용 개선 여부를 결정해야 한다. 현재 수준 파악에 따른 개선 방향의 설정 방법은 [그림 3.29]과 같다.

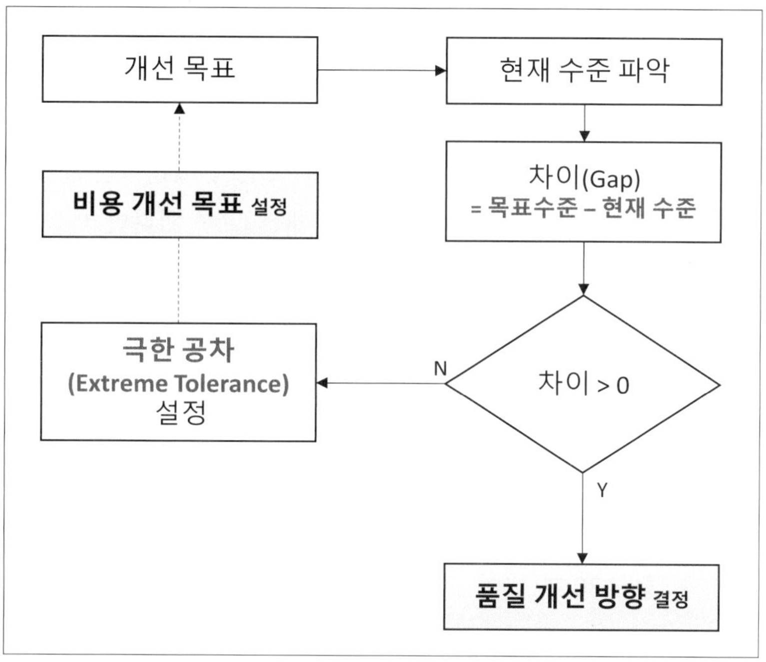


[그림 3.29] 현재 수준 파악에 따른 개선 방향의 결정

일반적으로 개선 목표와 현재 수준간의 차이는 양(+)의 값을 가질 것이며 그 차이를 극복하기 위한 개선 방향을 결정해야 한다. 일반적인 개선의 우선순위 Priority는 다음과 같다.

## Better Data Scientist Σ You Must Know 50 Prof. KO Statistics 27. 개선의 우선순위

1. 프로세스의 안정화
2. 프로세스의 중심 이동을 통한 치우침 개선
3. 프로세스의 변동 감소를 통한 산포 개선

현 수준 파악에서 프로세스의 안정성을 확인했다면 나머지 개선 방향은 (1) 프로세스의 평균 이동 (2) 프로세스의 변동 감소로 정리될 수 있다. 일반적으로 평균을 목표값의 방향으로 이동하는 것이 변동의 크기를 줄이는 것보다 용이하다고 알려져 있다. 왜냐하면 평균의 이동은 프로세스의 일부 원인들의 조정을 통하여 가능할 수 있지만 변동의 크기를 줄이는 것은 체계적인 원인 파악과 다양한 개선 방법을 적용해야하기 때문이다. 만일 표본이 합리적인 부분군으로 선택되고 이를 통하여 장/단기 시그마 수준을 계산할 수 있다면 다음과 같이 $Z_{Shift}$를 계산할 수 있다.

$$Z_{Shift} = Z_{ST} - Z_{LT}$$

$Z_{Shift}$란 최상의 프로세스 능력과 실제 프로세스 능력의 차이를 말하며 프로세스의 관리 요소의 개선을 통하여 달성할 수 있는 정도를 말한다. **4-블록 다이어그램**diagram은 [그림 3.30]과 같이 $Z_{Shift}$를 **관리**Control **수준** 그리고 단기 시그마 수준인 $Z_{ST}$를 **기술**Technology**수준**으로 정의하고 이를 4개의 영역에 표현한 그림을 말한다.[70]

**4-블록 다이어그램**

프로세스의 능력을 나타내는 시그마 수준을 이용하여
프로세스의 현재 상태를 기술 수준($Z_{ST}$)과 관리 수준($Z_{Shift}$)으로
구분하고 이를 $2 \times 2$ Matrix에 표현한 그림

70) M. J. Harry(1997). The Vision of Six sigma: A Roadmap for Breakthrough, Tri Star Publishing

이때 관리 수준과 기술 수준의 경계점인 1.5와 4.5는 절대적인 값이 아니며 품질 목표 수준에 따라 융통성있게 결정할 수 있다. 여기서 기술 수준은 프로세스의 올바른 설계와 정립을 통하여 개선할 수 있으며 관리 수준은 프로세스를 올바로 운영함으로써 개선할 수 있다고 가정한다. 예를 들어 제조업의 경우 기술 수준은 연구/개발 능력과 문제 해결 능력에 따라 결정되며, 관리 수준은 생산 프로세스의 운용 능력에 의해 결정된다. 따라서 개선 목표 달성을 위하여 현재의 프로세스 능력과 4-블록 다이어그램을 통하여 어떤 활동이 효과적인지를 판단한다.

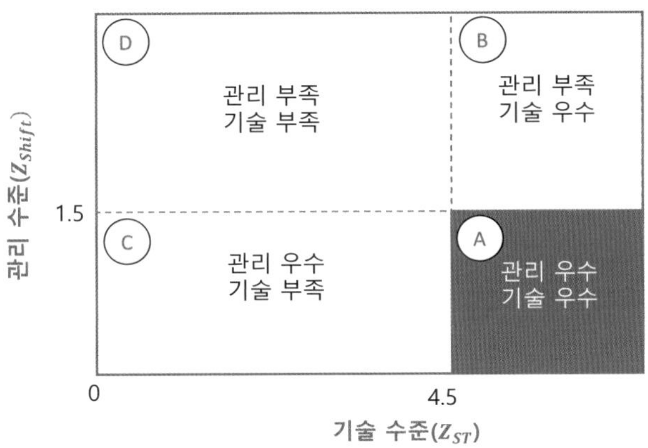


[그림 3.30] 4-블록 다이어그램

프로세스의 현재 수준이 [그림 3.30]의 어느 영역에 위치하는가에 따른 대책은 다음과 같다.

### 28. 4-블록 다이어그램의 진단에 대한 대책

A : 극한 공차를 고려하여 품질 비용을 추가로 개선한다.
B : 프로세스 운영에서의 관리 요소를 개선한다.
C : 기술 수준을 높일 수 있는 새로운 방법을 모색한다.
D : 먼저 관리 요소를 개선하여 영역 C로 이동한 다음 추가적으로 기술 수준을 개선할 수 있는 새로운 방법을 모색한다.

■

4 장

# 분석 Analyze

## 핵심 원인은 소수이다.

다양한 원인들을 검토하여 Vital Few를 찾는다.

### Level of Analysis

- We only use experience, not data.
- We collect data, but just look at the numbers.
- We group the data so as to form charts and graphs.
- we use census data with descriptive statistics.
- We use sample data with descriptive statistics.
- **We use sample data with inferential statistics.**

### 학습 목표

- [Analyze 단계]의 목적을 이해한다.
- [Improve 단계]로의 진행을 위한 핵심 결과물을 확인한다.

### 차례



### 중요 용어

- 잠재인자 Potential X's
- 가인자 Possible X's
- 치명인자 Vital Few
- 근본 원인 Root Cause

# 4.1 목적

[Measure 단계]에서 확인된 Project Y의 개선 방향에 따라 목표 달성을 위한 소수의 치명인자Vital Few를 선정하고 이에 대한 근본 원인Root Cause을 파악하는 단계를 [Analyze 단계]라고 하며 그 목적 및 결과물은 다음과 같다.

Better Data Scientist Σ You Must Know 50 Prof. KO Statistics

### 29. [Analyze 단계]의 목적과 결과물

**목적 : 치명인자의 선택과 목표 달성 가능성 확인**

- 대상 프로세스의 환경과 조건을 체계적으로 검토하여 Project Y에 중요한 소수의 치명인자를 선택한다.
- 선택된 치명인자의 실행 범위를 검토하여 목표 달성 가능성을 확인한다.
- 검토된 프로세스의 조건과 원인을 정리한다.

**결과물 : 치명인자**

- 잠재인자의 나열와 가인자의 구별 : Fishbone Diagram, Logic Tree
- 치명인자의 선택 : Graphical Analysis, Hypothesis Testing, $2^{k-p}$ Fractional Factorial Design, Regression Analysis
- 목표 달성 가능성 확인 : Project Y에 대한 치명인자의 영향도 파악

치명인자의 개념과 존재 가능성은 Juran 박사가 소개한 「Vital Few and Trivial Many」인 Pareto 법칙에 근거한다.[71] 이는 20%의 원인이 결과의 80%를 결정한다는 의미로 「80/20 법칙」으로도 불리기도 하며[72] 다양한 산업계 연구에서 지속적으로 발견된 현상 - 특정 영향을 받는 모집단에는 그 영향의 대부분을 결정하는 소수의 기여자가 반드시 존재 한다 - 을 의미한다. 이 원칙은 20세기 후반 다양한 품질 문제 해결에 적용되어 경험적으로 그 유용성이 입증되었으며 효율적인 품질 개선을 위한 핵심 개념으로 자리 잡았다.

71) Joseph Juran, 1904-2008, 미국의 대표적인 품질학자
72) Vilfredo Pareto, 1848-1923, 이탈리아 경제학자

Project Y의 치명인자를 찾기 위해서는 무엇보다 먼저 Project Y에 영향을 줄 수 있는 다양한 원인들을 가능한 한 많이 나열할 수 있어야 한다. Project Y에 영향을 주는 원인들을 다음과 같이 구분한다.

### 30, Project Y의 원인 구분

**잠재인자 Potential X's**

Project Y에 영향을 줄 수 있는 가능한 모든 원인들

**가인자 Possible X's**

잠재인자들 중에서 Project Y에 영향을 줄 것으로 의심되고 프로젝트 내에서 반영 가능한 원인들

**치명인자 Vital Few**

Project Y에 중요한 영향을 미치는 조절 가능한 소수의 핵심 원인들

나열된 원인들은 잠정적으로 Project Y와 원인-결과 관계임을 가정할 수 있어야 한다. 또한 치명인자는 잠재인자 그리고 가인자로 선택된 원인들 중에서 선택되어야 한다. 이를 위하여 잠재인자는 프로세스 환경 내에서 Project Y에 영향을 줄 수 있는 가능한 많은 원인들을 MECE[73] 기준 하에서 구분하고 의미 있는 명명[Naming]을 할 수 있어야 한다. 이를 통하여 간과될 수 있었던 다양한 원인들에 대하여 인지하고 이에 대한 기술적/경험적 검토를 통하여 현장의 지식과 관점을 반영할 수 있게 된다. 이러한 과정이 효과적이기 위해서는 프로젝트 팀원들 간의 상호 작용과 협력이 필요하며 이를 통하여 운영 중심이 아닌 성과 중심의 프로세스 원인들을 결정할 수 있는 새로운 기준을 얻을 수 있어야 한다. [Analyze 단계]의 중요 고려 사항과 핵심 도구들은 [그림 4.1]과 같다.

치명인자는 소수이며 반드시 존재한다.

73) Mutually Exclusive and Collectively Exhaustive의 약자

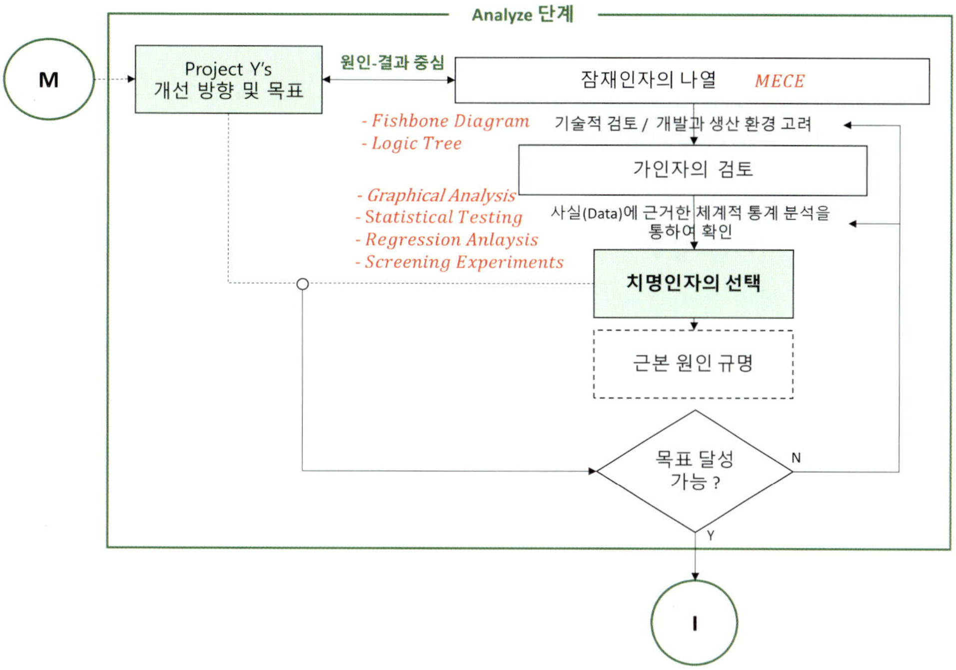


[그림 4.1] [Analyze 단계]의 중요 고려 사항

나열된 잠재인자들 중에서 프로젝트의 환경과 제약 조건을 반영한 기술적 검토를 통하여 Project Y에 영향을 줄 것으로 의심되고 가능한 자원과 시간 내에서 조절 가능한 가인자를 검토한다. 이때 가인자로 선정된 원인들은 명확한 조건의 구분 또는 측정이 가능해야 하며 연속형으로 측정할 수 있다면 치명인자의 선택을 위한 다양한 통계적 도구들을 적용할 수 있다.

가인자로 선택된 인자들은 현재 조건 그리고/또는 Project Y에 영향을 줄 것으로 예상되는 조건들을 변경해 가며 데이터를 수집하고 이때 반드시 적절한 데이터 레쥬메를 작성해야 한다. 수집된 데이터와 데이터 레쥬메를 기초로 다양한 진단 도구들을 적용하여 소수의 치명인자들을 선택한다. 선택된 소수의 치명인자들이 Project Y에 미치는 영향이 기술적으로 명확하지 않다면 이에 대한 근본 원인을 규명해야 한다. 이는 실제 현장에서 알려지지 않았던 새로운 사실일 가능성도 있지만 의사적 관계Suspicious Relationship에 의하여 나타난 우연한 관계일 수 있기 때문이다.

> **의사적 관계** Suspicious Relationship
>
> 특정 변수들 간에 일정한 관계가 있는 것으로 보이지만 제 3의 변수를 통제해주면 해당 변수들 간의 관계가 사라지는 경우를 말한다.

근본 원인의 규명을 통하여 도출된 치명인자들이 Project Y의 핵심 원인이라고 판단된다면 치명 인자들 만으로 원하는 개선 목표를 달성할 수 있는지를 검토한다. 만일 선택된 치명인자들로 개선 목표를 달성할 수 없다고 판단된다면 (1) 추가적인 치명인자를 고려하거나 (2) 가인자로 선택되지 않은 잠재인자를 재검토하여 추가로 가인자를 확보한 후 동일한 절차를 반복하여 새로운 치명인자들을 결정한 다음 개선 목표 달성 가능성을 확인한다.

## 4.2 잠재인자의 나열과 가인자의 검토

잠재인자의 나열과 명명은 프로젝트 팀 또는 구성원의 역량이다. [Analyze 단계]의 결과물인 치명인자를 올바로 선택하기 위해서는 프로젝트가 적용되는 개발/생산 현장에 대한 관련 지식을 기초로 Project Y와의 원인-결과 관계를 검토하고 이를 통하여 가능한 한 많은 잠재 인자를 나열하고 의미 있는 **명명**[naming]을 할 수 있어야 한다.

### 31. 잠재인자의 나열 : MECE

> 주어진 Project Y에 대한 프로세스의 원인들을
> (1) MECE 원칙에 따라
> (2) 가능한 한 많이 나열하고 명명한다.

이러한 나열과 구분된 내용을 시각화하기 위한 도구로 특성요인도[Fishbone Diagram]가 널리 사용된다.[74]

---

74) "어골도" 또는 "Cause-and-Effect Diagram"이라고도 불린다. <저자 주>

### 특성요인도 Fishbone Diagram

원하는 결과와 이에 영향을 주는 다양한 원인들간의 관계를 시각화하는 도구로써 특정 결과에 대한 다양한 원인들을 체계적으로 정리하고 검토하고자 할 때 사용

**[작성 방법]**

(1) 원인을 나열하고자 하는 결과를 오른쪽 끝에 기입한다.
(2) 등뼈를 왼쪽에서 오른쪽으로 연결하고 필요한 만큼의 큰 가지를 상하로 연결한다. 이때 큰 가지 항목은 다음을 기준으로 선정한다.(5M1E, 프로세스 순서, 내부 검토에 의한 중요 항목 등)
(3) 개별 큰 가지 항목을 중심으로 중간 가지 항목을 좌우로 결정한다.
(4) 동일한 방법으로 작은 가지 항목을 상하로 나열한다.
단, 최종 항목은 실행 그리고/또는 측정 가능해야 한다.
(5) 최종 나열된 항목들을 중심으로 가인자를 검토한다.

[그림 4.2]는 특성요인도의 예제이다. 특성요인도 작성 시 특정 가지의 항목의 규모가 다른 항목에 비하여 너무 크거나 전개 과정이 복잡하다면 해당 항목을 결과로 정의하고 2차 전개를 실시할 수 있다.

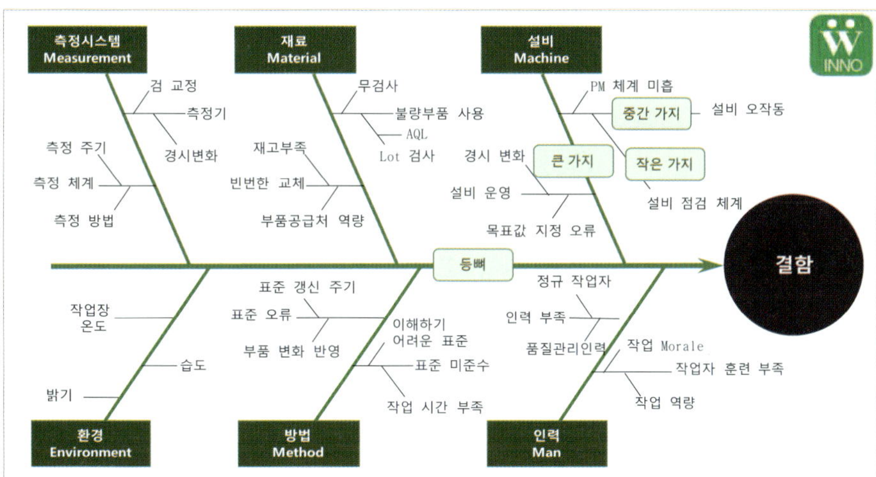


[그림 4.2] 특성요인도: 예[75]

75) 고승곤, 이종설(2012). 액션 리더, 엘빅미디어

최종적으로 특성요인도가 완성되면 다음 사항을 확인한다.

**특성요인도 작성 후 확인 사항**

(1) 큰/중간/작은 가지를 구성하는 항목들은 가능한 한 MECE로 선정 되었는가?
(2) 단계별 항목간의 관계는 원인-결과를 중심으로 나열되었는가?
(3) 최종 항목은 실행 그리고/또는 측정이 가능한가?

특성 요인도 이외에 잠재인자의 나열과 가인자의 검토에 많이 적용되는 도구로 로직트리Logic Tree를 들 수 있다. 이는 하위 전개를 통하여 규모가 큰 문제를 작은 문제로 전개하거나 특정 결과에 대하여 사전 검토된 원인들을 구별하고 정리하고자 할 때 사용된다.

**로직트리 Logic Tree**

문제 또는 결과를 실행 가능한 단계까지 하위 전개하여 표현하는 방법으로 문제/결과에 대한 대책/원인들을 체계적으로 정리할 때 사용

**[작성 방법]**
(1) 문제/결과의 대책/원인들을 가능한 한 많이 나열한다.
(2) 나열된 대책/원인들을 계층적으로 그룹화하고 적절히 명명한다. 단, 각 계층의 그룹들은 MECE이어야 한다.
(3) 문제/결과와 명명된 그룹들을 나무(Tree) 형태로 전개한다. 단, 최종 그룹/항목들은 실행 또는 측정이 가능해야 한다.
(4) 최종 나열된 그룹/항목들을 중심으로 중요한 원인들을 구별한다.

일반적으로 로직트리는 [그림 4.3]과 같은 사전 정리 작업을 필요로 한다. 이때 (1)의 나열 단계를 위하여 특성요인도를 사용할 수 있다. 로직 트리는 특성요인도에 비하여 잠재 인자들의 구성이 간단하거나 이미 원인들이 알려져 있는 설계 변경 또는 기술 개발에서 널리 사용된다. [그림 4.4]는 최종 도출된 사례이다.

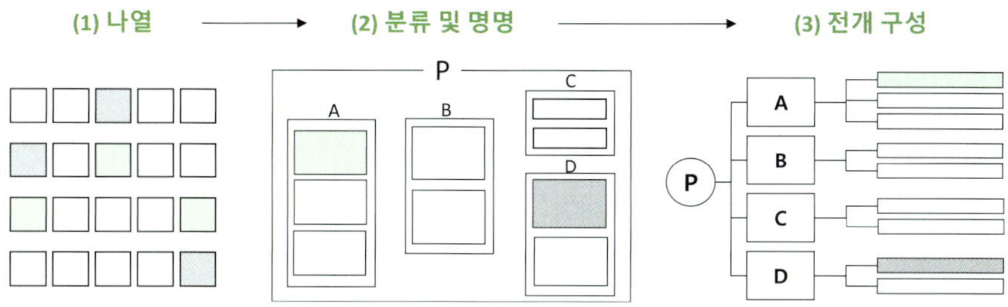


[그림 4.3] 로직 트리의 작성 절차

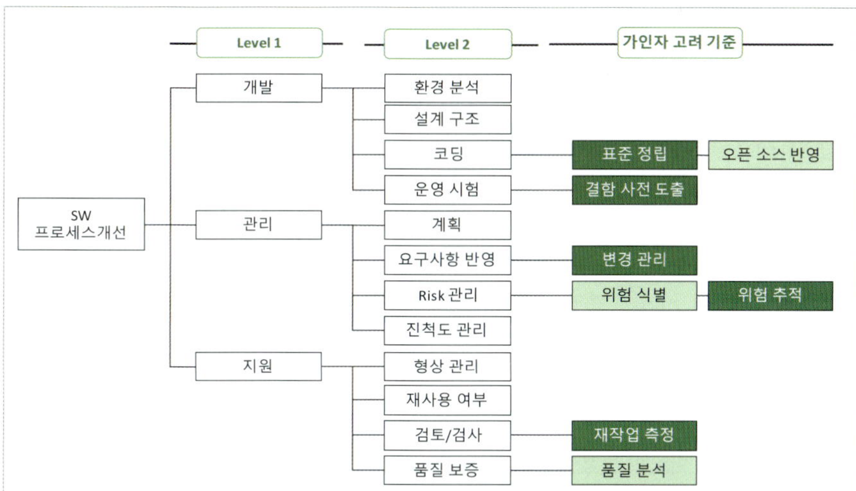


[그림 4.4] 로직 트리: 예

로직트리 역시 작성 후에는 특성요인도와 동일한 확인 사항을 적용할 수 있다. 이때 특성요인도의 큰/중간/작은 가지는 로직트리의 하위 단계라고 생각할 수 있다. 특성요인도 또는 로직트리를 통하여 잠재인자들을 나열하여 가 인자를 검토할 때는 다음을 확인해야 한다.

### 32. 가인자의 검토와 확인 사항

가인자는 현재의 프로젝트에서 조절 또는 관리가 가능해야 한다.

(1) 선택된 가 인자는 2개 이상의 범주로 구분되거나 연속형으로 측정될 수 있어야 한다.

(2) 가인자로 선택되지 못한 잠재인자들은 가장 바람직한 조건으로 고정되거나 특정 조건 또는 값으로 관리되어야 한다.

## 4.3 치명인자의 선택

잠재인자의 나열과 기술적 검토를 통해 결정된 가 인자는 Project Y에 중요한 영향을 미칠 것으로 예상되는 원인들을 말한다. 따라서 치명인자의 여부를 판단하기 위해서 선택된 개별 가인자는 2 개 이상의 범주로 구분되거나 연속형으로 측정될 수 있어야 한다. 소수의 치명인자를 선택하기 위해서는 개별 가인자의 실행 범위에 따른 Project Y에 대한 영향을 데이터로 수집하고 적절한 통계 도구와 방법을 적용한다. 통계적 도구와 방법을 올바로 적용하기 위해서는 먼저 [그림 4.5]와 같이 측정 척도Measurement Scale과 데이터의 유형Type of Data을 구분할 수 있어야 한다.76)

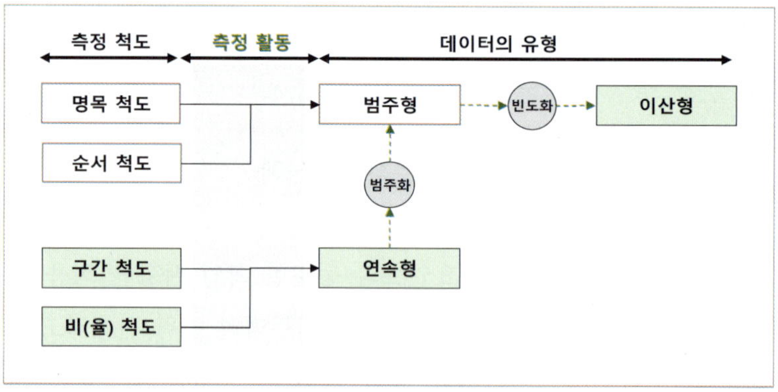


[그림 4.5] 측정 척도와 데이터의 유형

76) S. S. Stevens(1946). On the Theory of Scales of Measurement. Science, New Series, Vol. 103, No 2684

데이터의 유형에 따른 대표적인 통계적 도구와 방법은 [그림 4.6]과 같다.

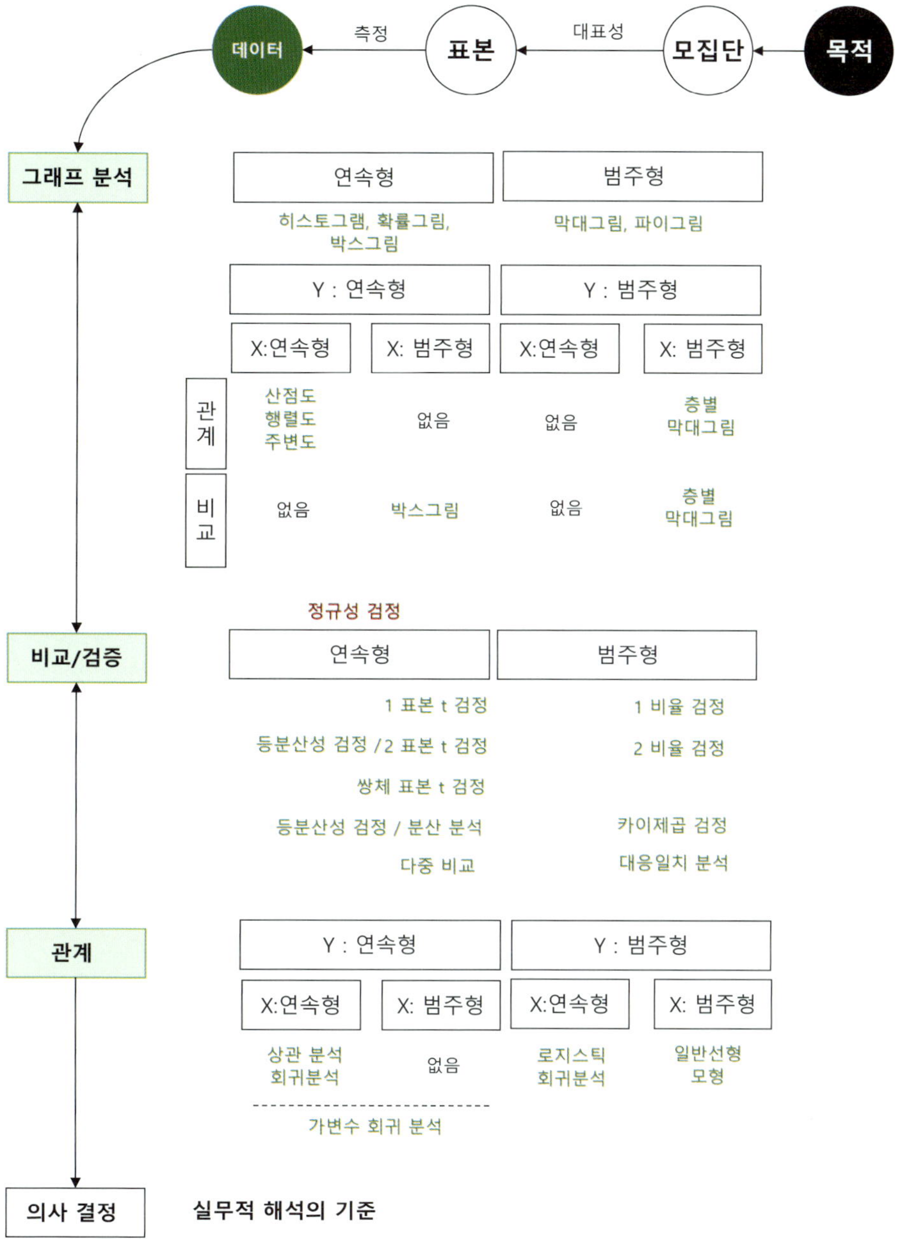


[그림 4.6] 대표적인 통계적 도구와 방법77)

77) 고승곤(2014). 통계적 사고방법, 교우사

# 그래프 분석

## 33. 치명인자의 선택 I : 그래프 분석

> 모든 관심 특성은 변수Variable이다. 반드시 그림을 먼저 그려라.
>
> **Graphs, First !!**

그래프Graphs는 시각화Visualization를 위한 도구이다. 일련의 측정 대상으로부터 올바른 측정 활동을 통하여 수집된 데이터는 변동variation을 갖는다. 변동이란 서로 다름을 의미한다. 따라서 변동이 있는 데이터는 하나의 값만으로 정보를 모두 표현할 수 없다. 따라서 원하는 목적에 적합한 패턴을 확인하고 필요한 정보를 요약하여 의사 결정의 기준으로 사용할 수 있어야 한다.

**그래프 >**

단일 변수를 고려하는 그래프는 변동의 빈도 구조를 확인하기 위하여 도시한다. 만일 데이터 유형이 연속형이라면 다양한 그래프를 통하여 분포의 형태, 위치, 범위 그리고 이상점Outlier 유무를 확인할 수 있지만 범주형이라면 막대그림 또는 원 그림을 통하여 범주별 빈도와 비중만을 확인할 수 있다.

## 연속형 단일 변수

점 그림Dot Plot는 연속형 단일 변수를 표현하는 가장 기초적인 그림이며 데이터의 개별값Individual value을 수직선상에 표현한 것을 말한다. 이는 대략적인 데이터의 수와 함께 범위, 집중 발생 구간 등의 정보를 확인할 때 사용된다. 원칙적으로 개별값을 표현하지만 많은 수의 데이터를 고려하는 경우에는 개별 값 대신에 일정한 크기의 구간bin으로 구분하고 각 점에 일정 수의 데이터를 함께 표현하기도 한다. [그림 4.7]은 데이터의 수에 따른 점 그림의 형태를 나타낸다.

히스토그램Histogram은 점 그림과 비교할 때 상대적으로 분포의 형태를 진단하기에 유용한 그림이다.[78]

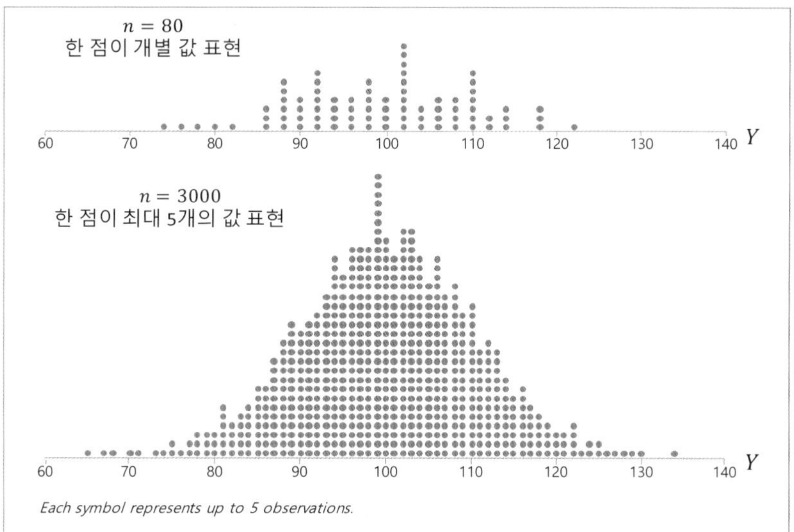


[그림 4.7] 데이터의 수에 따른 점 그림의 형태: KSPS.4.0.1

78) Pearson, K. (1895). "Contributions to the Mathematical Theory of Evolution. II. Skew Variation in Homogeneous Material". **186**: 343–414.

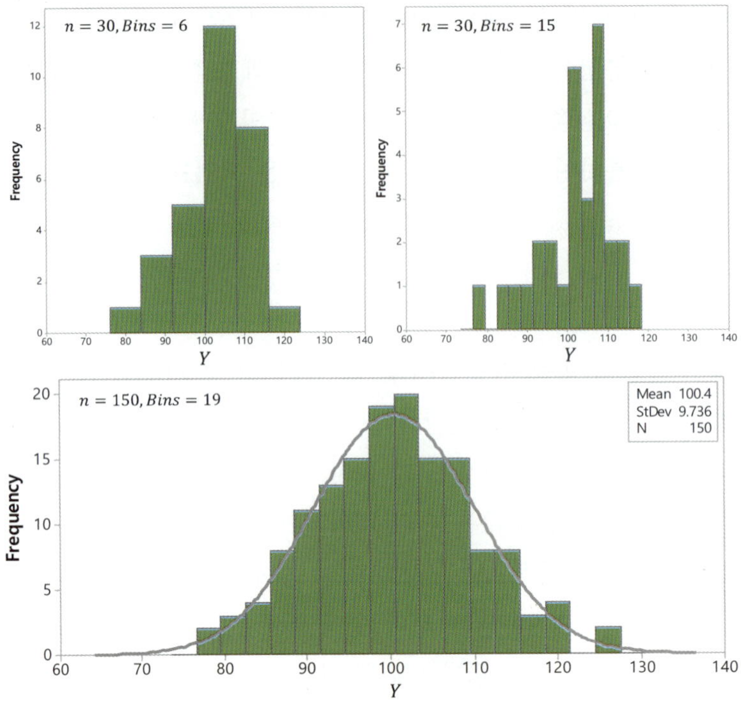


[그림 4.8] 구간의 수에 따른 히스토그램의 형태: KSPS.4.0.2

히스토그램은 수집되는 데이터의 수와 상관없이 일정 수의 구간으로 구분한 다음 해당 구간에 속하는 데이터의 수를 막대의 높이로 표현하여 상대 빈도 Relative Frequency 구조를 표현한다. 하지만 [그림 4.8]과 같이 가정된 구간의 수에 따라 상대적 빈도 구조가 다르게 나타날 수 있으므로 데이터의 수가 적은 경우 히스토그램만으로 분포의 형태를 판단하는 것은 바람직하지 않을 수 있다.

박스-수염 그림Box-and-Whisker Plot은 데이터의 순서 통계량Order Statistics인 사분위 수Quartile를 이용하여 분포의 형태를 진단하거나 2개 이상의 집단 간의 분포를 비교할 때 유용한 그림이다.[79)]

[그림 4.9]와 같이 박스-수염 그림은 기본적으로 5-숫자 요약Five-Letters Summary에 기초한다. 여기서 5 숫자란 최소값Minimum, 아래 사분위수Lower Quartile($Q_1$), 중앙값Median($Med$ 또는 $\widetilde{M}$), 윗 사분위수Upper Quartile($Q_3$), 최대값Maximum을 의미한다. 여

79) 박스-수염 그림은 다양한 응용 형태로 존재한다. 현재 소개되는 그림은 J. Tukey 박사에 의해 처음 제시된 것이다. John. W. Tukey(1977). Exploratory Data Analysis. Addison-Wesley.

기서 사분위수란 순서화된 데이터를 4 등분하는 값을 의미하며 사분위수 간의 차이인 $Q_3 - Q_1$을 **사분위수 범위**Interquartile Range라고 부르고 간단히 $IQR$로 표현한다. $IQR$은 중앙으로부터 전체 데이터의 50%를 포함하는 구간으로 비대칭 분포의 **산포**Dispersion를 진단할 때 주로 사용된다. 또한 사분위수로 정의된 박스로부터 $[Q_1 - 1.5\,IQR, Q_1 + 1.5\,IQR]$의 범위 내의 마지막 값까지를 수염으로 연결하고 $[Q_1 - 1.5\,IQR, Q_1 + 1.5\,IQR]$의 범위를 벗어나는 값은 별도의 기호(*)로 표현하여 **이상점**Outlier을 진단해 준다.

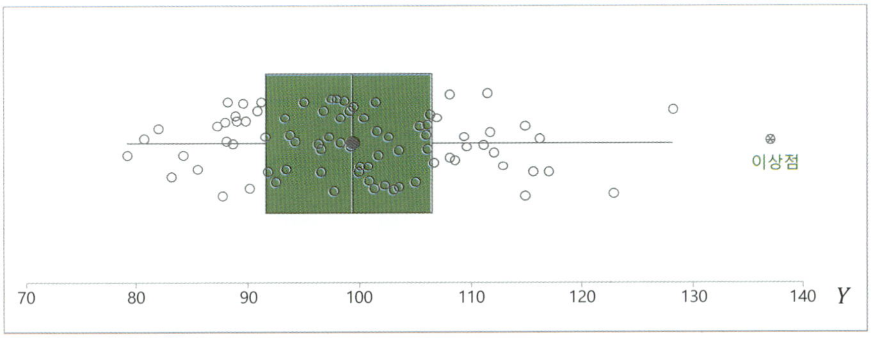


[그림 4.9] Jitter된 데이터와 박스-수염 그림: 예

지금까지 설명된 연속형 단일 변수에 대한 그림을 동일한 Project Y에 적용해 보면 [그림 4.10]과 같다. 실무적 상황에 따라 특정 그림을 선택하여 해석하는 것도 좋지만 가능하면 다양한 그림을 적용하여 측정된 현상을 보다 명확하게 이해할 필요가 있다. 그림을 보면 박스-수염 그림의 $Q_1 - 1.5\,IQR$이 고려된 그림의 범위를 벗어났다.

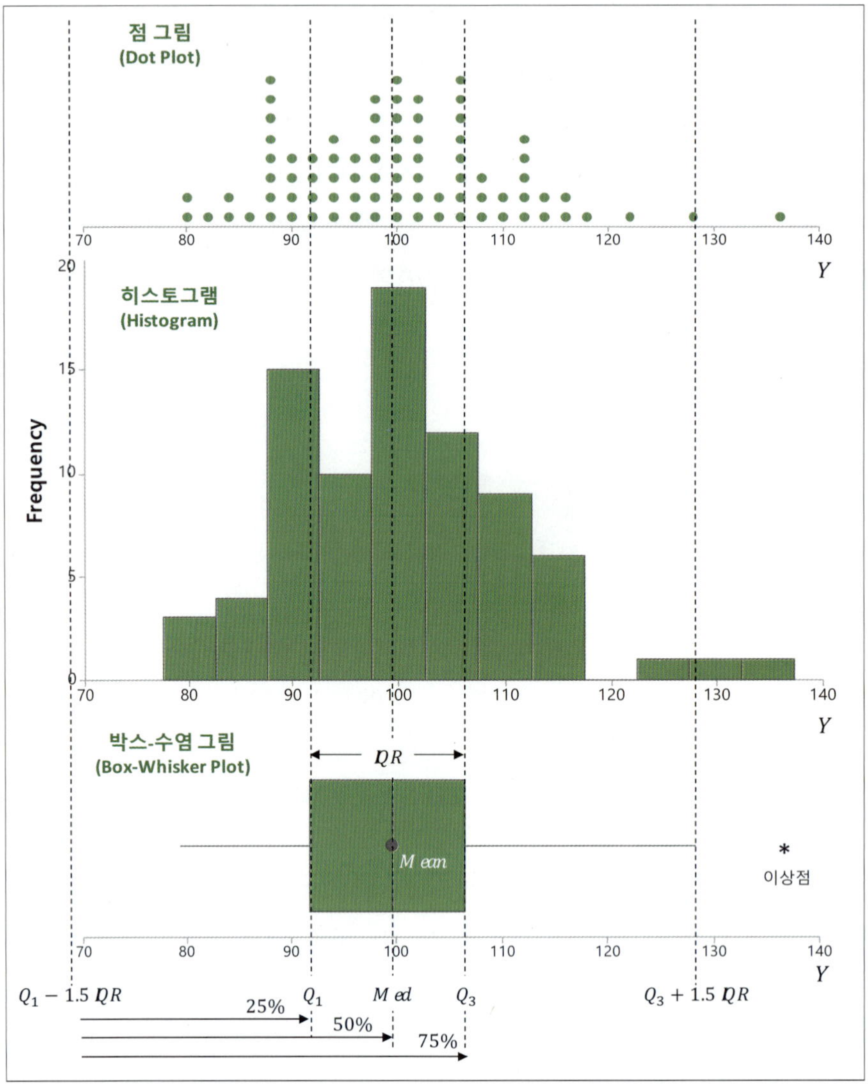


[그림 4.10] 연속형 단일 변수의 그래프 분석: 점 그림, 히스토그램, 박스-수염 그림

만일 측정된 연속형 단일 변수에 대한 확률 분포를 가정하였다면 이는 확률 그림Probability Plot을 통하여 확인할 수 있다. [그림 4.11]은 정규분포를 확인하는 확률 그림이다.

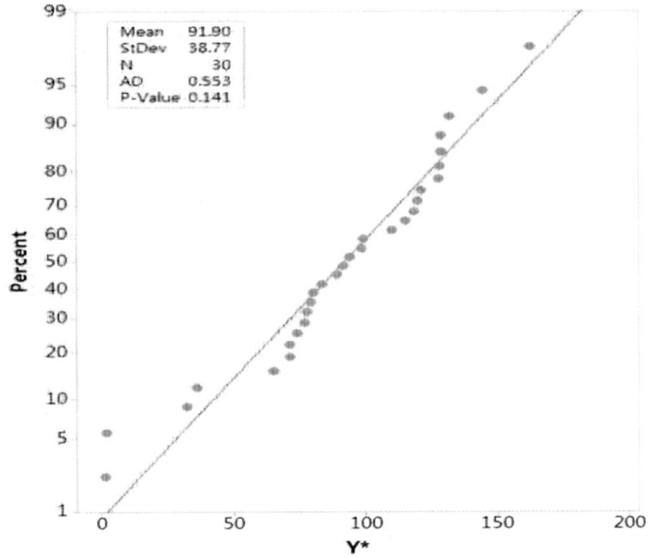


[그림 4.11] 정규분포 여부를 확인하는 정규 확률 그림: 예

## 범주형 단일 변수

범주형Categorical 단일 변수로 측정되는 데이터의 경우에는 적용할 수 있는 그림이 많지 않다. 따라서 측정 활동을 통한 새로운 정보의 생성이 많지 않다. 적용 가능한 그림은 막대 그림Bar Chart과 원 그림Pie Chart이며 두 그림 모두 각 범주별 빈도Frequency를 확인하는데 사용된다. 일반적으로는 막대 그림을 기본으로 사용하고 고려한 데이터의 전체를 나타내는 100%의 의미가 해석에 도움이 되며 빈도 보다는 비율Proportion에 관심이 있는 경우에 한하여 원 그림을 적용한다.

막대 그림을 통하여 빈도를 비교하고자 할 경우에는 범주 간 잠재적인 순서가 없다면 빈도의 크기 별로 순서화Ordered하여 표현하는 것이 해석에 유용하다. 이를 응용한 것을 파레토 분석Pareto Analysis라고 하고 다음과 같은 정보를 제공한다. 이에 대한 예는 [그림 4.12]와 같다.

**파레토 분석을 통하여 확인 가능한 정보**

(1) 순서화된 범주별 빈도
(2) 순서화된 범주별 비중(%)
(3) 순서화된 누적 비중(%)

**[막대 그림]**

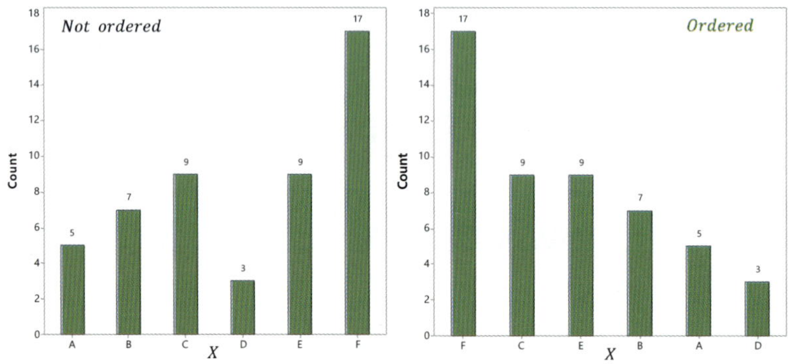


**[원 그림]**

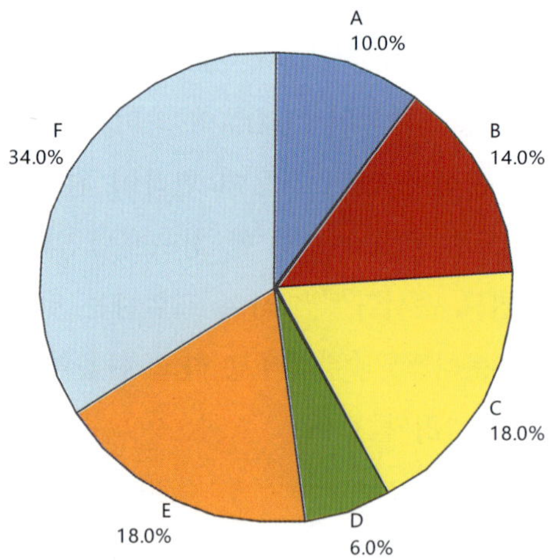

## [파레토 분석]

**통계분석> 품질 도구 > Pareto 차트, KSPS.4.0.3**

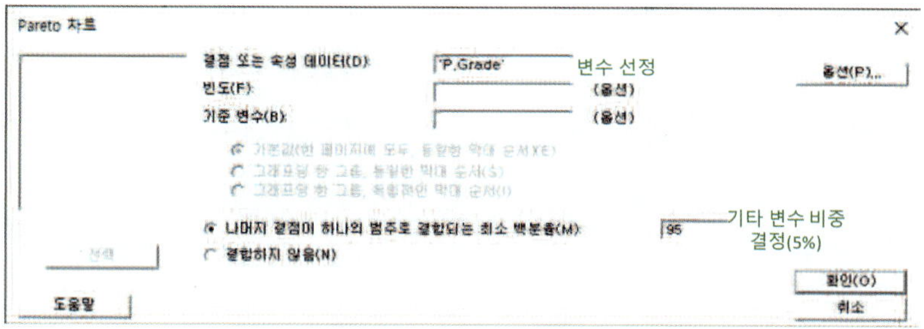


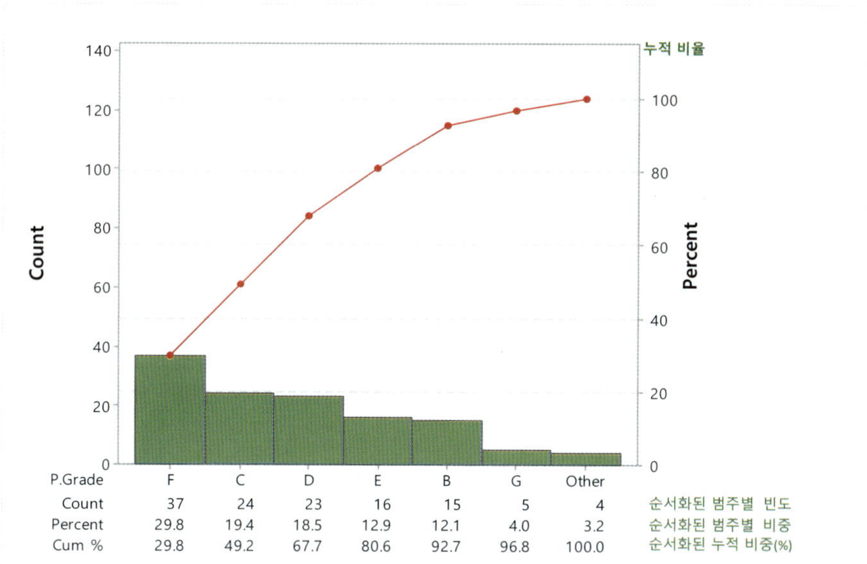


[그림 4.12] 막대 그림, 원 그림 그리고 파레토 분석: KSPS.4.0.3

2개 이상의 변수들을 동시에 고려하는 경우에는 반응변수Response Variable($Y$)와 설명변수Exploratory Variable($X$)가 명확한 경우와 그렇지 않은 경우로 구분할 수 있다. 여기서 반응변수란 특정 활동의 결과로 측정되는 변수를 말하며 설명변수는 결과를 위하여 필요한 활동을 측정한 변수를 말한다. 일반적으로 1개의 반응변수에 1개 이상의 설명변수들을 고려할 수 있다. 2개 이상의 변수들을 동시에 고려하면서 반응변수와 설명변수를 명확히 구분할 수 없다면 이는 어떤 특성에 대한 여러 측면을 동시에 측정한 결과일 수 있다. 이러한 경우에는 차원 축소Dimension Reduction 방법을 적용하여 새로운 변수를 정의하거나 이들 중에서 중요한 변수를 선택하여 사용한다.

프로젝트에서는 반응변수와 설명변수들이 명확히 구분해야 한다. 만일 고려된 설명변수들 이외에 다른 원인들이 존재하지 않는다는 점을 확인할 수 있다면 반응변수와 설명변수들 간의 관계를 인과 관계Cause-and-Effect 또는 Causality로 해석할 수 있다.

### 다중 변수군 : $Y$(연속형), $X_1, X_2, \ldots, X_k$ (연속형)

고려된 반응변수와 설명변수 모두 연속형으로 측정된다면 2개의 변수간의 관계를 고찰할 수 있는 산점도Scatter Plot와 주변도Marginal Plot 그리고 2개 이상의 변수간의 쌍별 관계를 고찰 할 수 있는 행렬도Matrix Plot를 고려할 수 있다. [그림 4.13]은 그 예이다.

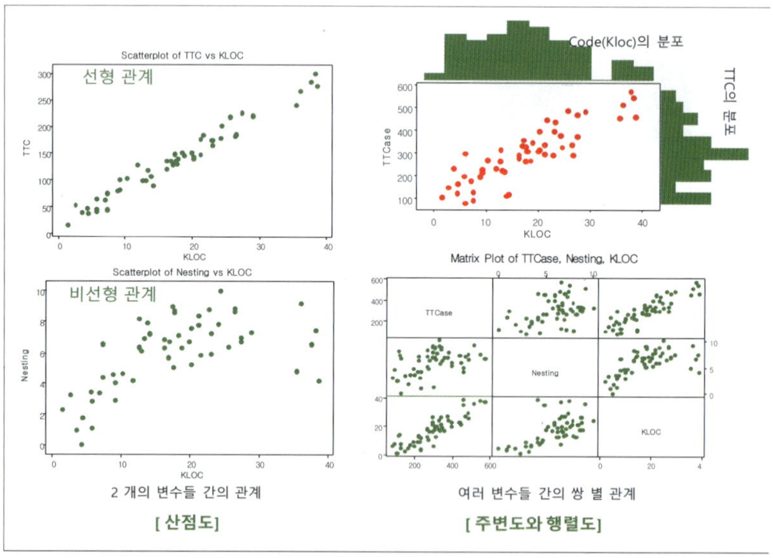


[그림 4.13] 산점도, 주변도 그리고 행렬도: 예

산점도는 $Y$-축에는 반응변수를 그리고 $X$-축에는 설명변수를 지정하고 쌍별 Pairwise로 측정되는 $(x_i, y_i), i = 1, 2, \dots, n$을 타점하여 관계의 패턴을 확인한다. 이때 직선(선형) 패턴을 기준으로 판단하며 산점된 점들의 산포를 통하여 관계의 밀접도를 대략적으로 파악할 수 있다. 주변도는 산점도의 $Y$-축과 $X$-축의 변수들의 개별 분포를 함께 나타내어 개별 분포의 형태와 2개의 변수 간 관계를 동시에 확인할 수 있는 그림이다. 행렬도는 2개 이상의 변수들 간의 모든 쌍별 관계를 확인 할 수 있으므로 반응 변수와 특정 관계를 갖는 변수들을 구별하거나 그 밀접도를 확인하는데 유용하다.

### 다중 변수군 : $Y$(연속형), $X_1, X_2, \dots, X_k$ (범주형)

반응변수가 연속형 그리고 설명변수가 범주형인 데이터는 주로 데이터 레쥬메 항목간의 비교 또는 가인자의 범주별 비교 등의 경우에 고려된다. 이러한 경우에는 [그림 4.14]와 같이 여러 범주들에 대한 박스-수염 그림을 동시에 그려서 비교할 수 있다.

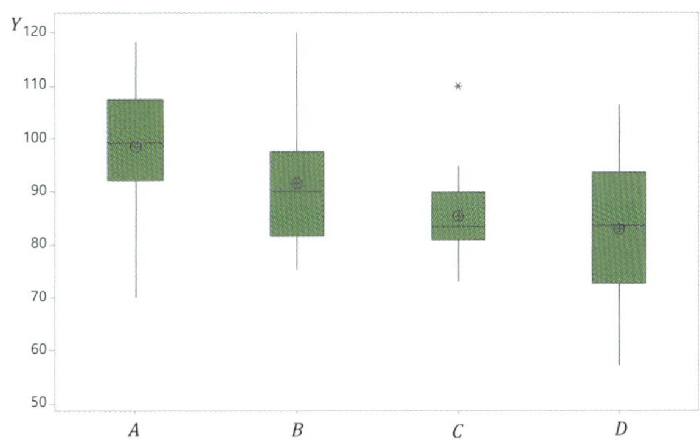


[그림 4.14] 여러 범주에서 연속형 반응변수의 비교: 예

고려하는 설명변수의 수 그리고/또는 각 설명변수 내 범주의 수는 현실적으로 제한이 없다. 다음은 132개 지역에서 조사된 제품 만족도를 표준화하여 도시한 것이다.

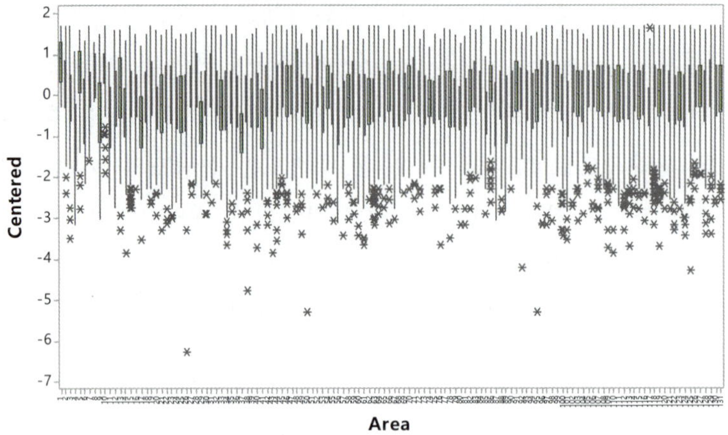


또한 분포를 확인하는 확률 그림 역시 데이터 레쥬메 항목 간 또는 가인자의 범주 별로 동시에 적용하여 확인할 수 있다. [그림 4.15]는 4개의 범주별 정규성 검정의 결과이다.

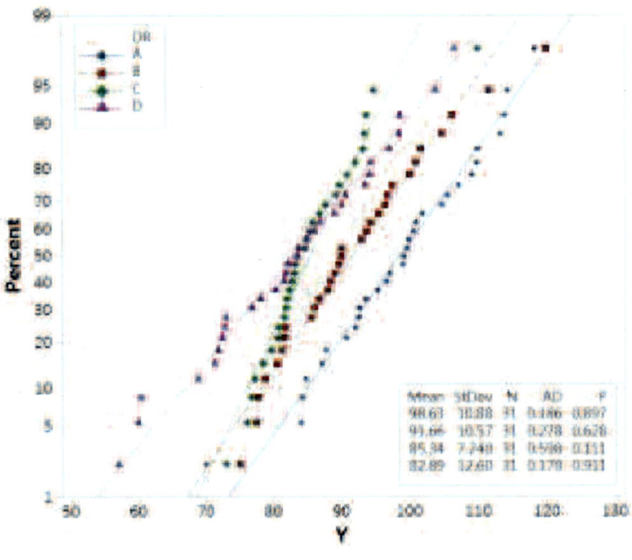


[그림 4.15] 범주별 정규성 검정: 예

### 다중 변수군 : $Y$(범주형), $X_1, X_2, \ldots, X_k$ (범주형)

반응변수가 범주형인 경우에는 설명변수의 형태에 따라 막대 그림 또는 층별 막대 그림 정도를 사용할 수 있다. 따라서 반응 변수가 범주형인 경우에는 그래프를 통하여 얻을 수 있는 추가 정보가 없거나 명확하지 않을 수 있다.

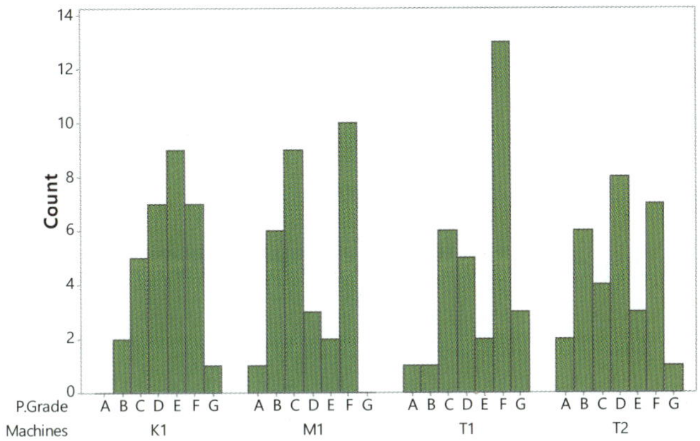


### 다중 변수군 : $Y$(범주형), $X_1, X_2, \ldots, X_k$ (연속형)

반응변수는 범주형이지만 설명변수가 연속형이라면 수집된 데이터를 검토할 수 있는 적절한 그림은 없다. 하지만 설명변수가 연속형이므로 고급 통계 방법인 로지스틱 회귀분석Logistic Regression Analysis을 이용하여 제한적인 분석 결과를 얻을 수 있다. [그림 4.16]은 반응변수가 2진 분류 - 양품 또는 불량 - 된 범주형 변수인 경우의 분석 결과이다.

수집된 데이터의 형태에 따라 그래프 분석 도구는 달라진다. 따라서 데이터의 형태를 명확히 구분하고 적절한 그래프를 선택할 수 있어야 한다. 또한 그래프 분석은 표본만의 정보이므로 의사 결정의 도구이기 보다는 진단 또는 검토의 도구로 사용해야 한다. 그래프 분석을 통하여 검토된 사항은 가능한 하나 이상의 통계적 비교/관계 분석 방법을 적용하여 검증할 수 있어야 한다.

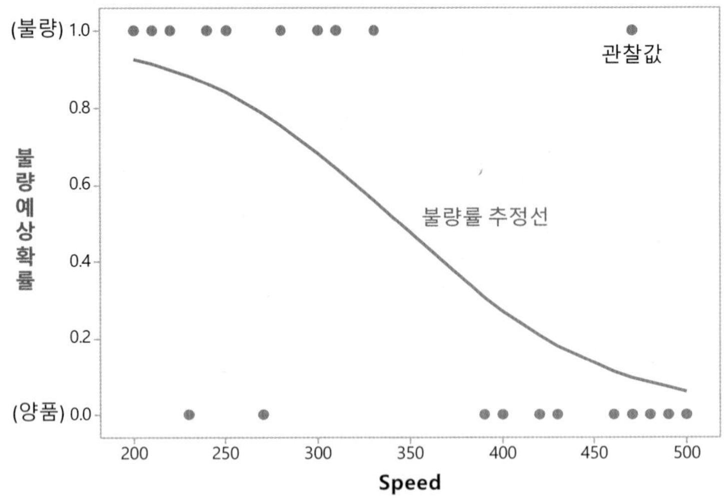


[그림 4.16] 로지스틱 회귀분석 결과: 예

## 비교 및 검증

### 34. 치명인자의 선택 II : 비교 및 검증

**표본의 결과와 모집단의 결과와 동일하지 않다.**

: 모든 비교는 충분한 수의 표본으로 검증하거나 표본오차Sampling Error를 반영하여 의사 결정 할 수 있어야 한다.

치명인자를 선택하기 위해서는 고려하는 가인자의 범주들이 Project Y에서 어떤 차이를 보이는지를 확인하고, 만일 차이를 보인다면 가장 바람직한 범주들을 선택할 수 있어야 한다. 이러한 비교Comparison를 효과적으로 실행하고 그 결과를 프로세스(모집단)에서 검증하기 위하여 통계적 추론Statistical Inference을 적용한다.[80] 먼저 다음 예제를 보자.

---

80) 고승곤(2014). 통계적 사고 방법, 교우사

### [예제 4.1] KSPS.4.1

특정 제품의 개발팀은 현재의 제품 성능(Performance)을 $\Delta = 10.0$ 이상 개선하고자 한다. 다양한 데이터를 검토해 본 결과 특정 가인자의 새로운 조건(Condition = A)은 기존 조건(Condition = B)과 비교할 때 제품 성능을 10.0 이상 개선하는 것으로 나타났다. 조사된 표본의 결과는 다음과 같다.

```
Condition  N   Mean  StDev    SE Mean
 A(New)    5  107.8   11.2      5.0
 B(Old)    5  91.24   8.14      3.6

 Estimate for difference:  16.52
```

이러한 개선 결과가 프로세스(모집단)에서도 보장할 수 있는가를 검증하고자 다음과 같이 통계적 가설 검정을 적용하였다.

$$H_0 : \mu_A - \mu_B \leq 10.0 \quad vs. \; H_1 : \mu_A - \mu_B > 10.0$$

**통계분석> 기초 통계 > 2-표본 t 검정, KSPS.4.1**

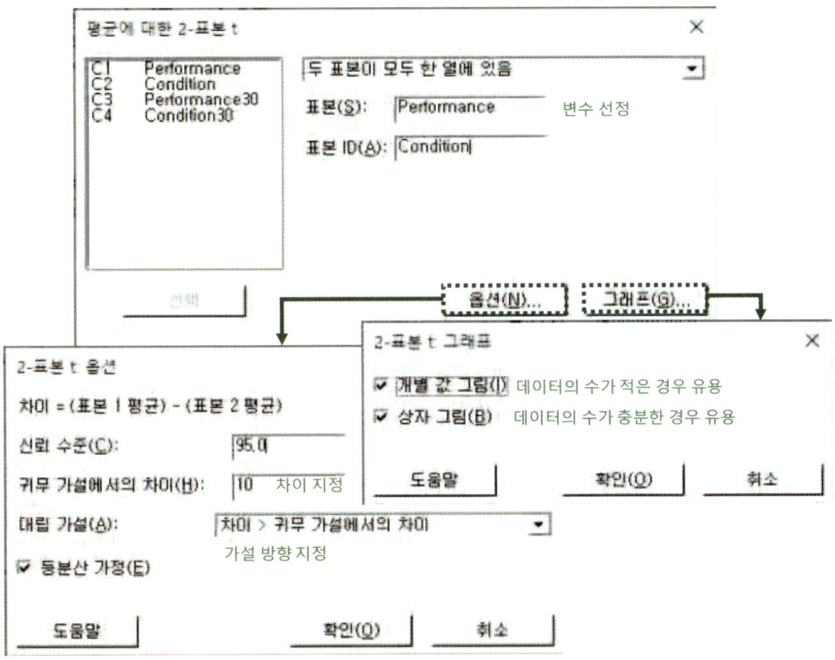

표본의 결과는 $\hat{\Delta} = 16.52$임에도 불구하고 $p-value = 0.162$로 $\mu_A - \mu_B$는 $\Delta > 10.0$임을 주장할 수 없는 것으로 나타났다. 다시 말해, 표본 평균 간의 차이 $\overline{y}_A - \overline{y}_B = 16.52$로 10.0 이상의 차이를 보이지만 모집단 평균 간의 차이 $\mu_A - \mu_B$는 10.0이상이라고 주장할 수 없다는 결론을 얻었다. 다음은 그 결과이다.

```
Difference = μ (A) - μ (B)
Estimate for difference:  16.52
95% lower bound for difference:  4.99
T-Test of difference = 10 (vs >)
: T-Value = 1.05  P-Value = 0.162  DF = 8
Both use Pooled StDev = 9.8069
```

동일한 목적으로 실행된 다음의 결과(Performance.30)를 보면 표본 평균 간의 차이는 앞의 경우와 $\overline{y}_A - \overline{y}_B = 16.52$로 동일하지만 $p-value = 0.004$으로 모집단 평균 간의 차이 $\mu_A - \mu_B$를 10.0 이상이라는 가설을 지지하는 것으로 나타났다.

```
Condition30   N    Mean  StDev  SE Mean
A            30  115.55   9.08      1.7
B            30   99.03   9.41      1.7

Difference = μ (A) - μ (B)
Estimate for difference:  16.52
95% lower bound for difference:  12.53
T-Test of difference = 10 (vs >)
: T-Value = 2.73  P-Value = 0.004  DF = 58
Both use Pooled StDev = 9.2478
```

이러한 통계적 의사 결정의 차이는 표본 크기Sample Size에 기인한다. 첫 번째의 결과는 각 그룹 당 $n = 5$개의 표본을 고려했으며 두 번째의 결과는 각 그룹 당 $n = 30$을 고려하였다. 표본의 크기는 모집단에 대한 의사 결정을 위하여 고려해야 할 표본오차Sampling Error의 크기를 결정한다. 즉, $n=5$의 경우에는 $n=30$의 경우와 비교할 때 큰 표본 오차를 갖게 되며 $n=5$개의 표본을 통하여 확인된 $\hat{\Delta}=16.52$는 표본 오차에 의하여 우연히 나타날 수 있다고 판단된 결과이다. ■

표본 크기에 따라 발생 가능한 표본오차를 반영하여 모집단에 대한 올바른 의사결정을 돕는 일련의 과정을 통계적 추론Statistical Inference이라고 하고, 구간 추정Interval Estimation과 가설 검정Hypothesis Testing으로 구분한다.[81)]

### 구간 추정 Interval Estimation

주어진 신뢰도Significant Level $(1-\alpha)\times 100\%$에서 미지의 모수 또는 모수들의 함수를 포함할 신뢰 구간Confidence Interval을 설정하는 통계적 방법

**[해석]**

계산된 신뢰 구간 $[L, U]$가 실제 모수(또는 모수들의 함수)를 포함할 확률이 $(1-\alpha)\times 100\%$이다.

[예제 4.1]에서의 구간 추정 결과는 다음과 같다. 이는 「구해진 신뢰 구간 $[12.53, \infty)$이 실제 모수 $\mu_A-\mu_B$를 포함할 확률이 95%이다.」로 해석할 수 있다.

```
Difference = μ (A) - μ (B)
Estimate for difference:  16.52

95% lower bound for difference:  12.53
```

81) Neyman, J; Pearson, E. S. (January 1, 1933). "On the Problem of the most Efficient Tests of Statistical Hypotheses". Philosophical Transactions of the Royal Society A. **231** (694-706): 289-337.

### 가설 검정 Hypothesis Testing

모집단의 특징에 대한 어떤 주장이나 명제를 가설로 설정하고 표본 관찰을 통하여 이의 기각[rejection] 여부를 결정하는 통계적 방법

**[가설]**

$H_0$(귀무가설) : 기존의 알려진 사실을 구체적으로 표현한 가설

vs.

$H_1$(대립가설) : 분석자가 데이터 수집을 통하여 사실임을 입증하고자 하는 가설

**[의사 결정]**

만일 $p-value < \alpha$ 이면 $H_0$ 기각, 여기서 $\alpha$는 유의수준

가설 검정을 위한 통계적 가설의 예는 다음과 같다.

**[예제 4.2]**

(1) 현재까지 측정한 업무 처리 시간은 평균적으로 55분 이었다. 하지만 새로운 시스템 도입으로 업무 처리 시간이 줄어들 것으로 예상된다. 임의로 선택된 업무 처리 시간을 조사하여 '시스템 도입으로 인해 업무 처리 시간이 예전보다 줄어들었다는 것'을 증명하고자 한다.

**(가설)** $H_0 : \mu \geq 55 \;\; vs. H_1 : \mu < 55$

(2) 기존까지 드럼 세탁기의 힌지(Hinge) 내구성은 평균적으로 50.0 $Kg$ 정도이다. 더 큰 용량의 세탁기를 개발하면서 힌지에 받는 하중이 더 높아짐을 확인하였고 기술적으로 65.0 $Kg$ 이상은 되어야 한다는 판단 하에 새로운 힌지를 개발하여 이를 확인하고자 한다.

**(가설)** $H_0 : \mu \leq 65.0 \;\; vs. H_1 : \mu > 65.0$

(3) 휴대폰의 발열이 고객 불만 사항으로 자주 접수된다. 그래서 개발팀은 어느 정도 발열이 나는지를 확인하고자 대상 휴대폰을 임의로 $n \geq 3$대를 선택하여 발열량을 조사하여 발열의 정도가 생산 기준보다 높게 나타나는지를 조사하고자 한다. 출시 전 확인된 발열량은 5분 연속 통화 기준으로 약 13.00(섭씨)로 생산 기준을 만족하였다.

**(가설)** $H_0 : \mu \leq 13.00 \;\; vs. \; H_1 : \mu > 13.00$ ■

예제와 같은 가설을 단측[One-sided] 가설 또는 방향성[Directional] 가설이라고 한다. 이는 $H_1$의 형태가 한쪽에서 정의된다는 의미이며 이는 통계적으로 양측[Two-sided] 가설에 비하여 효율적이다. 고려된 가설은 표본의 관찰을 통하여 귀무가설 $H_0$의 기각 여부를 결정한다. 가설 검정의 결과 해석을 위한 중요 용어는 다음과 같다.

## Better Data Scientist Σ You Must Know 50 Prof. KO Statistics 35. 가설 검정의 중요 용어

**유의 수준** Significant Level

: $H_0$가 사실일 때 $H_0$를 기각할 오류를 범할 확률의 허용 한계

- 기호 $\alpha$로 표현
- 이는 분야/조직에 의하여 사전에 정의되며, 주로 $0.01, 0.05, 0.1$을 사용한다. 품질 분야에서는 특별한 언급이 없는 경우 $0.05$를 적용한다.

$p-value$ Significant Probability

: $H_0$가 사실일 때 $H_0$를 기각할 최소의 유의 수준

**검정력** Power of Test[82)]

: $H_0$가 사실이 아닐 때 $H_0$를 기각할 확률값(들)

- 기호 $1-\beta$로 표현
- 이는 분야/조직에 의하여 사전에 정의되며, 주로 $0.80, 0.90, 0.95$을 사용한다. 품질 분야에서는 특별한 언급이 없는 경우 $0.90$를 적용한다.

---

82) 일반적으로 $H_1$은 집합으로 정의되므로 가능한 모든 값에 계산된 검정력을 그림으로 표현하여 “검정력 곡선 Power Curve”이라고도 부른다.

가설 검정에서 유의 수준Significant Level은 표본 크기와 상관없이 보장받는다. 따라서 올바른 표본을 선택한 가설 검정의 결과에서 $H_0$가 기각된다면 그 결과가 잘못될 가능성은 최대 주어진 유의 수준을 넘지 못한다. 하지만 $H_0$가 기각되지 못한다면 이는 표본 크기에 영향을 받을 수 있다. 즉 현재의 가설을 검정하기 위하여 요구된 표본의 크기보다 작은 수의 표본을 고려하였다면 실제 사실은 $H_0$가 기각되어야 하지만 검정의 결과는 $H_0$가 기각되지 못할 수도 있다. 따라서 $H_0$가 사실이 아닐 때 이를 올바로 기각할 수 있는 확률을 보장해야 하는데 이를 검정력Power of Test이라고 한다. 이러한 이유로 검정력은 주어진 가설의 검정을 위한 최소 표본 크기를 결정할 때 사용된다. [그림 4.17]은 단측 가설인 경우의 검정력과 표본 크기($n$)의 관계를 보여 준다. 동일한 검정력 하에서 $H_1$과 $H_0$의 차이가 작을수록 더 많은 표본 크기를 필요로 함을 확인할 수 있으며 동일한 표본 크기 내에서 $H_1$과 $H_0$의 차이가 크다면 더 작은 표본 크기를 통하여 가설을 검정할 수 있음을 확인할 수 있다.

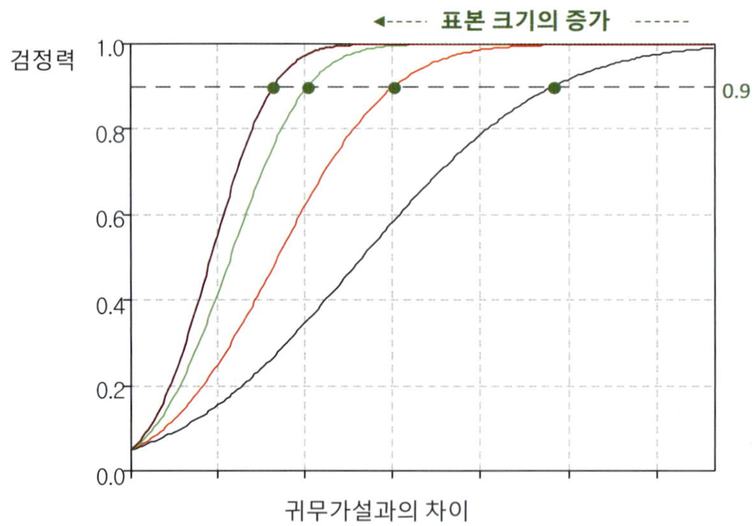


[그림 4.17] 표본 크기에 따른 검정력 곡선

## 연속형 $Y$

연속형 $Y$는 일반적으로 정규분포를 가정하고 모평균 또는 모분산을 비교하게 된다. 또한 모평균의 비교를 위해서는 모분산이 동일하다는 통계적 가정을 사전에 확인해야 한다. 연속형 $Y$의 비교를 위한 중요 통계 도구는 [표 4.1]과 같다.

### 36. 연속형 $Y$에 대한 비교 방법 [표 4.1]

| 관심 모수 | 도구 | 가정 | 적용 상황 |
|---|---|---|---|
| 모평균<br>($\mu$) | 1-Sample t | - 정규성<br>- 명확한 기준값 | 단일 집단의 모평균과<br>기준값의 비교 |
| | 2-Sample t<br>(상호 독립) | - 각 집단의 정규성<br>- 집단 간 등분산성 | 2개의 집단의 모평균 비교 |
| | Paired-t<br>(상호 종속) | - 동일 대상에 대한 반복 측정<br>- 쌍체 데이터 간 차이의 정규성 | 쌍체 데이터간 차이의<br>모평균 비교 |
| | 분산 분석<br>(ANOVA) | - 각 집단의 정규성<br>- 모든 집단의 등분산성 | 2개 이상의 집단에서<br>모평균 비교 |
| | 선발 실험<br>(Screening Experiments) | - 잔차의 독립성, 정규성, 등분산성 | 다양한 가인자를 동시에<br>적용하여 소수의 치명인자를<br>선정 |
| 모분산<br>또는<br>모표준<br>편차<br><br>($\sigma^2$<br>또는<br>$\sigma$) | 1-Variance | - 명확한 기준값<br>- 정규성(추천) | 단일 집단의 모분산<br>또는<br>모 표준편차와 기준값의<br>비교 |
| | 2-Variances | - 정규성(추천) | 2개의 집단의 모분산 또는<br>모표준편차의 비교 |
| | Equal<br>Variances | - 정규성(추천) | 2개 이상의 집단에서<br>모분산 또는 모표준편차의<br>비교 |

1-Sample t 검정의 가설은 고객에 의하여 요구된 특성의 목표값, 내부적인 개선 목표값 또는 장기간 많은 수의 표본으로부터 계산된 기존 제품의 특성 평균값 등과 같이 명확한 기준값Nominal Value을 정의할 수 있을 때 사용한다. 예를 들어 제공된 기준값을 $\mu_0$라고 한다면 1-sample t 검정의 가설은 다음과 같이 설정할 수 있다.

**1-Sample t 검정의 가설**

(1) $H_0 : \mu \leq \mu_0 \;\; vs. \; H_1 : \mu > \mu_0$

(또는 $H_0 : \mu \geq \mu_0 \;\; vs. \; H_1 : \mu < \mu_0$ )

(2) $H_0 : \mu = \mu_0 \;\; vs. \; H_1 : \mu \neq \mu_0$

(1)의 가설을 단측 가설 또는 방향성 가설이라고 하고 (2)의 가설을 양측Two-sided 가설 또는 비방향성Nondirectional 가설이라고 부른다. 일반적으로 성능/폐해 특성을 나타내는 Project Y의 경우에는 사전 검토 또는 개선 방향 등을 고려하여 (2)의 비방향성 가설보다는 (1)의 방향성 가설로 설정되는 것이 바람직하다.

1-Variance 검정 역시 명확한 모분산(또는 모표준편차)의 기준값이 제시되는 경우에 적용할 수 있으며 다음의 가설을 고려할 수 있다. 모분산을 기준값과 비교하는 경우에는 알고 싶은 사실에 따라 (1)의 방향성 가설을 적용하고, 2개 이상의 모분산들의 동등성 여부를 확인하고자 하는 경우에는 (2)의 비방향성 가설을 적용한다.

**1-Variance 검정의 가설**

(1) $H_0 : \sigma^2 \leq \sigma_0^2 \;\; vs. \; H_1 : \sigma^2 > \sigma_0^2$

(또는 $H_0 : \sigma^2 \geq \sigma_0^2 \;\; vs. \; H_1 : \sigma^2 < \sigma_0^2$ )

(2) $H_0 : \sigma^2 = \sigma_0^2 \;\; vs. \; H_1 : \sigma^2 \neq \sigma_0^2$

**[예제 4.3]** KSPS.4.3

기존 개발된 세탁기의 소음(Noise)은 평균적으로 약 $45.0(dB)$정도 그리고 표준편차는 약 $12.0(dB)$ 정도로 알려져 있다. 현재 개발 중인 T.x 세탁기의 평균 소음과 표준편차가 이보다 작은지를 확인하기 위하여 $n = 50$개의 소음 데이터를 랜덤하게 수집하였다.

**(1) 모평균의 검정** $H_0 : \mu \geq 45.0$ vs. $H_1 : \mu < 45.0$

**통계분석> 기초 통계 > 1-표본 t 검정, KSPS.4.3**

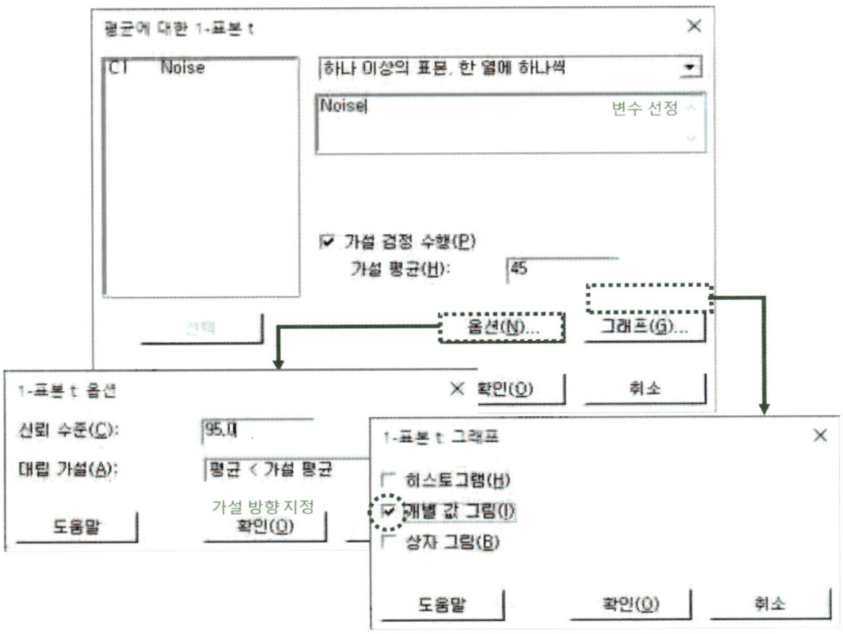


```
(1) Normality Test p-value = 0.658
(2) One-Sample T: Noise
    Test of μ = 45 vs < 45
Variable   N   Mean  StDev  SE Mean  95% Upper Bound     T      P
Noise     50  35.43  10.30     1.46            37.87  -6.57  0.000
```

▶ $p-value = 0.000 < \alpha = 0.05$이므로 $H_0$ 기각

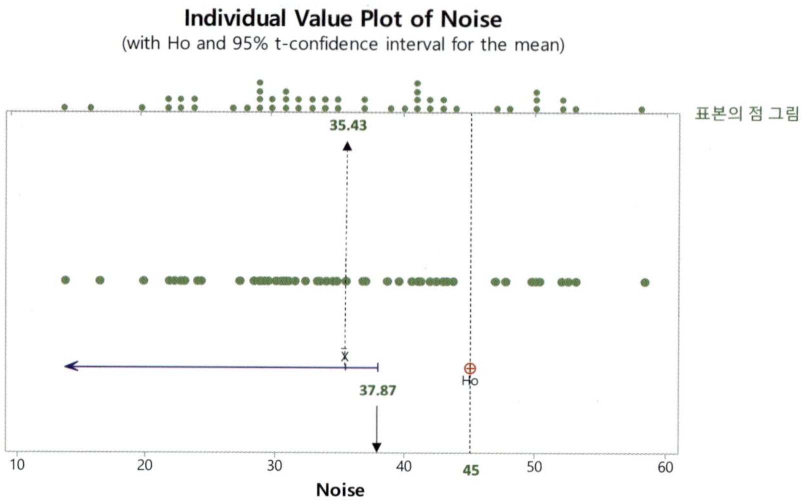


수집된 데이터는 정규성을 만족하므로($p-value = 0.658$) 평균값은 집단의 대표성을 갖는다. $p-value = 0.000 < \alpha = 0.05$이므로 $H_0 : \mu \geq 45.0$를 기각한다. 즉, 기존의 제품과 비교할 때 새로 개발되는 T.x 세탁기 소음의 모평균 $\mu$는 45.0보다 크다고 할 수 없다. 표본 평균 $\overline{y} = 35.43$ 이지만 T.x 세탁기 소음의 모평균은 95% 신뢰도 하에서 최대 37.87 정도라고 할 수 있다. 즉, 표본오차를 반영하더라도 T.x 세탁기 소음의 모평균은 기존 제품 대비 최소 약 7.13 정도 작다고 주장 할 수 있다. 하지만 이는 모평균을 비교한 것으로 그림에서 확인할 수 있듯이 개별 소음은 45.0을 넘는 값이 존재할 수 있다.

## (2) 모분산의 검정 $H_0 : \sigma \geq 12.0$ vs. $H_1 : \sigma < 12.0$

**통계분석> 기초 통계 > 1-표본 분산, KSPS.4.3**

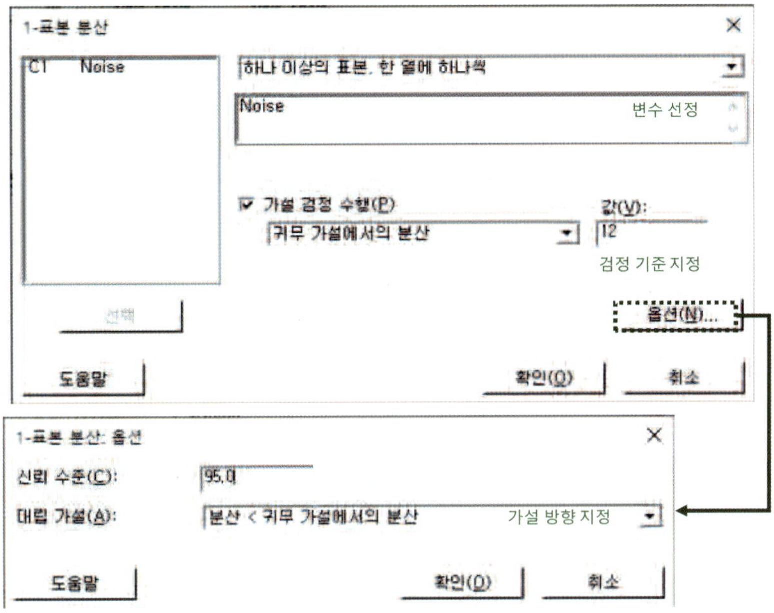


```
(1) Normality Test p-value = 0.658
(2) Test and CI for One Variance: Noise
    Method
    Null hypothesis          σ = 12
    Alternative hypothesis   σ < 12
    The chi-square method is only for the normal distribution.
    The Bonett method is for any continuous distribution.
    Statistics
    Variable    N   StDev  Variance
    Noise      50    10.3       106

    95% One-Sided Confidence Intervals
                           Upper
                           Bound
                            for   Upper Bound
   Variable  Method        StDev  for Variance
   Noise     Chi-Square     12.4           153
             Bonett         12.1           147
   Tests
                                Test
   Variable  Method        Statistic  DF  P-Value
   Noise     Chi-Square       432.91  49    1.000
             Bonett                —   —    1.000
```

▶ $p-value = 1.000 > \alpha = 0.05$이므로 $H_0$ 기각할 수 없음

수집된 데이터는 정규성을 만족하므로($p-value=0.658$) 모 표준편차의 구간 추정과 가설 검정의 결과 중에서 Chi-Square 항목을 확인하면 된다. 가설 검정 결과 $p-value = 1.000 > \alpha = 0.05$이므로 현재 T.x 세탁기의 모 표준편차에 대한 $H_0 : \sigma \geq 12.0$를 기각할 수 없다. 구간 추정의 결과를 확인해 보면 현재 개발 프로세스의 모표준편차는 최대 $12.4(dB)$정도 된다는 것을 확인할 수 있다.

[결론]

2 종류의 분석 결과를 정리해 보면 새로 개발된 T.x 세탁기의 모평균 소음은 기존 제품 대비 최소 $7.13(dB)$정도 작지만, 모 표준편차는 최대 $0.4(dB)$정도 큰 것으로 나타나 산포는 개선되지 못했다. 만일 모평균의 개선 정도가 충분하다면 추가적인 산포 개선을 위한 치명인자를 추가로 고려할 필요가 있다. ■

2-Sample t 검정은 상호 독립인 두 집단의 모평균을 비교하는 방법으로 가설은 다음과 같이 두 집단의 차이[Difference]로 정의한다. 여기서 $\Delta_0 \in (-\infty, \infty)$는 검정 목적에 따라 결정된다.

**2-Sample t 검정의 가설**

(1) $H_0 : \mu_A - \mu_B \leq \Delta_0 \quad vs. H_1 : \mu_A - \mu_B > \Delta_0$

(또는 $H_0 : \mu_A - \mu_B \geq \Delta_0 \quad vs. H_1 : \mu_A - \mu_B < \Delta_0$)

(2) $H_0 : \mu_A - \mu_B = \Delta_0 \quad vs. H_1 : \mu_A - \mu_B \neq \Delta_0$

2-Sample t 검정을 위한 표본 크기는 가능한 한 동일함을 원칙으로 하며 ($n_1 = n_2 = n$) 그 크기는 가설의 종류와 $\Delta_0$ 값에 따라 결정된다. 일반적으로 방향성 가설이 비방향성 가설에 비하여 효율적이며 $\Delta_0$의 절대값이 클수록 동일한 검정력 하에서 더 적은 표본 크기로 원하는 가설을 검정할 수 있다. 또한

올바른 2-Sample t 검정을 위해서는 [그림 4.18]의 절차를 올바로 지켜야 한다. 먼저 각 집단의 정규성 여부를 확인하여 평균이 각 집단의 대표성을 갖는가를 확인한다. 일반적으로 표본 크기가 작은 경우에는 정규성에 위배되지 않으며 표본크기가 큰 경우에 정규성이 위배된다면 데이터 레쥬메를 통하여 서로 다른 환경 또는 조건의 혼합 여부를 먼저 확인해야 한다.

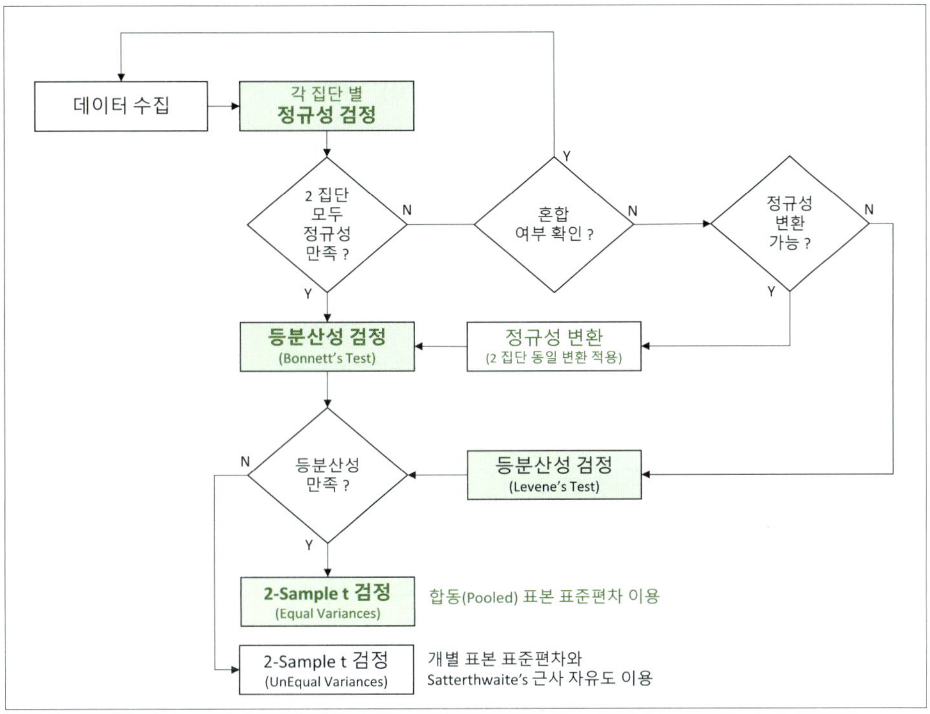


[그림 4.18] 2-Sample t 검정의 절차

만일 정규성이 위배되고 혼합 여부가 아니라고 판단된다면 정규성 교정을 위한 정규성 변환을 적용한다. 변환식은 두 집단에 모두 적용해야 하며 동일한 변환식을 사용해야 한다. 정규성이 위배된다고 하더라도 등분산성 검정과 2-sample t 검정을 실시할 수 있지만 이는 근사적인[Approximated] 검정으로 실무적으로 확인하고자 하는 결과를 제공하지 못할 수 있다.

정규성과 등분산성을 만족한다면 2-Sample t 검정은 2개의 모집단의 모평균을 비교하는 올바른 방법이 된다. 특히 등분산성을 만족하는 경우에는 검정에 필요한 모분산(또는 모 표준편차)을 추정할 때 2 집단의 데이터를 모두 사용하는 합동 표본 분산Pooled Sample Variance(또는 표본 표준편차)을 사용함으로써 그렇지 못한 경우와 비교할 때 정밀도가 높은 추정량을 얻게 된다.[83)]

### [예제 4.4]

다양한 가인자를 검토한 결과 2 종류의 장비($A, B$)가 Project Y인 성능(Performance)에 영향을 주는 것으로 확인되었다. 기초 데이터에 의하면 2 종류의 장비 간 차이는 동일한 표준편차(약 2.0) 내에서 $A$ 장비가 $B$ 장비보다 평균적으로 약 2.5 이상 크게 나타나지만 이 결과는 다른 환경 조건에 따라 변경될 수 있음이 확인되었다. 2 종류의 장비를 객관적으로 비교하기 위하여 다른 조건을 가능한 한 동일하게 유지하면서 새로 데이터를 수집하여 이를 확인하고자 한다. 검정력은 반드시 0.90 이상이어야 한다.

**통계분석> 검정력 및 표본 크기 > 2-표본 t**

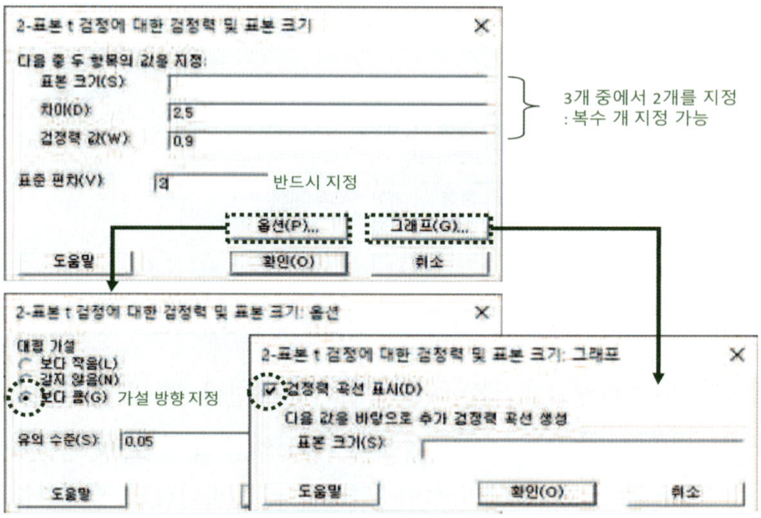


---

83) 합동 표본 분산(Pooled Sample Variance):
$s_1^2$을 $n_1$개의 데이터로부터 계산된 첫번째 집단의 표본 분산 그리고 $s_2^2$을 $n_2$개의 데이터로부터 계산된 두번째 집단의 표본 분산이라고 할 때, $s_{pooled}^2 = \dfrac{(n_1-1)s_1^2 + (n_2-1)s_2^2}{(n_1-1)+(n_2-1)}$로 자유도 $n_1+n_2-2$를 갖는다.

(1) 방향성 가설

$H_0 : \mu_A - \mu_B \le 2.5 \ vs. \ H_1 : \mu_A - \mu_B > 2.5$

```
Testing mean 1 = mean 2 (versus >)
Calculating power for mean 1 = mean 2 + difference
α = 0.05  Assumed standard deviation = 2

             Sample  Target
Difference     Size   Power  Actual Power
       2.5       12     0.9      0.906710

The sample size is for each group.
```

(2) 비방향성 가설

$H_0 : \mu_A - \mu_B = 2.5 \ vs. \ H_1 : \mu_A - \mu_B \neq 2.5$

```
Testing mean 1 = mean 2 (versus ≠)
Calculating power for mean 1 = mean 2 + difference
α = 0.05  Assumed standard deviation = 2

             Sample  Target
Difference     Size   Power  Actual Power
       2.5       15     0.9      0.910482

The sample size is for each group
```

방향성 가설의 경우에는 각 장비에서 $n_1 = n_2 = 12$개의 표본 크기가 필요하며 비방향성 가설의 경우에는 각 장비에서 $n_1 = n_2 = 15$의 표본 크기를 필요로 한다. 이 경우 비방향성 가설 대비 방향성 가설의 표본 크기는 동일한 검정력 하에서 20% 정도 더 효율적임을 확인할 수 있다.

**[분석 결과]** KSPS.4.4

### (1) 정규성 검정

$H_0$ : 데이터는 정규분포를 따름 $vs.$ $H_1$ : 그렇지 않음

▶ 두 장비 모두 $p-value > 0.05 = \alpha$ 이므로 $H_0$ 를 기각할 수 없음

(1) A 장비 : $p-value = 0.463 > 0.05 = \alpha$
(2) B 장비 : $p-value = 0.256 > 0.05 = \alpha$

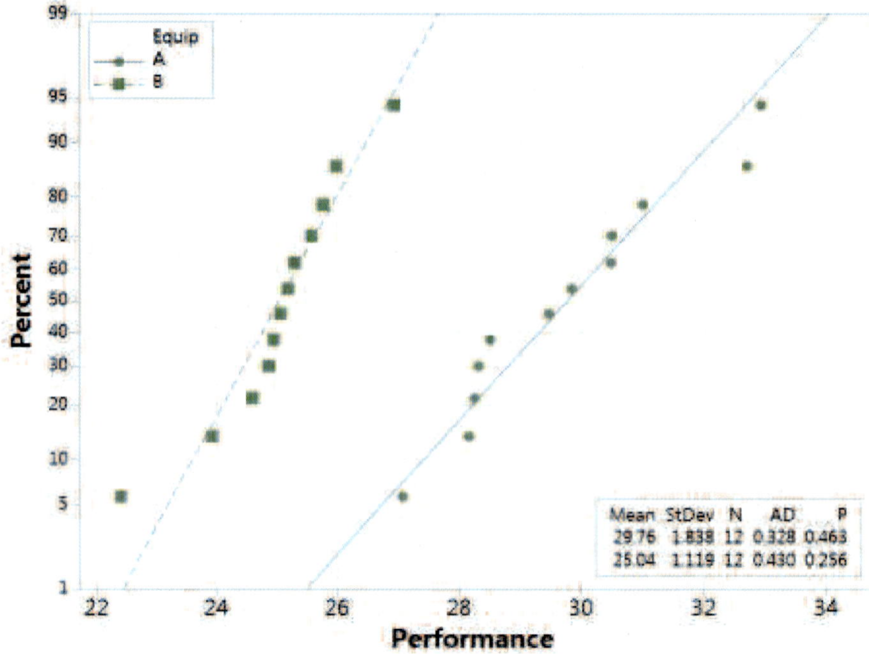


### (2) 등분산성 검정

$$H_0 : \sigma_B^2 / \sigma_A^2 = 1 \ vs. \ H_1 : \sigma_B^2 / \sigma_A^2 \neq 1$$

▶ $p-value = 0.144 > 0.05 = \alpha$ 이므로 $H_0$를 기각할 수 없음

```
Null hypothesis         Variance(B) / Variance(A) = 1
Alternative hypothesis  Variance(B) / Variance(A) ≠ 1
Significance level      α = 0.05

Statistics
                                     95% CI for
Equip   N  StDev  Variance           Variances
A      12  1.119     1.252   (0.383,   5.837)
B      12  1.838     3.378   (1.594,  10.229)
Ratio of standard deviations = 0.609
Ratio of variances = 0.371

Tests
                           Test
Method  DF1  DF2  Statistic  P-Value
Bonett    1   —        2.13    0.144
Levene    1   22       3.83    0.063
```

### (3) 2-Sample t 검정

$H_0 : \mu_A - \mu_B \leq 2.5 \ vs. \ H_1 : \mu_A - \mu_B > 2.5$

▶ $p-value = 0.001 < 0.05 = \alpha$ 이므로 $H_0$를 기각

```
Two-sample T for Performance

Equip    N    Mean   StDev   SE Mean
A       12   29.76    1.84      0.53
B       12   25.04    1.12      0.32


Difference = u (A) - u (B)
Estimate for difference:  4.725
95% lower bound for difference:  3.658
T-Test of difference = 2.5 (vs >): T-Value = 3.58
                                   P-Value = 0.001  DF = 22
Both use Pooled StDev = 1.5215
```

정규성과 등분산성을 모두 만족하므로 현재의 데이터를 이용하여 2개의 장비 간 모평균을 비교할 수 있다. 실무적 검토에 의하여 설정된 가설을 검정한 결과 $p-value = 0.001 < \alpha = 0.05$이므로 $H_0$를 기각한다. 따라서 실제 모집단에서 장비 A가 장비 B에 비하여 평균적으로 약 2.5 이상이라는 점이 확인되었다. 동일한 데이터로부터 도출된 구간 추정의 결과를 확인해 보면 최소 3.658정도의 차이를 보임을 확인할 수 있다. 현재 고려된 차이는 Project Y에 충분한 크기로 영향을 주고 있으므로 「장비」를 치명인자로 확인하였으며 다른 치명인자와의 교호작용[Interaction] 유무를 확인하기 위하여 [Improve 단계]에서 최적화를 진행하기로 하였다. ■

Paired t 검정은 2-Sample t 검정과 달리 수집되는 데이터가 상호 독립의 조건을 만족하지 못할 때 적용된다. 일반적으로 데이터는 쌍[pair]으로 측정되며 주로 「각 쌍별 차이의 모평균」을 일정한 값 $\Delta_0$와 비교할 때 적용된다. 실무적으로 동일한 대상에 대하여 서로 다른 조건을 적용하여 데이터를 수집하거나 쌍별로 측정된 데이터간의 상관성이 높을 때 적용된다. Paired t 검정의 가설은

다음과 같다. 여기서 $\Delta_0 \in (-\infty, \infty)$는 검정 목적에 따라 결정되며 단순히 차이 유무만을 판단하고자 한다면 $\Delta_0 = 0$이 된다.

**Paired t 검정의 가설**

(1) $H_0 : \mu_D \le \Delta_0 \ \ vs.\ H_1 : \mu_D > \Delta_0$

(또는 $H_0 : \mu_D \ge \Delta_0 \ \ vs.\ H_1 : \mu_D < \Delta_0$)

(2) $H_0 : \mu_D = \Delta_0 \ \ vs.\ H_1 : \mu_D \ne \Delta_0$

Paired t 검정을 위하여 데이터는 쌍별로 측정되어야 하며, 따라서 2 집단의 표본 크기는 항상 동일해야 한다. 이는 $(y_{1i}, y_{2i}), i = 1, 2, ..., n$의 차이인 $D_i = y_{1i} - y_{2i}, i = 1, 2, ..., n$ 를 계산한 다음 1-Sample t 검정을 적용하는 것으로 필요한 표본 크기는 1-Sample t 검정과 동일한 논리가 적용되며 1-Variance 검정을 이용하면 계산된 차이인 $D_i$의 모분산을 원하는 기준값과 비교할 수 있다.

**[예제 4.5]** KSPS.4.5

다양한 가인자를 검토한 결과 2 종류의 노출 시간($1\ \text{min.}, 3\ \text{min.}s$)이 Project Y인 집적도(Concentration)에 영향을 주는 것으로 확인되었고 다음과 같은 요약값을 계산하였다.

$$\overline{y_1} = 15.0,\ s_1 = 5.0,$$
$$\overline{y_2} = 17.0,\ s_2 = 4.7$$

주어진 결과는 서로 다른 표본(시료)에 적용된 값으로 일정한 표본 변이의 영향이 포함되어 있을 것으로 예상된다. 연구자는 노출 시간에 대한 올바른 진단을 위하여 먼저 일정 수의 표본을 랜덤하게 선택한 후 각 표본의 노출 시간 $1\ \text{min.}$을 적용하여 집적도를 먼저 측정하고 동일한 표본에 $2\ \text{min.}s$을 추가로 적용하여(총 $3\ \text{min.}s$) 집적도를 재 측정하였다. 만일 노출 시간에 따른 집적도가 2.0 이상 차이가 없다면 더 낮은 노출 시간을 적용하고자 하며 검정력은 반드시 0.90 이상이어야 한다.

### [표본 크기의 결정]

방향성 가설

$$H_0 : \mu_D \leq 2.0 \ vs. \ H_1 : \mu_D > 2.0$$

```
Paired t Test
Testing mean paired difference = 0 (versus > 0)
Calculating power for mean paired difference = difference
α = 0.05
Assumed standard deviation of paired differences = 5
             Sample  Target
Difference     Size   Power  Actual Power
         2       55     0.9      0.900452
```

기초 데이터의 정보를 이용하여 표본의 크기를 결정하였다. 만일 이와 같이 사전에 주어진 정보가 없다면 유사 프로세스의 정보를 이용할 수 있으며 만일 적절한 정보가 없다면 표본 크기를 사전에 결정할 수 없다. 이러한 경우에는 실무적으로 수집 가능한 최대의 표본 수를 적용하고 분석 결과를 해석한 후 $H_0$를 기각하지 못하는 경우에 한하여 검정력을 확인한다.

### [분석 결과]

### (1) 쌍체 데이터의 상관성 검토

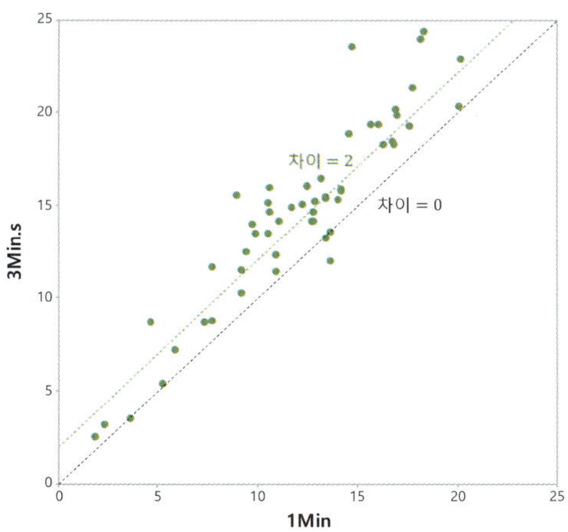


1 min. 과 3 min.s 에 측정된 쌍체 데이터는 일정한 상관성을 갖고 있으며 값이 작은 부분보다 값이 큰 부분에서 더 큰 차이를 보인다.

### (2) 차이에 대한 정규성 검정

$H_0$ : 각 쌍의 차이 데이터는 정규분포를 따름 $vs.$ $H_1$ : 그렇지 않음

▶ 각 쌍의 차이에 대한 $p-value = 0.257 > 0.05 = \alpha$ 이므로 $H_0$ 기각할 수 없음

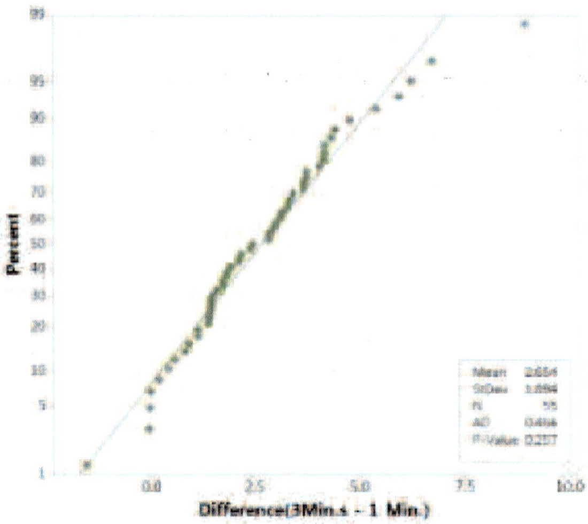


### (3) Paired-t 검정

$H_0 : \mu_D \leq 2.0$ $vs.$ $H_1 : \mu_D > 2.0$

▶ $p-value = 0.007 < 0.05 = \alpha$ 이므로 $H_0$ 기각

```
Paired T for 3Min.s - 1Min.

             N    Mean  StDev  SE Mean
3Min s      55  14 790  5 140    0 693
1Min        55  12 136  4 493    0 606
Difference  55   2.654  1.894    0.255


95% lower bound for mean difference: 2 227
T-Test of mean difference = 2 (vs > 2): T-Value = 2 56
                                        P-Value = 0.007
```

2 종류의 노출 시간에 대한 검정 결과는 차이에 대한 평균이 $\bar{y}_D = 2.654$ 이며 주어진 가설 $H_0$를 기각하였다. 즉, 2 종류의 노출 시간에 따른 집적도의 차이에 대한 모평균은 $\mu_D > 2.0$ 이라고 할 수 있으며, 고려된 노출 시간 $1\mathrm{min.}$을 $3\mathrm{min.}s$로 대체할 수 없다. 따라서 Project Y인 집적도를 위한 프로세스 소요 시간을 줄이고자 하는 목적은 노출 시간을 통하여 달성할 수 없음과 구간 추정의 결과 노출 시간 $3\mathrm{min.}s$은 노출 시간 $1\mathrm{min.}$과 비교할 때 평균적으로 최소 2.227 정도의 높은 집적도를 달성하고 있음을 확인하였다. 연구자는 「노출 시간」을 치명인자로 선정하였고 다른 인자들과 함께 [Improve 단계]에서 최적화를 진행하기로 하였다. 만일 현재의 쌍체 데이터를 Paired-t 검정을 사용하지 않고 2-Sample t 검정을 적용한다면 그 결과는 다음과 같다.

```
Two-sample T for 3Min.s vs 1Min

         N   Mean  StDev  SE Mean
3Min.s  55  14.79   5.14     0.69
1Min.   55  12.14   4.49     0.61


Difference = u (3Min.s) - u (1Min.)
Estimate for difference:  2.654
95% lower bound for difference:  1.127
T-Test of difference = 2 (vs >): T-Value = 0.71
                                 P-Value = 0.239  DF = 108
Both use Pooled StDev = 4.8276
```

위의 결과를 보면 $p-value = 0.239 > \alpha = 0.05$로 평균의 차에 대한 가설 $H_0 : \mu_{3\,\mathrm{min.}s} - \mu_{1\,\mathrm{min.}} \leq 2.0$을 기각하지 못한다. 이는 쌍체 데이터를 상호 독립인 데이터로 판단한 오류이며 일반적으로 Paired t 검정에 비하여 유의한 결과를 제공하지 않는다. 이는 쌍체 데이터에서 나타나는 상관성의 정도를 검정 과정에 반영하지 못하기 때문이다. 따라서 올바른 2 집단의 모평균 비교를 위해서는 반드시 데이터의 수집 형태를 파악하고 Paired t 검정 또는 2 Sample t 검정을 구분하여 적용해야 한다. ■

분산분석ANOVA은 변동Variation을 기초로 2개 이상의 모평균을 비교하는 방법으로 2-Sample t 검정의 일반화된 방법이다.[84] 일반적으로 3개 이상의 모평균 비교를 위하여 적용되며 다양한 통계적 실험의 기초 분석 방법이다.

처리Treatment라고 불리는 서로 다른 $i = 1, 2, \ldots, a,\ a \geq 2$의 비교 대상을 각각 $j = 1, 2, \ldots, r,\ r \geq 2$ 반복하여 수집된 데이터를 $y_{ij}$라고 표현한다면 이는 다음과 같은 통계적 모형Statistical Model으로 표현할 수 있다.

**ANOVA의 통계적 모형**

$$\begin{aligned} y_{ij} &= \mu_i + \epsilon_{ij} \\ &= \mu + \tau_i + \epsilon_{ij},\ i = 1, 2, \ldots, a,\ j = 1, 2, \ldots, r \end{aligned}$$

여기서 $\epsilon_{ij} \sim iid\, N(0, \sigma^2),\ \mu = (\sum_{i=1}^{a} \mu_i)/a$

3개의 처리에 대한 모형을 대략적으로 표현하면 [그림 4.19]와 같다.

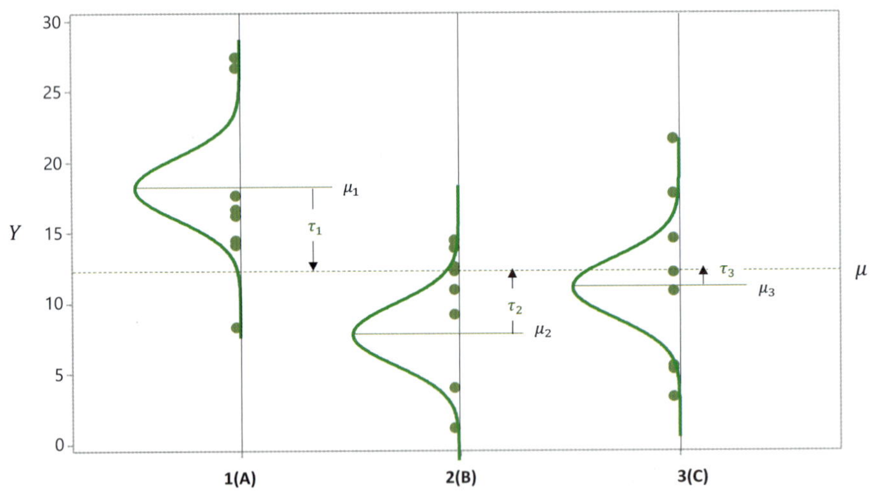


[그림 4.19] ANOVA의 통계적 모형

84) 1843년 설립된 농업 연구 기관인 Rothamsted Research에 재직 중이던 Sir Ronald A. Fisher(영국 : 1890~1962)에 의하여 제안된 방법으로 다양한 실무 분야에서 가장 널리 사용되는 모평균의 비교 방법이다. <저자 주>

주어진 통계적 모형은 관찰값 $y_{ij}$를 전체 평균 $\mu$와 처리 $\tau_i = \mu_i - \mu$ 그리고 오차 $\epsilon_{ij}$로 구분한 다음 필요한 모수들을 **최소 자승법**Method of Least Squares 을 이용하여 추정한다.[85]

> **최소 자승법 : ANOVA**
>
> 다음을 만족하는 $\mu, \tau_i,\ i = 1,2,\ldots,a$를 찾는다.
>
> $$\min \sum_{i=1}^{a}\sum_{j=1}^{r} \epsilon_{ij} = \min \sum_{i=1}^{a}\sum_{j=1}^{r}(y_{ij} - \mu - \tau_i)^2$$

구해진 **최소 자승 추정량**Least Squares Estimator은 다음과 같다.

$$\hat{\mu} = \overline{y}_{..}\ ,\ \hat{\tau}_i = \overline{y}_{i.} - \overline{y}_{..},\ \hat{\epsilon}_{ij} = y_{ij} - \overline{y}_{i.}$$

이를 이용하여 총 **제곱합**Sum of Squares과 총 **자유도**Degree of Freedom를 다음과 같이 처리과 오차로 직교 분해한다.

> **제곱합과 자유도의 분해**
>
> 제곱합(SS) : $\sum_i\sum_j(y_{ij} - \overline{y}_{..})^2 = r\sum_i(\overline{y}_{i.} - \overline{y}_{..})^2 + \sum_i\sum_j(y_{ij} - \overline{y}_{i.})^2$
>
> SST = SSA + SSE
>
> 자유도(df) $ar-1 = a-1 + a(r-1)$

이를 기초로 [표 4.2]와 같이 **분산분석표**ANOVA Table를 계산한다. 분산분석표의 **평균 제곱**Mean Squares은 처리 평균 간의 변동으로 계산되는 **처리 평균 제곱**과 개별 값과 처리 평균 간의 차이로 계산되는 **오차 평균 제곱**을 나타낸다.

---

85) Carl Friendrich Gauss(1809). 최소 자승법은 Legendre(1805)에 의해 먼저 출판되었지만 Gauss는 1795년 행성의 궤도를 추적하면서 정규분포를 함께 적용하여 최소 자승법을 사실상 먼저 실증하였다. <저자 주>

[표 4.2] 분산분석표: 예

| 원인 (Source) | 자유도 (df) | 제곱합 (SS) | 평균제곱 (MS) | F | p-value |
|---|---|---|---|---|---|
| 처리(A) | $a-1$ | $r\sum_{i=1}^{a}(\overline{y_{i.}}-\overline{y_{..}})^2$ | SS/df | $F_0=\dfrac{MSA}{MSE}$ | $P_r(F_0 > F_{(a,\,a(r-1))})$ |
| 오차(E) | $a(r-1)$ | $\sum_{i=1}^{a}\sum_{j=1}^{r}(y_{ij}-\overline{y_{i.}})^2$ | | | |
| 총계(T) | $ar-1$ | $\sum_{i=1}^{a}\sum_{j=1}^{r}(y_{ij}-\overline{y_{..}})^2$ | | | |

만일 오차 평균 제곱에 비하여 처리 평균 제곱이 크다면 $F$-값이 커지게 되어 다음 가설에서 $H_0$를 기각하는 증거가 된다.

$$H_0 : \tau_i = 0, i = 1, 2, \ldots, a \quad vs.\ H_1 : H_0\text{가 아니다.}$$

주어진 유의수준 하에서 $H_0$를 기각할 수 있는 $F$ 값의 범위는 표본 크기를 반영한 $F$ 분포에 의하여 결정되고 이를 확률로 전환한 값이 $p-value$이다. 따라서 분산분석 역시 $p-value < \alpha$이면 $H_0$를 기각한다. 분산분석을 이용하여 2개 이상의 모평균을 비교하기 위해서는 다음의 오차에 대한 가정을 만족해야 한다.

**ANOVA의 통계적 가정** : $\epsilon_{ij} \sim iid\, N(0, \sigma^2)$

(1) 독립성 : 각 오차들은 상호 독립이다.
(2) 정규성 : 오차는 정규분포를 따르며 모평균은 0이다.
(3) 등분산성 : 각 처리별 오차들은 $\sigma^2$으로 등분산성을 갖는다.

데이터로부터 추정된 오차를 잔차[Residuals]라고 부르며 ANOVA을 통한 의사 결정 전에 반드시 잔차 진단을 통하여 ANOVA의 통계적 가정을 확인해야 한다.

잔차 진단 방법은 다음과 같다. 단, 그래프 진단의 경우 특별하고 설명 가능한 패턴이 나타나지 않는 한 위배되지 않는 것으로 판단한다.

**잔차 진단**

(1) 독립성 : 데이터 수집 순서와 잔차 간의 산점도가 랜덤한가를 통하여 확인
(2) 정규성 : 잔차의 정규성 검정을 통하여 확인
(3) 등분산성 : 평균 추정값 $\widehat{\mu_i}$와 잔차 간의 산점도가 랜덤한가를 통하여 확인

**[예제 4.6]** KSPS.4.6

다양한 가인자의 기초 데이터를 검토한 결과 현재 3 종류의 재료($M_1$, $M_2$, $M_3$)가 기구 접착에 사용되고 있음을 확인하였다. 재료는 모두 IQC에 합격한 제품으로 협력사에서 제공된 제품 정보는 다음과 같다.

| 협력사 | 평균 | 표준편차 | IQC 합격 여부 |
|---|---|---|---|
| $M_1$ | 17.52 | 1.50 | 합격 |
| $M_2$ | 14.61 | 1.73 | 합격 |
| $M_3$ | 14.57 | 1.45 | 합격 |

연구자는 협력사가 제공한 정보의 타당성을 확인하고 각 협력사간의 접착력($Kg$)의 차이 여부를 명확히 판단하기 위하여 일정 수의 데이터를 실험해 보고자 한다. 이때 표준편차는 1.5를 가정하였다. 단, 검정력은 0.9이상이어야 한다.

### [표본 크기의 결정]

**통계분석> 검정력 및 표본 크기 > 일원 분산 분석**

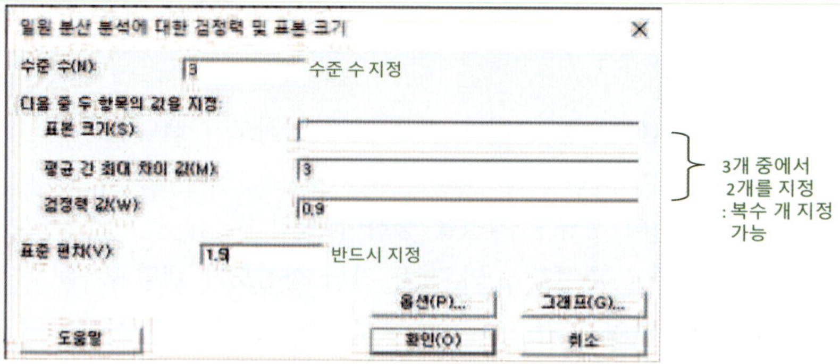


```
One-way ANOVA

α = 0.05  Assumed standard deviation = 1.5

Factors: 1  Number of levels: 3

   Maximum  Sample  Target
Difference    Size   Power  Actual Power
         3       8     0.9      0.924371

The sample size is for each level.
```

기초 데이터의 정보를 이용하여 표본 크기를 결정하였다. 만일 주어진 정보가 없다면 유사 프로세스의 정보를 이용할 수 있으며 만일 적절한 정보가 없다면 표본 크기를 사전에 결정할 수 없다. 이러한 경우에는 실무적으로 수집 가능한 최대의 표본 수를 적용하고 분석 결과를 해석한 후 $H_0$를 기각하지 못하는 경우에 한하여 검정력을 확인한다.

## [분석 결과]

### (1) 데이터의 그래프적 검토

**통계분석> 분산 분석 > 주효과도, KSPS.4.6**

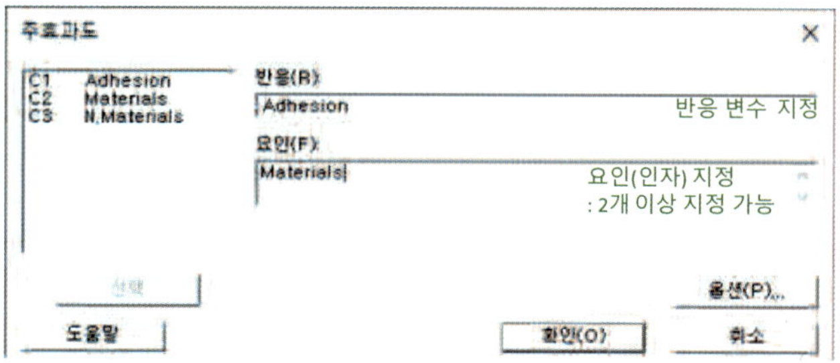


[산점도 : 개별값]

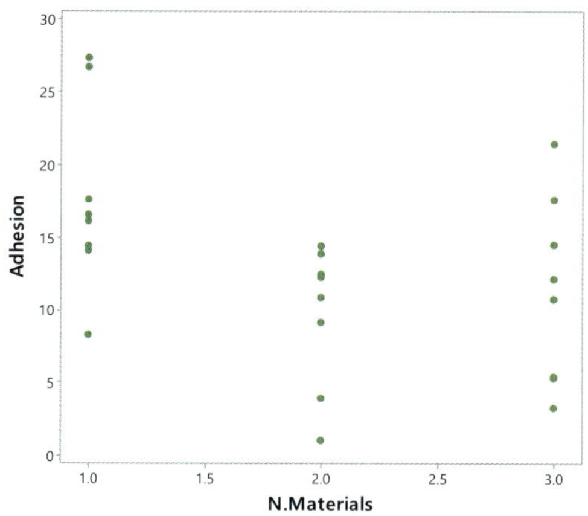


[주효과 그림 : 재료별 평균값]

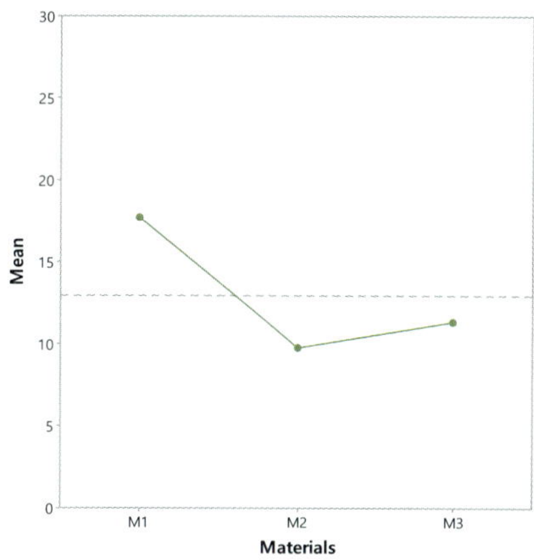


3 종류의 재료 간에는 $M_1 > M_3 > M_2$의 순서로 표본 평균이 차이가 있어 보이며 각 재료의 변동은 큰 차이가 있어 보이지 않는다. 이러한 표본 관찰에서의 차이가 모집단에서도 차이가 있다고 할 수 있는지를 확인하기 위하여 분산분석을 실시한다.

### (2) 분산분석

$H_0$ : 모든 효과는 0 이다. $vs.$ $H_1$ : 그렇지 않다.

**통계분석> 분산 분석 > 일반 선형 모형 > 일반 선형 모형 적합, KSPS.4.6**

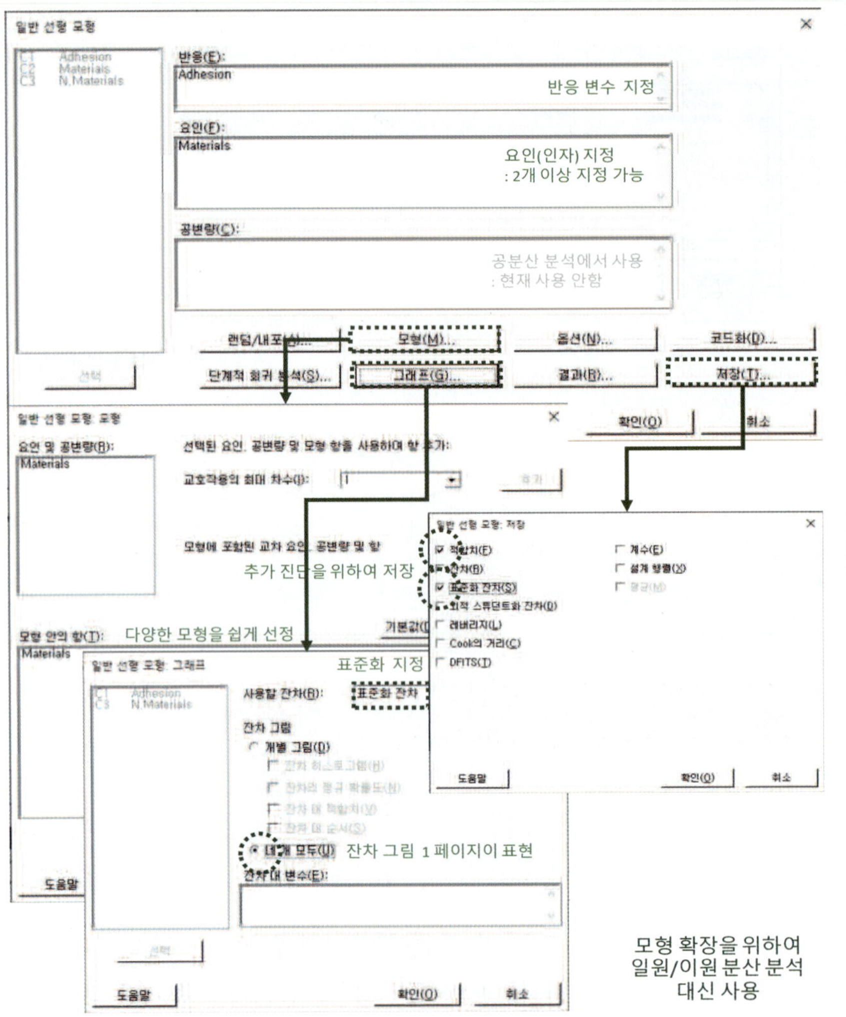


| Analysis of Variance | | | | | |
|---|---|---|---|---|---|
| Source | DF | Adj SS | Adj MS | F-Value | P-Value |
| Materials | 2 | 280.5 | 140.27 | 3.95 | 0.035 |
| Error | 21 | 745.0 | 35.48 | | |
| Total | 23 | 1025.6 | | | |

▶ $p-value = 0.035 < 0.05 = \alpha$ 이므로 $H_0$ 기각

다음은 잔차 진단의 결과이다. 정규성, 등분산성 그리고 독립성 모두 문제가 없어 보인다.

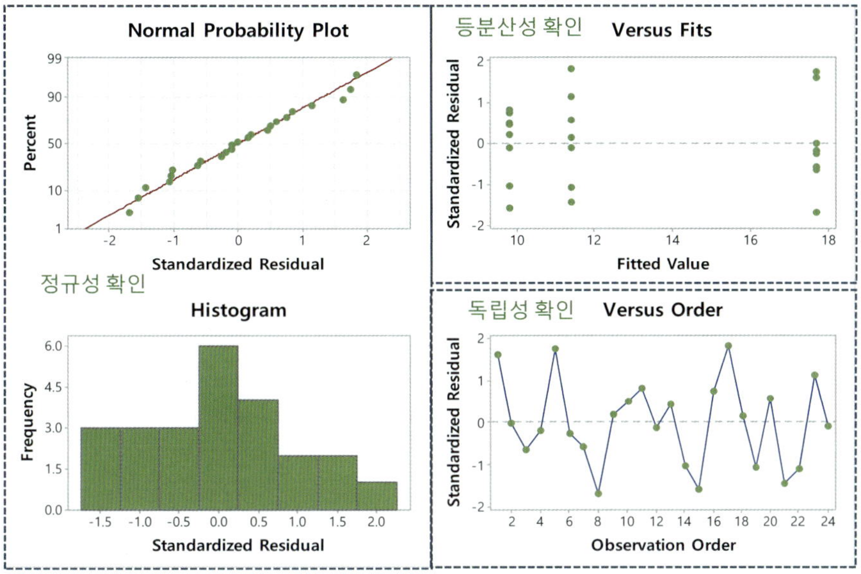


여기서 표준화 잔차Standardized Residuals를 적용하는 이유는 일반 잔차가 반응값의 측정 단위에 영향을 받게 되므로 이를 표준화Standardization하여 측정 단위를 제거하여 객관적 비교를 하기 위함이다. 만일 정규성을 만족한다면 표준화 잔차가 $\pm 2$를 벗어나는 경우를 이상점으로 가정하고 이를 검토한다.

만일 각 잔차 진단의 결과 의심스러운 패턴이 보인다면 다음과 같은 추가 분석을 진행할 수 있다. 이는 잔차의 가정을 확인하기 위한 절차이다. 만일 특정 가정이 위배된다면 데이터 레쥬메를 통하여 그 이유를 확인하고 교정하여 재분석해야 한다. 만일 가정이 심하게 위배되고 그 이유를 찾을 수 없다면 데이터를 새롭게 다시 수집하고 재분석해야 한다.

**통계분석> 품질 도구 > 런차트, KSPS.4.6**

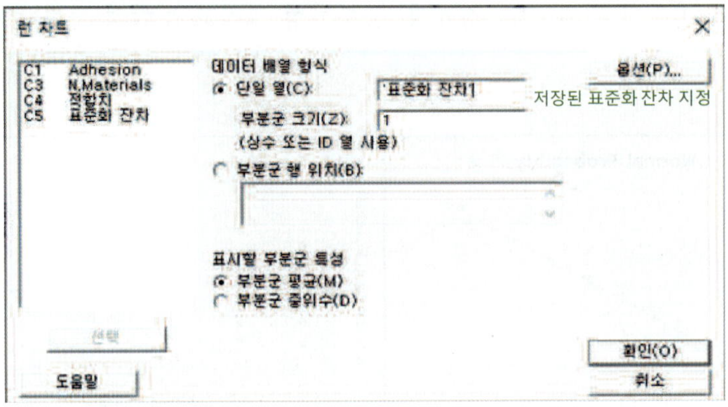


**(표준화) 잔차의 추가 진단**

(1) 표준화 잔차의 정규성 검정 : $p-value = 0.874 > \alpha = 0.05$

(2) 표준화 잔차의 등분산성 검정 : Bartlett's Test

$p-value = 0.713 > \alpha = 0.05$

(3) 표준화 잔차의 런[Run] 검정 : 모든 $p-value > \alpha = 0.05$

| | |
|---|---|
| Number of runs about median: | 14 |
| Expected number of runs: | 13.0 |
| Longest run about median: | 3 |
| Approx P-Value for Clustering: | 0.662 |
| Approx P-Value for Mixtures: | 0.338 |

| | |
|---|---|
| Number of runs up or down: | 13 |
| Expected number of runs: | 15.7 |
| Longest run up or down: | 3 |
| Approx P-Value for Trends: | 0.090 |
| Approx P-Value for Oscillation: | 0.910 |

고려한 3 종류의 재료들은 모평균 간 유의한 차이가 있는 것으로 판단되었다. 만일 가장 좋은 재료를 선택하고자 한다면 $M_1$이 가장 높은 접착력을 제공하므로 $M_1$을 선택하면 된다. 만일 모든 재료간의 차이 역시 검증되어야 한다면 다음과 같이 쌍별 다중 비교[Multiple Comparisons] 방법을 적용할 수 있다.

일반적으로 ANOVA 실시 전에 원하는 비교를 계획한 실험인 경우에는 Fisher의 LSD[Least Significant Difference] 또는 Tukey의 HSD[Honest Significant Difference] 방법을 적용하고 새로운 가설 설정을 위한 탐색적 목적인 경우에는 Tuckey의 HSD[Honest Significant Difference] 방법 또는 Bonferroni의 쌍별 비교 방법을 적용한다. 실무적으로는 최소 2개 정도의 다중 비교 방법을 적용한 후 공통성을 가지고 판단하는 것이 바람직하다. 이 예제의 경우는 새로운 가설 설정을 위한 탐색적 목적에 해당되므로 다음과 같이 적용하였다.

**통계분석> 분산 분석 > 일반 선형 모형 > 비교, KSPS.4.6**

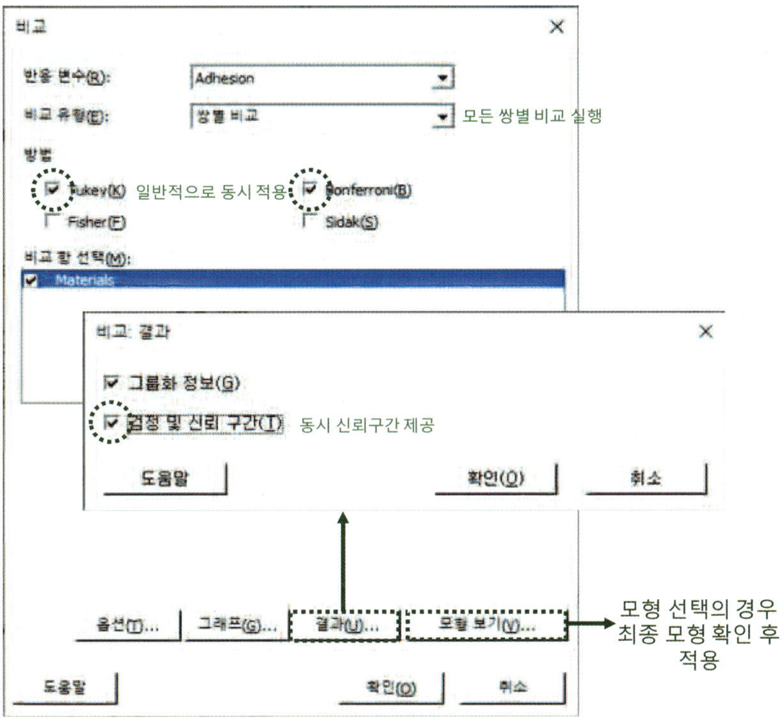


```
Tukey Pairwise Comparisons
: Response = Adhesion, Term = Materials

Grouping Information Using the Tukey Method
and 95% Confidence

Materials  N     Mean  Grouping
M1         8  17.7113  A
M3         8  11.3870  A      B
M2         8   9.7946         B

Means that do not share a letter are significantly different.
```

```
Bonferroni Pairwise Comparisons
: Response = Adhesion, Term = Materials

Grouping Information Using the Bonferroni Method
and 95% Confidence

Materials  N     Mean  Grouping
M1         8  17.7113  A
M3         8  11.3870  A       B
M2         8   9.7946          B

Means that do not share a letter are significantly different.
```

두 경우 모두 동일한 결과를 얻었으며 주어진 유의 수준 $\alpha = 0.05$ 하에서 $(M_1, M_3)$, $(M_2, M_3)$는 서로 다르다고 할 수 없고 $(M_1, M_3)$만이 차이가 있다고 볼 수 있다. 따라서 현재의 접착력을 개선하기 위해서 고려된 가인자인 재료에서는 $M_2$가 접착력이 가장 낮아($\overline{y}_{M_2} = 9.7946$) 접착력에 문제를 발생시킬 가능성이 높다. 연구자는 실험의 결과를 협력사 $M_2$에 통보하고 접착력에 관한 관련 정보를 재측정해 줄 것을 요구하였다. 나머지 재료인 $(M_1, M_2)$를 다른 가인자들과 함께 검토하기 위하여 치명인자로 선택하고 이를 [Improve 단계]에서 확인하기로 하였다. ■

## 선발 실험

선발 실험Screening Experiment이란 확인되지 않은 많은 인자들을 고려하여 중요한 소수의 인자를 선택할 때 적용되는 실험을 말한다. 이는 프로젝트에서 다양한 가인자를 동시에 고려하여 치명인자를 선정하는 [Analyze 단계]에서는 효율적인 방법을 제공하지만 [Improve 단계]의 최적화 실험과는 명확히 구별되어야 하는 통계적 실험Statistical Experiment이다. 일반적으로 [Analyze 단계]의 선발 실험을 통하여 확인된 치명인자들은 [Improve 단계]에서 최적화를 위하여 실험 조건을 재 정의하고 이를 기초로 반응 표면 분석 방법Response Surface Methodologies 또는 요인 배치법Factorial Design을 적용한다.[86]

모든 통계적 실험에서 고려되는 인자는 2 개 이상의 조건(이를 수준Levels이라고 한다.)을 정의할 수 있어야 한다. 따라서 모든 수준 조합을 고려하는 요인배치법 중에서 모든 인자들이 2 개의 수준을 갖는 경우를 2 수준계 실험Two-level Experiments 또는 간단히 $2^k FD$ 라고 한다. 이는 $k \geq 2$의 인자들을 고려하는 요인배치법 중에서 가장 적은 실험 횟수로 진행할 수 있는 실험이며 제한된 수준수로 인하여 효과의 차이 유무만을 확인할 수 있다는 제한점을 갖는다. 하지만 $2^k$ 요인배치법은 통계적으로 고유의 장점을 갖는다.

**$2^k$ 요인배치법의 장점**

(1) Geometric Design
: 모든 실험 조건을 그림으로 표현할 수 있다.

(2) Constant Degree of Freedom
: 분산분석에서 오차항을 제외한 모든 가능한 효과의 자유도는 $df = 1$로 동일하다.

$2^k$ 요인배치법이 가능한 요인배치법 중에서 가장 적은 실험 횟수를 제공한다고 하더라도 $k$가 큰 경우에는 실무적으로 수용할 수 없는 많은 실험 횟수를 요구한다. 따라서 많은 가인자를 동시에 고려하는 [Analyze 단계]에서 직접 적용하는 것은 바람직하지 못하다. 따라서 $2^k$ 요인배치법의 장점을 반영한 $2^{k-p}$ 일부 실시법Fractional Factorial Design을 적용한다.[87]

**$2^{k-p}$ 일부 실시법**

$2^k,\ k \geq 1,$인 요인배치법의 $1/2^p\ (p < k)$ 조건만을 실시하는 실험

86) D. C. Montgomery(2013). Design and Analysis of Experiments, John Wiley & Sons, Inc.
87) Box G., Hunter J.(1961). The $2^{k\text{-}p}$ fractional factorial designs: parts I and II. Technometrics. Vol.3 :311-351, 449-458.
일부 실시법을 부분 배치법이라고도 부른다. <저자 주>

[그림 4.20]은 가인자의 수에 따른 2 수준계 실험의 기초 실험 횟수($2^k$)와 $2^{k-p}, p=1,2,3,4,$ 일부 실시법의 실험 횟수를 비교한 것이다.

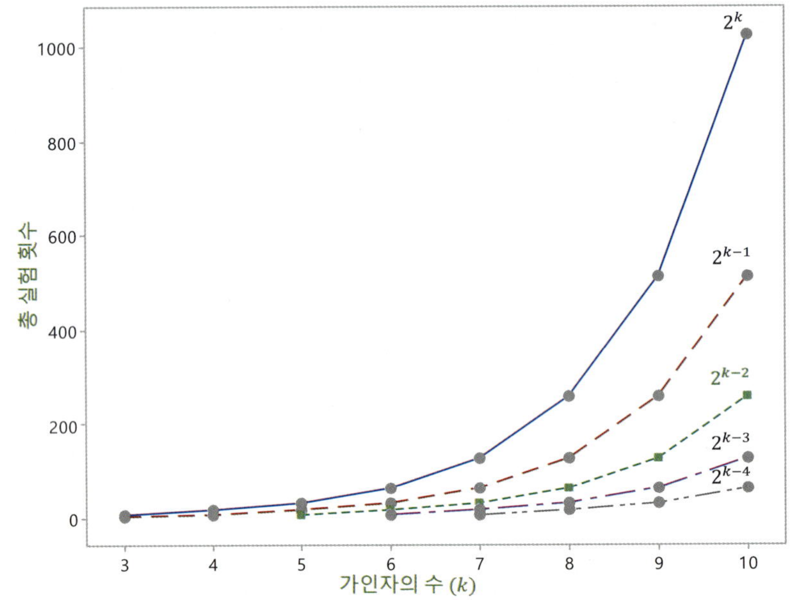


[그림 4.20] 인자의 수에 따른 총 실험 횟수: $2^k$ vs. $2^{k-p}, p=1,2,3,4$

$k$의 값이 클수록 $2^{k-p}$ 일부실시법이 보다 효율적임을 확인할 수 있다. $2^{k-p}$ 일부실시법은 2 수준계 실험의 모든 조합들 중에서 일부 조합만을 선택함으로써 총 실험 횟수를 줄이고 대신에 각 인자의 주효과[Main Effects] 그리고/또는 인자들 간의 저차의 교호작용[Interaction]만을 확인할 수 있도록 고안된 방법이다.

## Better Data Scientist Σ You Must Know 50 Prof. KO Statistics 37. 통계적 실험의 효과 분해

**주효과 Main Effect**

동시에 고려된 다른 인자들이 반응변수에 미치는 효과를 제거하고 해당 인자의 수준들이 반응변수에 미치는 영향의 정도를 말한다.

**교호작용 Interactions**

2개 이상의 인자들이 동시에 비가법적[non-additive]으로 반응변수에 영향을 미치는 정도를 말하며 상호 작용이라고도 부른다.

$2^{k-p}$ 일부 실시법은 각 인자별로 2 수준만을 고려하므로 최적 조건Optimal Condition 선정에 적절하지 않을 수 있으며 고려된 모든 효과와 교호작용을 확인할 수 없으므로 치명인자를 대상으로 하는 최적화 실험에는 적절하지 않다. 하지만 많은 가인자를 고려하여 소수의 치명인자를 선택하는 경우에는 유용하게 사용된다. $2^{k-p}$ 일부 실시법은 $2^k$ 요인배치법에 비하여 실험 횟수가 적다는 장점이외에 다양한 분야의 실험에서 확인된 다음의 경험적 근거 하에서 고안되었다.

**$2^{k-p}$ 일부 실시법의 유용성에 대한 근거**

(1) **계층적 순서 원칙** Hierarchical Ordering Principle
: 고차의 효과보다는 저차의 효과가 더 잦은 빈도로 유의하다.

(2) **유의 효과 희소성 원칙** Effect Sparsity Principle
: 전체 가능한 효과들 중에서 의미 있는 효과는 소수이다.

예를 들어 $k$개의 인자를 $A, B, \dots, K$ 라고 가정하고 $2^k$ 요인배치법으로 실험한 경우 구별해야 할 모든 효과를 나열해 보면 [표 4.3]과 같다.

[표 4.3] $k$개의 인자를 고려하는 $2^k$ 요인배치법에서 가능한 모든 효과

| 효과 | 개수 | 표시 |
|---|---|---|
| 주 효과 | $\binom{k}{1} = k$ | $A, B, \dots, K$ |
| 2인자 교호작용 | $\binom{k}{2} = \frac{k(k-1)}{2!}$ | $A\times B, A\times C, \dots, J\times K$ |
| 3인자 교호작용 | $\binom{k}{3} = \frac{k(k-1)(k-2)}{3!}$ | $A\times B\times C, A\times B\times D, \dots,$ $I\times J\times K$ |
| : | : | : |
| $k$ 인자 교호작용 | $\binom{k}{k} = 1$ | $A\times B\times \dots \times K$ |
| **총계** | $\binom{k}{1} + \binom{k}{2} + \dots + \binom{k}{k} = 2^k$ | |

계층적 순서의 원칙은 주효과와 $m$차 교호작용, $m=2,3,...,k$,들 중에서 주효과가 유의할 가능성이 제일 높고 나머지는 $m$이 작을수록 유의할 가능성이 높다는 것을 말한다. 따라서 확인되지 않은 가인자를 고려할 때 상대적으로 $m$이 큰 교호작용은 유의할 가능성이 낮다는 의미로 해석할 수 있다. 유의 인자 희소성 원칙은 Pareto Principle과 동일한 개념으로 반응변수 $Y$에 영향을 주는 인자의 수가 많지 않다는 의미이다. 이러한 원칙들을 종합해 보면 다음과 같이 효율적으로 치명인자의 선택 방법을 찾을 수 있다.

**실험을 통한 치명인자의 선택**

요인배치법 중에서 가장 효율적인 $2^k$ 요인배치법을 기초로 하여

(1) 고차의 교호작용을 확인하지 않는다면 이를 위하여 필요한 실험 횟수[runs]를 더 줄일 수 있다.
(2) 주효과와 저차의 교호작용만으로도 치명인자를 선택할 수 있다.

이러한 근거를 기초로 $2^{k-p}$ 일부실시법은 $2^k$ 요인배치법의 모든 수준 조합을 $2^p$개의 블록[Block]으로 구분하고 이 중에서 1개의 부분[Fraction]을 선택함으로써 실험 횟수를 줄인다. 이때 블록의 구분을 결정하는 효과를 생성자[Generator]라고 한다. 인자[Factor]의 수에 따라 설계 가능한 $2^{k-p}$ 일부실시법은 [표 4.4]와 같다.

[표 4.4] 인자(Factor)의 수와 실험 횟수(Run)에 따른 해상도[Minitab 제공]

| | Factors | | | | | | | | | | | | | |
|---|---|---|---|---|---|---|---|---|---|---|---|---|---|---|
| Run | 2 | 3 | 4 | 5 | 6 | 7 | 8 | 9 | 10 | 11 | 12 | 13 | 14 | 15 |
| 4 | Full | III | | | | | | | | | | | | |
| 8 | | Full | IV | III | III | III | | | | | | | | |
| 16 | | | Full | V | IV | IV | IV | III | III | III | III | III | III | III |
| 32 | | | | Full | VI | IV | IV | IV | IV | IV | IV | IV | IV | IV |
| 64 | | | | | Full | VII | V | IV | IV | IV | IV | IV | IV | IV |
| 128 | | | | | | Full | VIII | VI | V | V | IV | IV | IV | IV |

여기서 각 셀[Cell]에 표현된 값을 해상도[Resolution]라 한다. 해상도란 주어진 실험 횟수로 가능한 효과 분해 능력을 의미하는 것으로 해상도가 높을수록 더 많은 주 효과와 교호작용을 분해하여 확인할 수 있다. [표 4.4]의 $Full$은 $2^k$ 요인배치법을 의미하고 $III$보다 적은 실험 횟수를 표시하는 공란(□)은 주어진 실험 횟수로 원하는 수의 인자를 실험할 수 없음을 나타낸다. [표 4.5]는 가인자 검토에 적용할 수 있는 해상도의 범위이다.

[표 4.5] 가인자 검토에 적용 가능한 해상도의 범위

| 해상도 | 의 미 |
|---|---|
| III (Three) | 어떤 주효과도 다른 주효과의 별명이 아니다.<br>그러나 주효과들은 2인자 교호작용과 별명 관계일 수 있으며<br>2인자 교호작용들은 서로 별명일 수 있다. |
| IV (Four) | 어떤 주효과도 다른 주효과나 2인자 교호작용의 별명이 아니다.<br>그러나 2인자 교호작용들은 서로 별명일 수 있다. |
| V (Five) | 어떤 주효과 또는 2인자 교호작용도 다른 주효과 또는<br>2 인자 교호작용의 별명이 아니다.<br>그러나 2인자 교호작용은 3인자 교호작용들과 서로 별명일 수 있다. |

여기서 별명[Alias]이란 실험 횟수를 줄임에 따라 교락[Confounding]되어 구별할 수 없는 효과들을 말하며, 고려한 실험에서 전체 가능한 효과들의 교락 관계를 별명구조[Alias Structure]라고 한다. 실무적으로 올바른 치명인자를 선택하기 위해서는 해상도가 반드시 $III$이상 이어야 한다. 만일 해상도가 $III$보다 작다면 주효과들 간의 교락 관계가 발생하므로 치명인자를 올바로 선별할 수 없게 된다.

$2^{k-p}$ 일부 실시법은 선발 실험을 위하여 가장 유용한 통계적 실험이다. 이에 대한 실무 적용 방법은 [그림 4.21]과 같다. 그 절차를 보면 먼저 잠재인자를 검토하여 결정된 가인자들 중에서 의심스러운 인자들을 포함하여 충분한 수인 $k \geq 2$를 결정한다. 이때 각 인자들은 차이가 나타날 가능성이 높은 조건들로 2개의 수준을 결정한다. 자원과 시간을 검토하여 현재 총 가능한 실험 횟수 $2^m$을 결정한다. 설계된 총 실험 횟수 $2^k$와 총 가능한 실험 횟수 $2^m$을 비교하여 $p$를 결정한다.

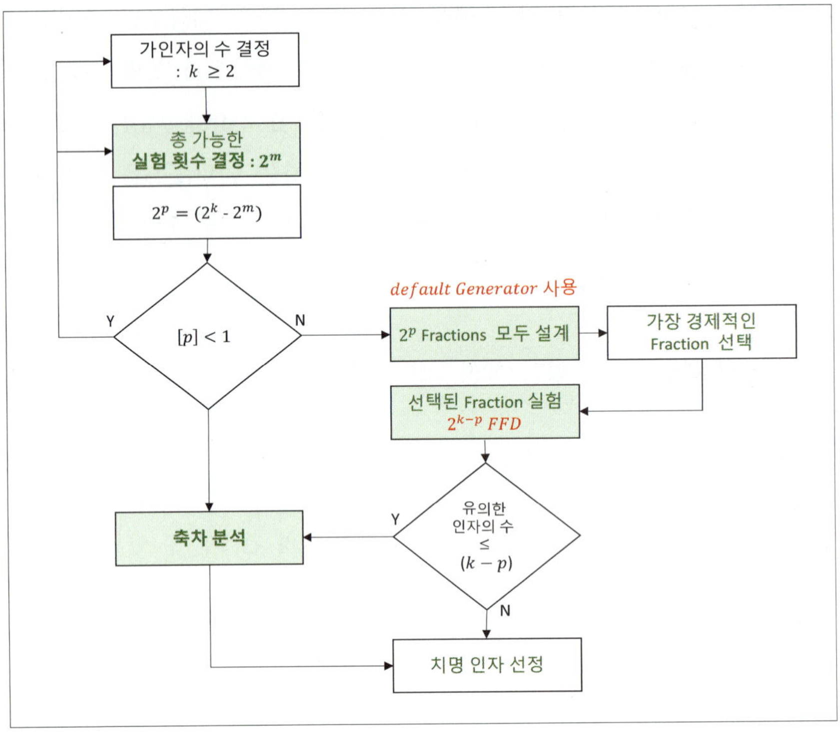


[그림 4.21] $2^{k-p}$ 일부 실시법을 적용한 선발 실험의 절차

만일 가능한 모든 실험 $2^k$를 실시할 수 있다고 하더라도 의심스러운 인자의 수를 고려하여 $p$를 결정한다. $p$는 반드시 1보다 큰 정수이어야 한다. 결정된 $p$를 이용하여 $2^{k-p}$ 일부 실시법을 설계한다. 이때 가능한 모든 부분[Fraction]을 설계하고 각 부분의 실험 조건을 비교하여 가장 경제적인 부분을 선정한 뒤 실험을 실시한다. $2^{k-p}$ 일부 실시법은 어떤 부분에서 실험이 실시되어도 동일한 통계적 유의성을 확인할 수 있다.

실시된 실험 결과를 분석하여 통계적으로 유의한 인자를 구별한다. 만일 실험 결과에서 유의한 인자의 수가 $k-p$보다 작다면 유의한 인자들만의 설계로 재 정의하여 실험 결과를 재분석할 수 있다. 이를 일부 실시법의 **축차분석** Sequential Analysis이라고 한다. 예를 들어 5개의 인자를 고려한 $2^{5-2}$ 일부 실시법에서 2개의 인자가 유의하지 않다면 유의한 3개의 인자들의 2 수준계 완전 요인 배치법으로 정의하여 재분석할 수 있다. 이러한 일련의 과정을 통하여 효율적으로 치명인자를 선택할 수 있다. 또한 고려한 인자들이 계량으로 함수를 정의할 수 있는 조건이라면 이러한 **축차분석** 결과에 실험 조건을 추가하여 최적화 실험을 실시할 수도 있다. $2^{k-p}$ 일부 실시법의 실무적 장점을 정리하면 다음과 같다.

### $2^{k-p}$ 일부 실시법의 실무적 장점

**(1) 실험 실시 부분[Fraction]의 선정**

: 서로 다른 실험 조건으로 구성된 $2^p$ 개의 부분 중에서 가장 경제적이거나 용이한 조건들로 구성된 부분을 선택하여 실험을 실시할 수 있다.

**(2) 축차 분석**

: 실험의 분석 결과에 따라 유의한 인자만의 설계로 전환하여 재분석할 수 있다. 이 경우에는 더 많은 효과들을 확인할 수 있다.

**(3) [Improve 단계]의 최적화 실험과 직접 연계**

: 고려한 인자들이 모두 **계량**[Metric]으로 정의되는 경우, 일부 실험 조건을 추가하여 최적화 실험인 최대경사법 그리고 반응 표면 분석과 연계할 수 있다.

**[예제 4.7]** KSPS.4.7

이동형 전장 제품은 통신 환경의 영향을 받으며 이를 처리하는 내부 메모리 사용량(Mb)이 중요한 Project Y이다. 이에 대한 잠재인자의 검토를 통하여 확인된 7개의 가인자를 고려하여 중요한 치명인자를 선정하고자 한다.

| 가인자 | 기호 | 선택된 수준 |
|---|---|---|
| 1. Css Declaration Buffer Size | A | * |
| 2. Hash/Vector Size | B | * |
| 3. Loading Storage Methods | C | * |
| 4. Unicode Imp. Methods | D | * |
| 5. Fort Glyph Size | E | * |
| 6. Js Intro Pool | F | * |
| 7.Object Display Methods | G | * |

현재의 메모리 사용량은 약 39.0(Mb)정도이며 선정된 가인자는 다음과 같다. 단, 메모리 사용량은 적을수록 바람직하다. 고려된 가인자를 최소 수준수인 2개씩 고려할 경우 필요한 실험 횟수는 $2^7 = 128$번 실험을 해야 하지만 이 중 3개의 인자는 Project Y에 대한 영향도를 검증하는 차원에서 선택된 것으로 $2^{7-3} = 16$번의 일부 실시법을 적용하기로 하였다.

**통계분석> 실험계획법 > 요인 > 요인 설계 생성**

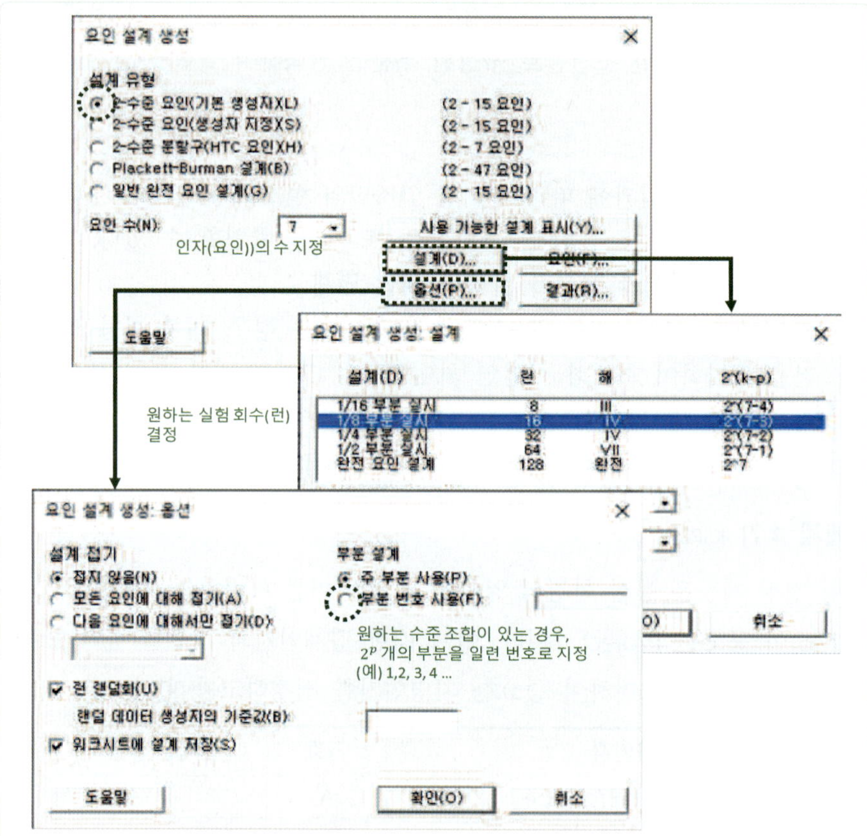


총 가능한 8개의 $2^{7-3}$ 일부 실시법 설계의 별명 구조는 부호(+, −)만 다를 뿐 동일한 구조를 갖는다.

```
Alias Structure

(1) I - ABCE + ABFG - ACDG + ADEF - BCDF + BDEG - CEFG
(2) I + ABCE + ABFG - ACDG - ADEF - BCDF - BDEG + CEFG
(3) I - ABCE - ABFG - ACDG - ADEF + BCDF + BDEG + CEFG
                        ...
(8) I + ABCE + ABFG + ACDG + ADEF + BCDF + BDEG + CEFG
```

고려한 설계의 해상도는 *IV*이며 각 효과는 8개의 다른 효과와 별명 구조를 갖는다. 나머지 7개의 설계 조건과 비교하여 가장 경제적인 부분인 Fraction Number = 8을 선택하였다.

```
Fractional Factorial Design

Factors:   7   Base Design:          7, 16   Resolution:   IV
Runs:     16   Replicates:               1   Fraction:    1/8

Blocks:    1   Center pts (total):     0  Fraction number:8

Design Generators: E = ABC, F = BCD, G = ACD
Alias Structure
I + ABCE + ABFG + ACDG + ADEF + BCDF + BDEG + CEFG

A + BCE + BFG + CDG + DEF + ABCDF + ABDEG + ACEFG
B + ACE + AFG + CDF + DEG + ABCDG + ABDEF + BCEFG
C + ABE + ADG + BDF + EFG + ABCFG + ACDEF + BCDEG
D + ACG + AEF + BCF + BEG + ABCDE + ABDFG + CDEFG
E + ABC + ADF + BDG + CFG + ABEFG + ACDEG + BCDEF
F + ABG + ADE + BCD + CEG + ABCEF + ACDFG + BDEFG
G + ABF + ACD + BDE + CEF + ABCEG + ADEFG + BCDFG
이하 생략
```

별명 구조를 고려할 때 2 인자 이상의 교호작용은 서로 교락되어 확인할 수 없으며 3 인자 이상의 교호 작용이 없다고 가정한다면 이 실험을 통하여 주효과 7개를 모두 확인할 수 있다.

**통계분석> 실험 계획법 > 요인 > 요인 설계 분석, KSPS.4.7**

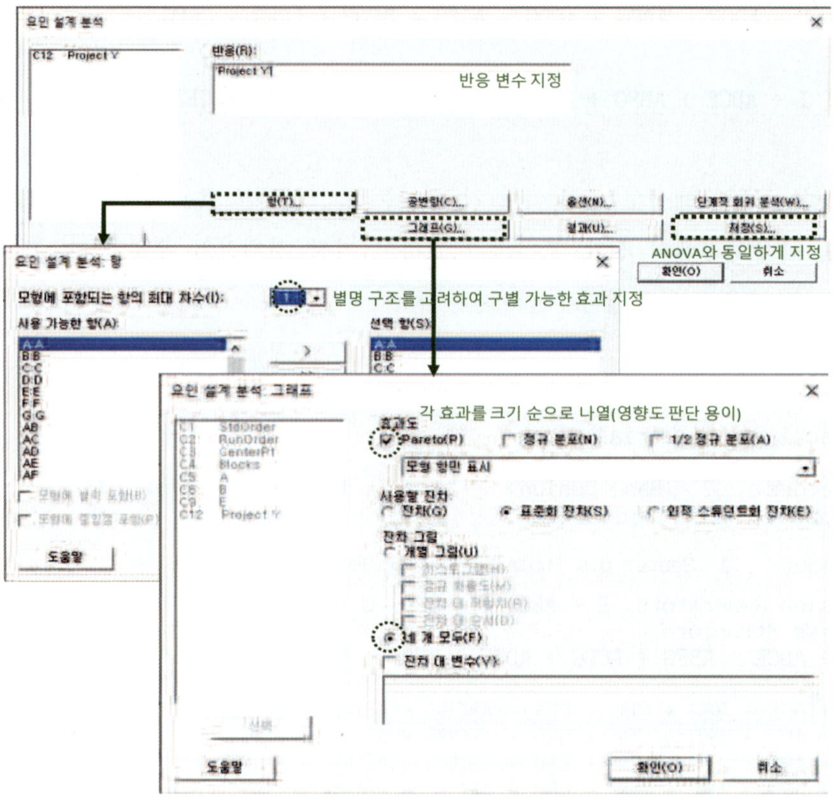


## [분석 결과]

### (1) 기초 분석

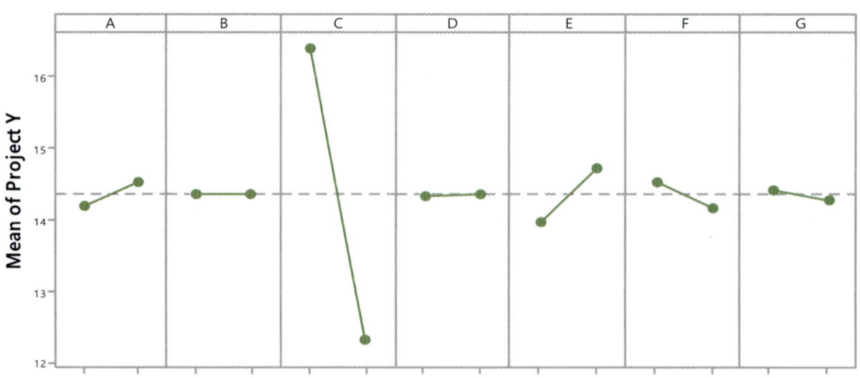

고려한 인자들의 주 효과를 확인해 보면 C, E, A, F는 어느 정도 차이를 보이고 B, D, G는 거의 차이가 없는 것을 확인할 수 있다. 이에 대한 통계적 분석 결과는 다음과 같다.

Analysis of Variance

| Source | DF | Adj SS | Adj MS | F-Value | P-Value | |
|---|---|---|---|---|---|---|
| Model | 7 | 69.6280 | 9.9469 | 403.63 | 0.000 | |
| Linear | 7 | 69.6280 | 9.9469 | 403.63 | 0.000 | |
| A | 1 | 0.4796 | 0.4796 | 19.46 | 0.002 | ** |
| B | 1 | 0.0001 | 0.0001 | 0.00 | 0.963 | |
| C | 1 | 66.3003 | 66.3003 | 2690.35 | 0.000 | ** |
| D | 1 | 0.0008 | 0.0008 | 0.03 | 0.865 | |
| E | 1 | 2.2726 | 2.2726 | 92.22 | 0.000 | ** |
| F | 1 | 0.5006 | 0.5006 | 20.31 | 0.002 | ** |
| G | 1 | 0.0743 | 0.0743 | 3.01 | 0.121 | |
| Error | 8 | 0.1972 | 0.0246 | | | |
| Total | 15 | 69.8252 | | | | |

ANOVA의 결과 유의 수준 $\alpha = 0.05$에서 A, C, E, F 인자는 유의하고 나머지 인자들은 유의하지 않다. 이러한 결과를 용이하게 판단하기 위하여 다음과 같은 파레토 그림을 참조할 수 있다. 이는 $t-$검정에 기초한다.

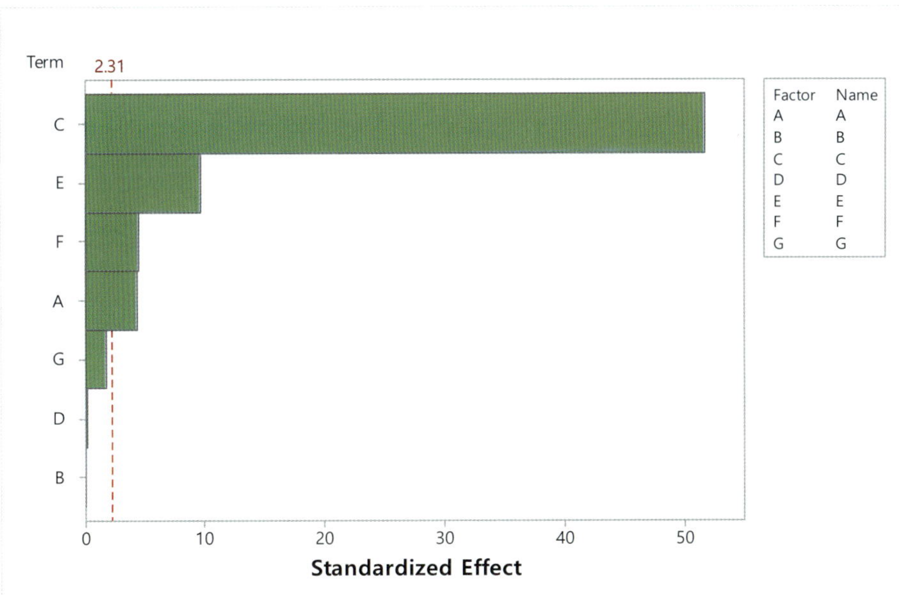

### (2) 축차 분석

기초 분석을 통하여 통계적으로 유의한 4개의 인자들만의 설계로 재 정의하게 되면 $2^{7-3}=16$번의 실험은 반복이 없는 $2^4$ 완전 요인배치법이라고 가정할 수 있다. 따라서 최고차 교호작용인 4인자 교호작용을 오차항으로 가정하고 축차 분석을 진행할 수 있다. 유의하지 않은 교호작용을 오차로 풀링Pooling한 후의 결과는 다음과 같다.

Analysis of Variance

| Source | DF | Adj SS | Adj MS | F-Value | P-Value |
|---|---|---|---|---|---|
| Model | 6 | 69.6544 | 11.6091 | 611.88 | 0.000 |
| Linear | 4 | 69.5530 | 17.3882 | 916.48 | 0.000 |
| C | 1 | 66.3003 | 66.3003 | 3494.47 | 0.000 |
| E | 1 | 2.2726 | 2.2726 | 119.78 | 0.000 |
| F | 1 | 0.5006 | 0.5006 | 26.38 | 0.001 |
| A | 1 | 0.4796 | 0.4796 | 25.28 | 0.001 |
| 2-Way Interactions | 2 | 0.1015 | 0.0507 | 2.67 | 0.123 |
| C*F | 1 | 0.0663 | 0.0663 | 3.49 | 0.094 |
| E*A | 1 | 0.0352 | 0.0352 | 1.85 | 0.207 |
| Error | 9 | 0.1708 | 0.0190 | | |
| Total | 15 | 69.8252 | | | |

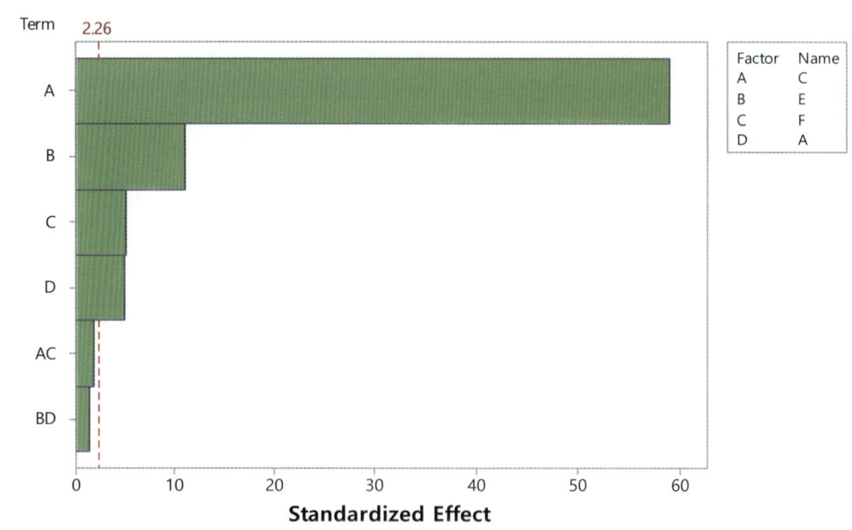

계층적 순서 원칙에 따라 2 인자 교호 작용이 모두 유의하지 않으므로 3 인자 이상의 교호 작용이 유의할 가능성은 매우 낮다. 주 효과를 보면 인자 [C : Loading Storage Methods]와 [E: Fort Glyph Size]가 Project Y에 더 많은 영향을 미치는 것을 확인 할 수 있다.

**통계분석> 실험 계획법 > 요인 > 반응 최적화 도구, KSPS.4.7**

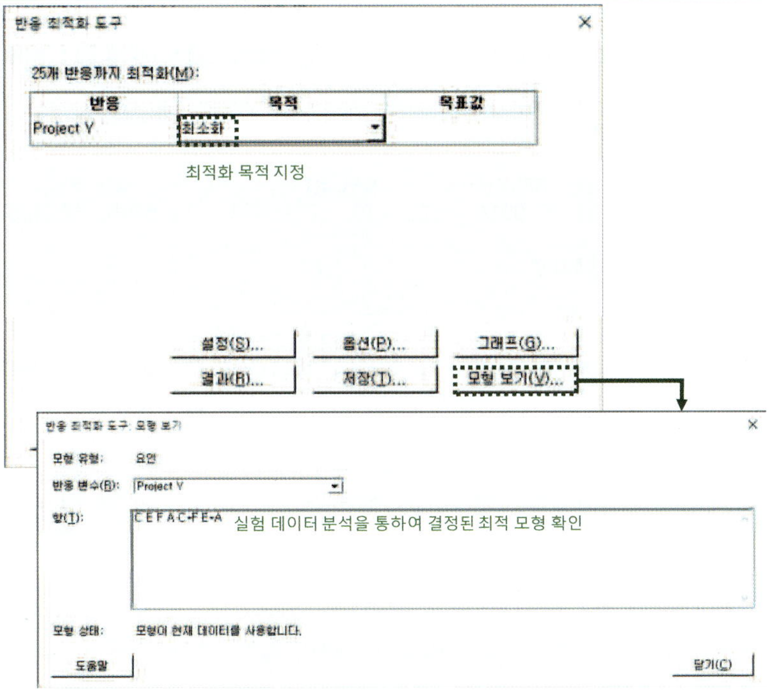


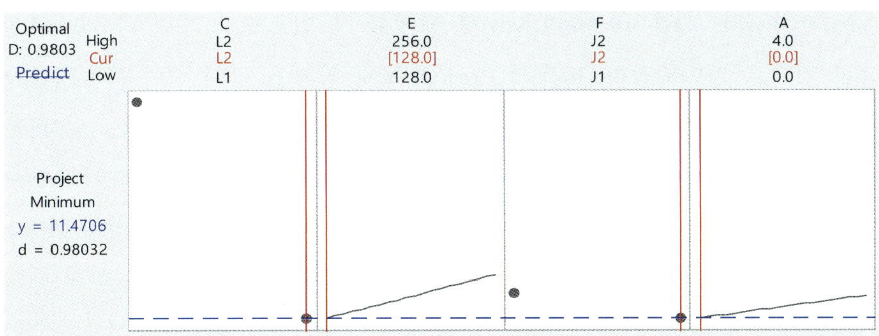

유의한 인자 F와 인자 A의 영향을 확인해 보기 위하여 [C, E]=[L2, 128]로 고정하고 [F, A]의 모든 조합을 변경해가며 Project Y에 대한 영향을 확인해면 다음과 같다.

```
Prediction for Project Y

(1) Variable  Setting
    F         J2
    A         0
Response       Fit  SE Fit        95% CI              95% PI
Project Y  11.4706  0.0911  (11.2645, 11.6767)  (11.0970, 11.8442)

(2) Variable  Setting
    F         J1
    A         0
Response       Fit  SE Fit        95% CI              95% PI
Project Y  11.9531  0.0911  (11.7470, 12.1592)  (11.5795, 12.3267)

(3)Variable  Setting
   F         J2
   A         4
Response       Fit  SE Fit        95% CI              95% PI
Project Y  11.9106  0.0911  (11.7045, 12.1167)  (11.5370, 12.2842)

(4) Variable  Setting
   F         J1
   A         4
Response       Fit  SE Fit        95% CI              95% PI
Project Y  12.3931  0.0911  (12.1870, 12.5992)  (12.0195, 12.7667)
```

[C, E] = [L2, 128]를 고정한 경우 [F, A]의 모든 조합 중에서 가장 메모리를 많이 사용하는 경우에도 Project Y의 95% $CI$를 확인해 보면 현재 평균인 39.0(Mb)보다 훨씬 작은 12.5992(Mb)을 달성할 수 있으므로 개선 목표는 달성 가능할 것으로 판단되었다. 따라서 Project Y에 영향을 많이 주는 [C, E]를 치명인자로 결정하고 [F, A]는 예비 치명인자로 결정하였다. [Analyze 단계]를 통하여 충분한 개선 성과를 달성하였지만 결정된 치명인자를 이용하여 Project Y의 최적 조건 선정과 반작용 확인 그리고 개선 효과의 검증을 위하여 [Improve 단계]를 진행한다. 여기서 95% $CI$는 신뢰구간Confidence Interval을 의미하며 해당 조건에서의 모평균을 포함할 범위를 나타내며 95% $PI$는 예측구간Prediction Interval을 의미하며 해당 조건에서의 개별 반응값을 포함할 범위를 나타낸다. ■

## 범주형 $Y$

프로젝트에서는 연속형 Project Y를 필요 조건으로 가정한다. 이는 현상을 반영한 데이터로부터 올바른 사실을 확인하기 위하여 유용한 통계 도구와 분석을 적용할 수 있기 때문이다. 범주형 $Y$는 여러 개의 특성들을 동시에 고려할 수 있다는 장점 때문에 현장의 관리 또는 다양한 현상의 진단을 위하여 많이 사용되지만 품질 개선을 위한 Project Y로는 바람직하지 않다. 하지만 생산 프로세스의 품질 진단, 개발된 제품에 대한 최종 적합도 확인 등의 목적으로 데이터를 수집하거나 프로젝트에서 구체적인 Project Y를 선정하기 전 다양한 특성들을 동시에 고려하는 기초 진단인 경우에는 범주형 $Y$를 고려할 수 있다.

범주형 $Y$는 대부분의 경우 일정 개수의 대상 또는 단위 내에서 불량 또는 결함 등의 속성에 대한 빈도를 집계하여 사용한다. 집계된 빈도는 고려한 대상의 수 또는 단위 내 기회의 수를 반영하여 비율[Proportion]로 요약할 수 있다. 따라서 범주형 $Y$는 비율 또는 평균 건수[Average Counts]를 중심으로 비교하며 일반적으로 연속형 $Y$에 비하여 더 많은 표본의 수를 요구한다. 이를 위한 대표적인 방법은 [표 4.6]과 같다.

**37. 범주형 $Y$에 대한 중요 비교 방법:** [표 4.6]

| 도구 | 가정 | 적용 상황 |
|---|---|---|
| 1-proportion | - 이진 분류<br>- 명확한 기준값 | 단일 집단의 모비율과 기준값의 비교 |
| 2-proportions (상호 독립) | - 이진 분류<br>- 상호 독립 측정 | 2개 집단의 모비율 비교 |
| McNemar's (상호 종속) | - 이진 분류<br>- 동일 대상에 대한 반복 측정 | 2개 집단 간 차이의 모비율 비교 |
| Chi-Square Test | - 분류 항목 제한 없음<br>- 비교 항목들의 기대 빈도 > 5 | 2개 이상 집단들의 모비율(또는 기대빈도) 비교 |

# 관계의 고찰

Better Data Scientist Σ You Must Know 50 Prof. KO Statistics

## 38. 치명인자의 선택 III : 관계의 고찰

$Y \approx f(X_1, X_2 \cdots, X_k)$를 찾아라.

- 고객이 원하는 $Y$와 조절 가능한 프로세스의 원인들 $X's$ 간의 관계를 도출하고 원인($X's$)들을 조절하여 원하는 목표($Y$)를 달성한다.

변수들 간의 관계[Relationship] 고찰은 $X's$을 이용한 $Y$의 예측[Prediction] 또는 $X's$로 표현되는 복잡한 상황을 $Y$로의 단순화[Simplification]를 목적으로 한다. 데이터를 이용한 귀납적 관계 파악에 유용한 방법을 경험적 모형 설정[Empirical Model Building]이라고 부르며 가장 대표적인 방법으로 상관 분석[Correlation Analysis]과 회귀 분석[Regression Analysis]을 들 수 있다.

### 상관 분석

상관 분석은 $X$와 $Y$ 모두 확률 변수 – 임의의 오차를 포함하는 변수 – 로 가정하며 고려된 변수들 간의 직선 관계의 유무와 밀접도[Closeness]에 대하여 상관 계수[Correlation Coefficient]를 통하여 확인한다.

**모 상관계수**

$$\rho = Corr(X, Y) = \frac{E[(X-\mu_X)(Y-\mu_Y)]}{\sigma_X \sigma_Y}, \quad -1 \le \rho \le 1$$

**표본 상관계수**

$$r = \frac{\sum_{i=1}^{n}(x_i - \bar{x})(y_i - \bar{y})}{\sqrt{\sum_{i=1}^{n}(x_i - \bar{x})^2 \sum_{i=1}^{n}(y_i - \bar{y})^2}}, \quad -1 \le r \le 1$$

상관 계수는 두 변수간의 직선 관계 밀접도를 나타내는 것으로 [그림 4.22]의

①의 경우와 같이 직선의 형태인 경우 그 밀접도를 잘 반영하지만 ②의 경우와 같이 부호이외의 직선 기울기는 그 크기를 반영하지 못한다. 또한 ③의 경우에서 볼 수 있듯이 직선이 아닌 관계는 그 밀접도를 올바로 진단할 수 없다.

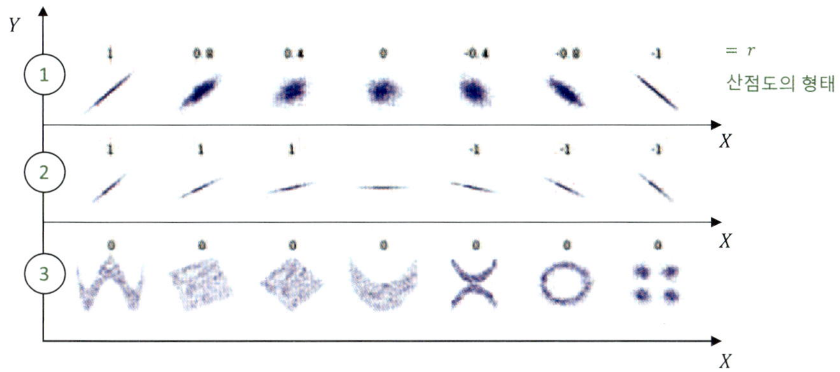


[그림 4.22] 두 변수들의 산점도와 상관 계수 : Wikipedia 2019.1

상관 계수는 가정된 관계의 설명력으로 해석하지 않아야 한다. 만일 $r = 0.5$ 라고 한다면 완벽한 직선 관계에서 50%를 설명한다고 해석하는 오류가 있다. 실제로는 두 변수간의 직선 관계를 가정한다면 $r$이 아닌 $r^2$ 값이 전체 변동 중에서 가정된 직선 관계에 의해 설명되는 정도를 의미한다. 따라서 완벽한 직선 관계에 대한 설명력은 $r^2 = 0.25$, 즉 25%라고 해야 올바른 해석이다.

일부 연구자들은 직선 관계 밀접도의 정도를 판단하는 객관적 기준을 원한다. 예를 들어 $r = 0.8$이상이면 「관계가 밀접하다」 또는 특정 값보다 작으면 「관계가 없다」 라는 해석의 기준을 요구하기도 한다. 하지만 이에 대한 객관적이고 일반적인 기준은 존재하지 않는다. 상관계수의 크기에 대한 기준을 결정을 위해서는 먼저 다음 질문들을 고려해야 한다.

### (1) 모 상관계수에 대한 검정

현재 고려하고 있는 두 변수가 일반적으로 관찰되는 두 변수 간 상관계수보다 충분히 큰가? 예를 들어 이전의 연구에서는 0.4이었으나 이번 연구에서 0.6이 되었다면 상관성이 높아졌다고 주장할 수 있는가?

(2) 인과 관계에 대한 실무적 타당성 검토

주어진 두 변수간의 관계를 고려하고 하나의 변수를 나머지 변수를 이용하여 예측하는 것이 타당 한가?

(3) 실무 적용의 가능성 판단

구해진 상관계수의 부호와 크기가 분야의 이론과 일치 하는가?

상관계수 값의 판단 기준은 데이터가 취해진 분야의 기준과 실무적인 해석 및 적용 가능성에 따라 결정되어야 한다. 앞서 설명한 것과 같이 불행하게도 모든 경우의 직선 밀접도 판단을 위한 절대적인 기준은 존재하지 않는다. 다음은 상관 계수의 크기에 영향을 주는 요소들이다.

1. 측정의 불안정성

고려한 변수 중 하나라도 측정이 불안정하다면 표본 상관계수는 작아진다.

2. 표본 크기

표본 크기가 작은 경우 표본 상관계수는 모 상관계수에 비하여 크거나 작아진다. 다시 말해 표준오차가 커져서 표본 상관계수는 불안정한 값을 갖는다. 따라서 일정 크기 이상의 표본을 취한 경우에 한하여 표본 상관계수를 이용하여 모 상관계수를 의미 있게 추정할 수 있다.

3. 관계의 적절성

고려한 두 변수간의 관계가 비선형 관계인 경우 상관계수는 크거나 작아진다. 따라서 표본 상관계수를 계산하기 전에 선형 관계가 적절한지를 검토해야 한다.

4. 데이터 변환

선형 변환 $aV+b$는 상관 계수의 부호가 바뀔 수는 있지만 상관 계수의 값에는 영향을 주지 않는다. 하지만 함수적 변환 – Log, $\sqrt{\ }$ 등 – 은 데이터의 범위를 변경시켜 표본 상관계수의 값에도 영향을 준다.

### 5. 데이터 재분류 또는 세분화

데이터의 새로운 집단화를 통한 재분류 또는 일부 데이터를 선택하는 세분화 작업은 표본 상관계수에 영향을 준다.

### 6. 서로 다른 집단의 통합

두 개 이상의 집단을 통합할 경우 상관계수 값은 영향을 받는다. 만일 통합되는 집단 간 평균이 비슷하다면 그 영향은 미미하지만 집단 간 평균들이 서로 많이 다르다면 표본 상관계수는 영향을 받는다.

### 7. 범위 제약

표본을 취할 때 생기는 측정 오차 또는 실수로 인하여 특정 변수의 제약이 생기는 경우의 표본 상관계수 값은 일반적으로 작아진다.

### 8. 이상점의 영향

이상점은 표본 상관계수는 많은 영향을 준다. [그림 4.23]은 표본 상관계수에 대한 이상점들의 영향 정도를 보여 준다. $r=1.00$인 직선 관계에서 이상점을 1개(▲)를 포함하는 경우 $r=0.80$으로 작아지며 이상점을 추가로 1개(■) 더 포함하는 경우에는 $r=0.71$로 작아짐을 확인할 수 있다.

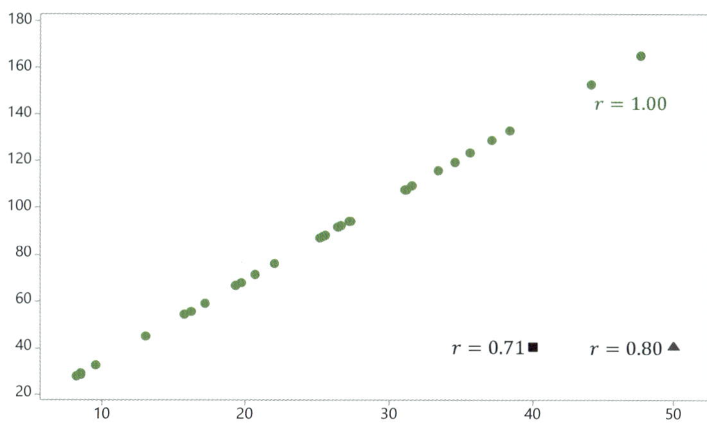


[그림 4.23] 표본 상관계수에 대한 이상점의 영향

### 9. 쌍별 상관계수의 제한성

만일 3개 이상의 변수들을 고려하는 경우 특정 쌍별 표본 상관계수는 주어진 범위 $[-1,1]$의 값을 갖지 못하고 일정 범위 내의 값을 갖는다. 예를 들어 3개의 변수 $y_1, y_2, y_3$를 고려할 때 $y_2$와 $y_3$의 표본 상관 계수 $r_{23}$는 다음의 범위 내를 벗어나지 못한다. 예를 들어 3개의 변수 $y_1, y_2, y_3$를 고려할 때 만일 $r_{12}=0.5,\ r_{13}=0.3$이라면 $r_{23} \in [-0.676, 0.976]$로 그 값이 제한된다.

만일 $r_{12}, r_{13} \in [-1,\ 1]$ 이라면,

$$r_{23} \in \left[r_{12}r_{13} - \sqrt{1-r_{12}^2-r_{13}^2+r_{12}^2r_{13}^2},\ r_{12}r_{13} + \sqrt{1-r_{12}^2-r_{13}^2+r_{12}^2r_{13}^2}\right]$$

또한 3개 이상의 변수를 동시에 고려하는 경우 쌍별 상관계수로만 그 현상을 설명할 수 없다. 만일 고려한 변수들 중에서 특정 변수의 효과를 제외하고 현상을 설명하고자 한다면 다음의 **편 상관계수**Partial Correlation Coefficient를 적용해야 한다. 이는 동시에 고려하는 변수의 수에 따라 확장이 가능하다.

**1차 편 상관계수** 1st order partial Correlation Coefficient

: 변수 2의 효과를 제외한 변수 3과 변수 1의 편 상관계수

$$r_{31.2} = \frac{r_{31} - r_{32}r_{12}}{\sqrt{(1-r_{32}^2)(1-r_{12}^2)}}, \quad -1 \le r_{31.2} \le 1$$

**[예제 4.8]**

장비 설정값($S$)에 영향을 받는 제품의 길이($L$)와 무게($W$)의 쌍별 상관계수는 다음과 같다.

```
Correlation: L. S, W
        L     S
S  0.633
W  0.687   0.185
Cell Contents: Pearson correlation
```

가인자 검토를 통하여 장비 설정값이 추후 고정이 가능하다면 현재 데이터에서 장비 설정값의 효과를 제거하고 제품의 길이($L$)와 무게($W$)간의 상관계수를 계산할 수 있다. 주어진 쌍별 표본 상관계수를 이용하여 장비 설정값의 효과를 제거한 편 상관계수는 $r_{LW.S}=0.749$가 된다. ■

표본 상관계수의 절대값이 크다고 하더라도 이를 근거로 치명인자를 결정할 수 없고 이를 근거로 실무적 인과 관계[Causality]를 주장할 수도 없다. [그림 4.24]는 동일한 관계를 $Y$의 범위만을 변경하여 도시한 것이다. 표본 상관계수는 $r=1.00$이지만 이를 근거로 주어진 $X$가 치명인자라고 주장할 수 없다. 치명인자란 $Y$에 영향을 많이 주는 인자이지만 주어진 그림에서 $X$가 변해도 $Y$는 거의 변하지 않는다.

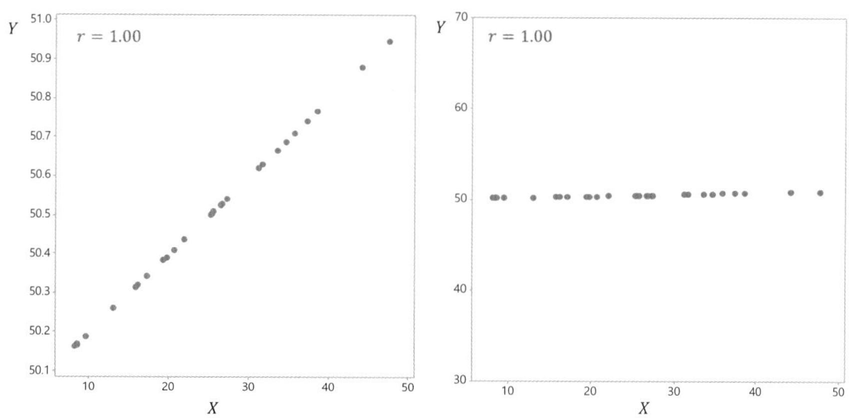

[그림 4.24] 표본 상관계수와 $X$의 변화에 대한 $Y$의 변화량

상관 분석은 기본적으로 2개의 변수들 간의 직선 관계만을 확인할 수 있다는 점에서 행렬도[Matrix Plot]와 함께 적용하는 것이 좋다. 이는 2개의 변수들을 반응 변수와 설명 변수로 구분하지 않고 단순 밀접도만 제시한다는 점에서 기초 분

석으로 제한하여 사용하는 것이 바람직하다. 실제로 가인자를 관계 중심으로 검토하여 치명인자를 선정하기 위해서는 회귀 분석을 사용하는 것이 바람직하다.

## 회귀 분석

회귀 분석은 반응변수 $Y$와 설명변수 $X's$을 명확히 구분하고, $X's$의 경우에는 측정 시 임의 오차Random Error가 존재하지 않는다고 가정한다.[88] 회귀 분석은 수집된 데이터의 형태와 정의된 선형 함수 $f(.)$에 따라 다음과 같이 다양한 실무적 상황에 적용될 수 있다. 여기서는 연속형 반응 변수 $Y$와 $k \geq 1$의 연속형 설명 변수들 그리고 오차의 분포를 정규분포로 가정하는 경우를 고려하기로 한다.

**(선형) 회귀 분석**

관심 특성들 간의 관계를 설명하고 모형화Modeling하기 위한 통계적 방법으로 다음의 선형 회귀 모형Linear Regression Model을 기초로 한다.

$$y_i = f(x_1, x_2, \ldots, x_k)_i + \epsilon_i \,, \epsilon_i \sim iid\, N(0, \sigma^2), \; i = 1, 2, \ldots, n$$

여기서 $y$는 반응 변수, $x_1, x_2, \ldots, x_k$는 설명 변수,

$f(.)$는 선형Linear 함수임을 가정

선형 회귀 모형에서 설명 변수 $X$가 1개인 경우를 단순 회귀 분석Simple Regression Analysis이라고 한다. 단순 회귀 분석의 모형은 다음과 같다.

88) F. Galton(1886). Regression towards Mediocrity in Hereditary stature, Journal of the Anthropological Institute of Great Britain and Ireland, 15

**단순 회귀 분석**

- 데이터 $(x_i, y_i),\ i = 1, 2, \ldots, n$
- 회귀 모형

$y_i = \beta_0 + \beta_1 x_i + \epsilon_i,\ \epsilon_i \sim iid\, N(0, \sigma^2),\ i = 1, 2, \ldots, n$

여기서 $y_i$는 반응변수, $x_i$는 설명변수

주어진 회귀 모형 하에서 (1) 회귀 계수의 추정 그리고 (2) 잔차 진단을 통하여 적절한 회귀선을 추정한다. 그 과정은 [그림 4.25]와 같다. 먼저 ① 회귀 모형을 가정하고 ② 주어진 데이터 $(x_i, y_i), i = 1, 2, \ldots, n$와 **최소 자승법**Method of Least Squares을 이용하여 회귀 계수 $\beta_0, \beta_1$을 추정한다.89)

**최소 자승법**

다음을 만족하는 $\hat{\beta}_0, \hat{\beta}_1$을 찾는다.

$$\min \sum_{i=1}^{n} \epsilon_i = \min \sum_{i=1}^{n} (y_i - \beta_0 - \beta_1 x_i)^2$$

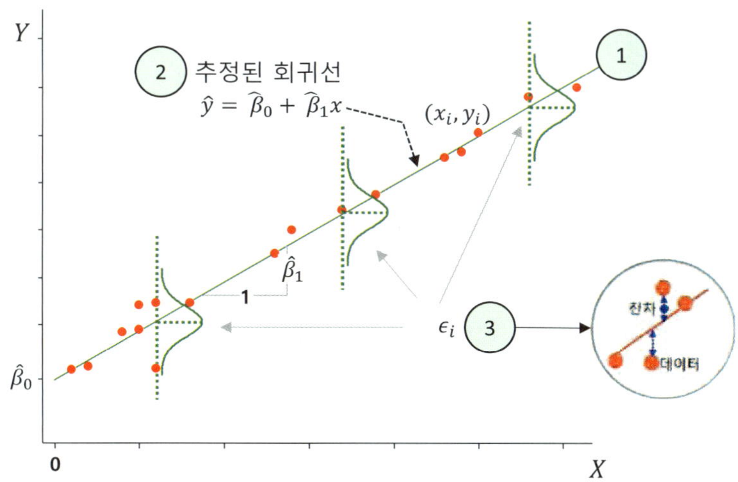


[그림 4.25] 단순 회귀 분석에서의 회귀선 추정 과정

89) 최소 제곱법이라고도 부른다. 최소 제곱법을 통하여 추정된 회귀 계수Regression Coefficient를 최소 제곱 추정량Least Squares Estimators이라고 부른다. <저자 주>

③ 최소 자승법에 의하여 추정된 회귀 계수라고 하더라도 오차의 가정이 적절하지 않다면 올바른 회귀선이라고 할 수 없다. 따라서 오차의 가정인 독립성, 정규성 그리고 등분산성을 확인하기 위한 잔차 진단Residual Diagnostics을 실시한다. 잔차 진단의 판단 기준은 ANOVA와 동일하다.

[그림 4.26]은 잔차 진단과 최소 자승법에 의하여 추정된 회귀선의 예이다. ①의 경우는 오차의 가정을 모두 만족하고 최소 제곱법에 의하여 추정된 회귀선 역시 개별 $x$값이 주어졌을 때 산점된 데이터의 평균을 잘 반영한다. 하지만 ②의 경우에는 모든 오차의 가정이 위배되며 추정된 회귀선 역시 산점된 데이터를 잘 반영하지 못하고 특히 등분산성 확인 그림 (Fitted Value, S. Residual)을 통하여 단순 회귀 모형이 적절하지 않음을 확인할 수 있다.

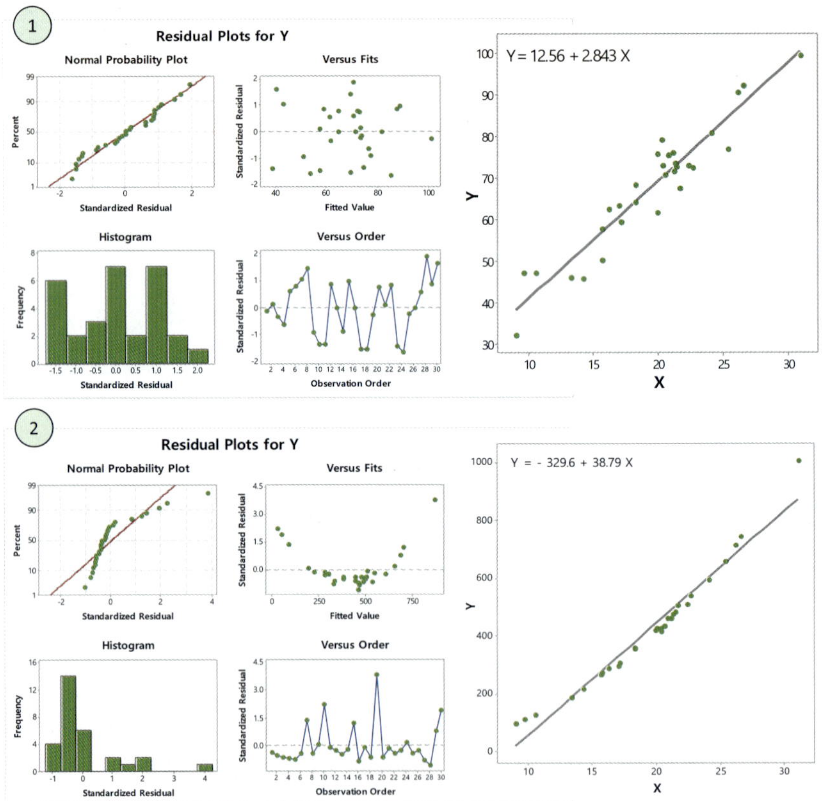


[그림 4.26] 잔차 진단과 최소 자승법에 의해 추정된 회귀선(직선 가정)

[그림 4.27]에서 확인할 수 있듯이 회귀 분석에서는 회귀 계수의 추정과 함께 잔차 진단을 통하여 추정된 회귀식이 적절한 것인가를 확인해야 한다.

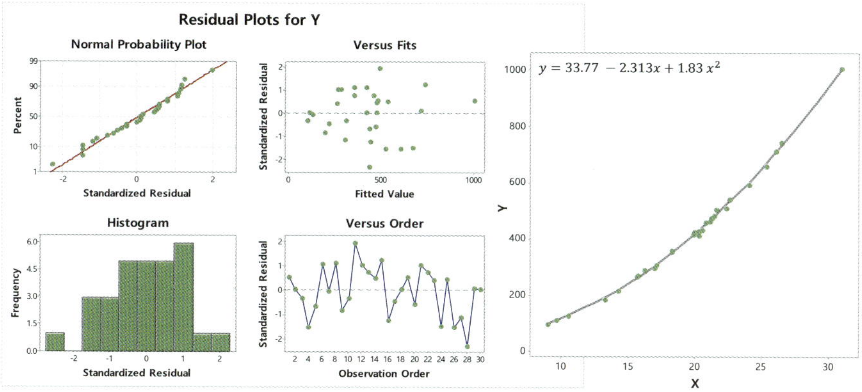


[그림 4.27] 잔차 진단과 최소 자승법에 의해 추정된 회귀선(2차 다항식 가정)

설명변수 $X$가 2개 이상인 다중 회귀 분석Multiple Regression Analysis의 경우에는 단순 회귀 분석과 달리 산점도를 이용하여 데이터와 함께 추정된 회귀선을 확인할 수 없다. 따라서 가정된 모형의 타당성을 확인하기 위한 잔차 진단을 반드시 실시해야 한다.

가인자 확인을 위한 다중 회귀 분석의 경우에는 모든 설명변수들의 상호 독립Mutually Independent임을 가정한다. 만일 설명변수들 간의 상관관계가 밀접한 경우를 「다중 공선성Multicollinearity 이 존재한다.」 라고 한다. 이 경우에는 최소 자승법에 의해 추정된 회귀 계수들을 실무적으로 해석할 수 없으므로 반드시 이를 사전에 확인해야 한다. [그림 4.28]은 일반적인 회귀 분석의 절차이다.

회귀 분석의 결과는 (1) 유의성 검정 (2) 의미 있는 설명력 (3) 설명변수의 1수준 이상에서 반복이 있는 경우 적합 결여 검정Lack of Fit Test (4) 잔차 진단에서 오차의 가정이 모두 만족해야 한다. 만일 이러한 조건들 중에서 1개 이상 만족하지 못한다면 적절한 회귀선을 추정할 수 없음을 의미한다. 또한 다중 회귀 분석에서는 추가로 (5) 다중 공선성이 충분히 작아야 한다. 이를 위하여 실제 분석을 적용하기 전에 변수 선택Variable Selection을 통하여 반응변수 $Y$를 충분히 설명할 수 있는 가장 적은 수의 설명변수를 선택한다. 변수 선택 방법은 가인자들을 검토하여 치명인자를 선택할 때 특히 유용한 통계적 방법이다.

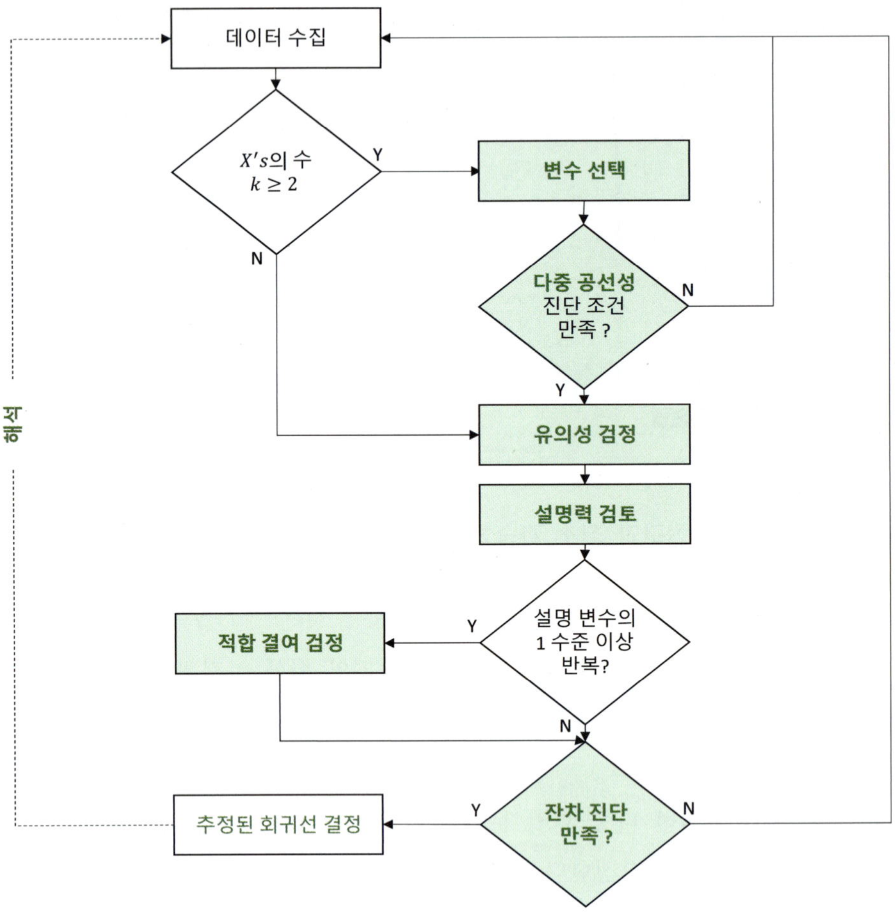


[그림 4.28] 회귀 분석의 절차

**[예제 4.9]** KSPS.4.9

제품 재료(C-material)는 Project Y인 열량(Heat Capacity: $C_p$)에 중요한 영향을 주는 요소이며 현재 수준은 약 $90.0(C_p)$정도를 나타내고 있다. 기초 검토 결과 협력사 별로 납품되는 재료의 종류가 아니라 재료의 구성 성분이 Project Y인 열량에 영향을 주는 것으로 확인되었다. 하지만 재료의 구성 성분이 복잡하여 이들의 조합을 실험하여 Project Y를 최적화하기에는 시간과 비용 측면에서 가능하지 않다고 판단된다. 이에 연구자는 상대적으로 열량의 변동이 클 것으로 예상되는 일부 표본을 선택하여 성분 연구를 진행하였고 이 중에서 4개의 구성 성분($T_1$, $T_2$, $T_3$, $T_4$)을 측정하였다. 그리고 이들을 가인자로 하여 치명인자를 결정하고 결정된 소수의 치명인자의 수준 범위를 조정하여 [Improve 단계]에서 최적화를 진행하고자 한다. 목표 열량은 약 $130.0(C_p)$이다.

### (1) 그래프 분석: Matrix Plot & 쌍별 상관계수

**그래프 > 산점도 행렬, KSPS.4.9**

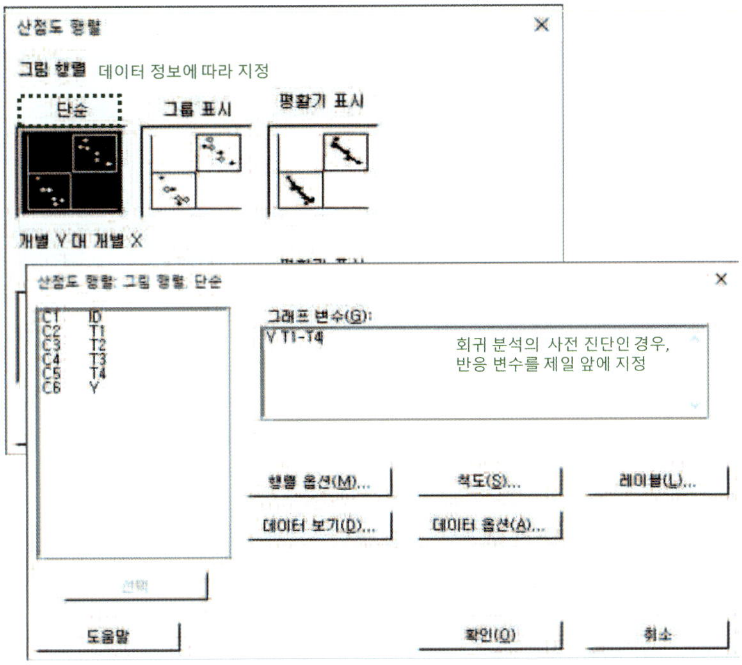

### 통계 분석 > 기초 분석 > 상관 계수, KSPS.4.9

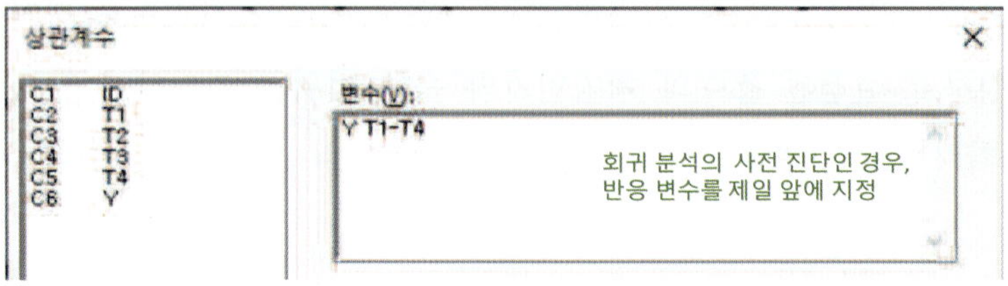


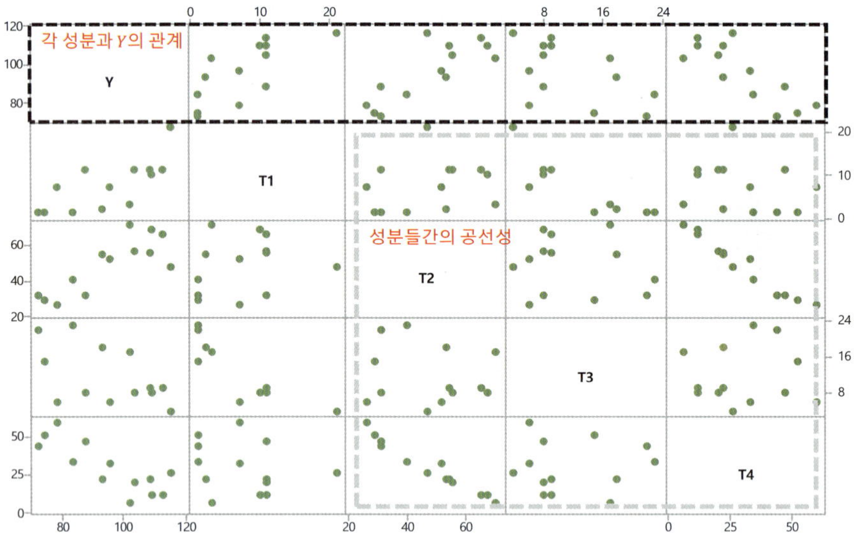


```
Correlation: Y. T1. T2. T3. T4
          Y        T1        T2        T3
T1    0.731
T2    0.816    0.229
T3   -0.535   -0.824   -0.139
T4   -0.821   -0.245   -0.973    0.030
```

$Y$와 각 성분 간의 관계를 보면 $T_1, T_2$는 양의 관계를 갖고 $T_3, T_4$는 음의 관계를 갖으며 $T_3$를 제외하고는 모두 밀접한 관계를 갖는다. 하지만 성분들 간의 쌍별 관계를 보면 밀접한 상관 관계를 보이는 성분들이 있어서 공선성 Collinearity이 의심된다. 만일 쌍별 행렬도에서 밀접한 상관 관계가 나타나지 않는다고 하더라도 3개 이상의 성분들 간 다중 공선성Multicollinearity이 존재하지 않음을 보장할 수 없다.

### (2) 변수 선택

공선성 또는 다중공선성이 의심되므로 변수 선택을 통하여 $Y$를 설명할 수 있는 가장 적은 수의 설명 변수들을 선택한다. 다음은 모든 가능한 조합을 고려하여 선택된 변수들의 결과이다. 만일 더 많은 설명 변수를 고려한다면 좀 더 효율적인 변수 선택 방법을 적용할 수 있다.

Best Subsets의 결과는 가능한 설명변수의 수에 따라 바람직한 설명변수들을 제공해 주지만 특정 설명변수들을 지정해 주지는 않는다. 서로 다른 설명변수를 갖는 회귀 모형의 분석 결과를 비교할 때 $R^2_{adj}$ 를 사용하기도 하지만 다음의 $Mallow's\, C_p$ 값을 통해 판단하는 것이 유리하다.

**Mallow's $C_p$**

$$C_p = p + \frac{(n-p)(MSE_p - s^2)}{s^2}$$

여기서, $p$ = 고려한 설명 변수의 수 + 1

$MSE_p$ 는 현재 고려하고 있는 모형에서의 $MSE$

$s^2$ 은 모든 Predictor를 반영한 모형에서의 $MSE$

**[판단 기준]**

$p$가 작고 $C_p \approx p$이면 바람직하다.

**통계 분석 > 회귀 분석 > 회귀 분석 > 최량 부분 집합, KSPS.4.9**

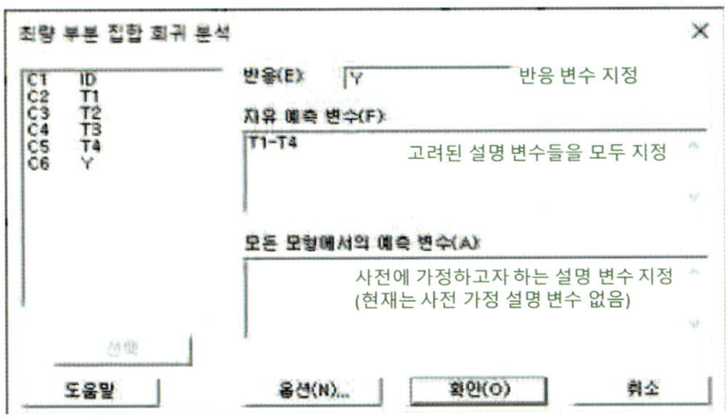

```
Best Subsets Regression: Y versus T1, T2, T3, T4
Response is Y
                R-Sq     R-Sq   Mallows          T T T T
Vars   R-Sq   (adj)   (pred)       Cp       S   1 2 3 4
   1   67.5    64.5     56.0    138.7  8.9639         X
   1   66.6    63.6     55.7    142.5  9.0771     X
   2   97.9    97.4     96.5      2.7  2.4063   X X
   2   97.2    96.7     95.5      5.5  2.7343   X     X
   3   98.2    97.6     96.9      3.0  2.3087   X X   X
   3   98.2    97.6     96.7      3.0  2.3121   X X X
   4   98.2    97.4     95.9      5.0  2.4460   X X X X
```

가장 적절한 회귀 모형을 선택하기 위해서 $Mallow's\ C_p$ 값을 확인한다. 현재 설명 변수 $(T_1, T_2)$를 고려하는 경우에는 $p = 3$, $C_p = 2.7$로 판단 기준에 가정 적합하다고 할 수 있다.

선택된 또는 주어진 설명 변수들을 이용한 회귀 분석 절차는 다음과 같다.

**통계 분석 > 회귀 분석 > 회귀 분석 > 적합 회귀 모형, KSPS.4.9**

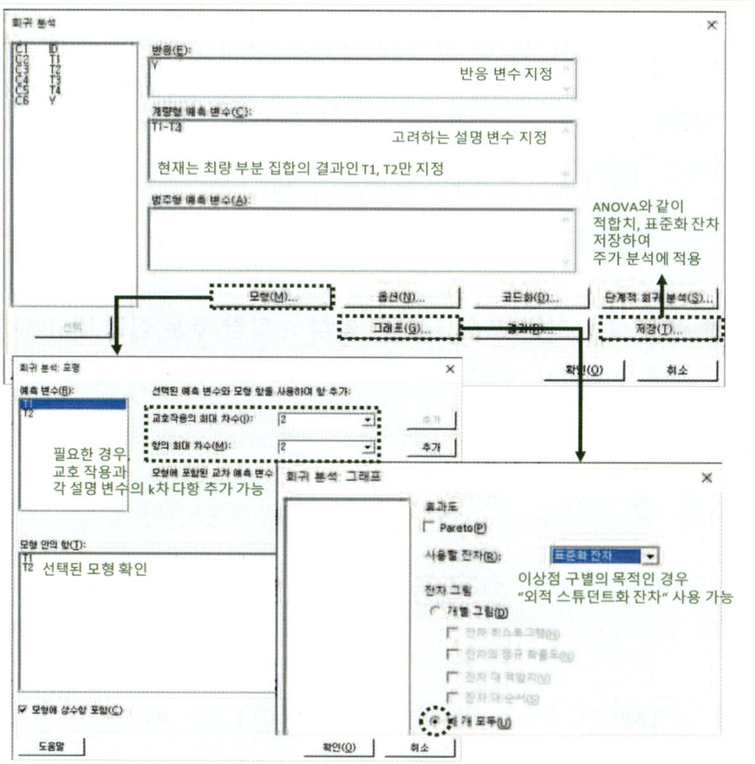

### (3) 다중공선성 진단과 유의성 검정

다중 공선성은 분산 팽창 지수Variance Inflation Factor(VIF)를 이용하여 판단한다. 판단 기준은 다음과 같다. 유의성 검정은 $t-$검정을 적용하며 다음과 같은 가설과 의사 결정 기준을 갖는다.

**분산 팽창 지수 VIF**

$j^{th}$번째 설명 변수의 분산 팽창 지수는 다음과 같다.

$$VIF_j = \frac{1}{1-R_j^2} \ , \ j = 1, 2, \ldots k$$

여기서, $R_j^2$는 $x_j = \beta_0 + \sum_{i \neq j}^{k} \beta_i x_i + \epsilon$으로부터 계산된 $R^2$

**[판단 기준]**

- $VIF \approx 1.0$ ≒ 1이면 직교하는 설명변수로 가장 바람직하다.
- $VIF > 5.0$이면 다른 설명변수들과 다중 공선성이 의심된다.
- $VIF > 10.0$이면 다른 설명변수들과 심각한 다중 공선성이 존재하므로 회귀 계수를 해석할 수 없다.

**유의성 검정**

$$H_0 : \beta_i = 0 \quad vs. \ H_1 : \beta_i \neq 0 \ , i = 0, 1, 2, \ldots, k$$

**[판단 기준]**

고려된 각 회귀 계수에서 $p-value < \alpha = 0.05$이면 $H_0$ 기각

다음의 결과를 보면 변수 선택에 의하여 선택된 $T_1, T_2$ 는 모두 $VIF = 1.06$으로 공선성이 존재하지 않는다. 유의성 검정 역시 유의 수준 $\alpha = 0.05$하에서 $H_0 : \beta_i = 0$이라는 가설을 기각한다. 일반적으로 회귀 모형의 상수항인 $\beta_0$는 유의성 검정 결과와 상관없이 추정식에 포함한다.

Coefficients

| Term | Coef | SE Coef | T-Value | P-Value | VIF |
|---|---|---|---|---|---|
| Constant | 52.58 | 2.29 | 23.00 | 0.000 | |
| T1 | 1.468 | 0.121 | 12.10 | 0.000 | 1.06 |
| T2 | 0.6623 | 0.0459 | 14.44 | 0.000 | 1.06 |

만일 변수 선택을 하지 않고 모든 설명변수를 적용했을 때의 결과는 다음과 같다. 모든 설명변수들의 $VIF > 10.0$이므로 회귀 계수를 해석할 수 없으며 유의성 검정 결과 역시 의미가 없다.

Coefficients

| Term | Coef | SE Coef | T-Value | P-Value | VIF |
|---|---|---|---|---|---|
| Constant | 62.4 | 70.1 | 0.89 | 0.399 | |
| T1 | 1.551 | 0.745 | 2.08 | 0.071 | 38.50 |
| T2 | 0.510 | 0.724 | 0.70 | 0.501 | 254.42 |
| T3 | 0.102 | 0.755 | 0.14 | 0.896 | 46.87 |
| T4 | -0.144 | 0.709 | -0.20 | 0.844 | 282.51 |

### (4) 설명력 검토

현재 고려된 모형의 설명변수 $T_1$, $T_2$는 모두 유의하다고 판단되었다. 그렇다면 유의한 설명변수들만으로 $Y$의 총변동 중 어느 정도를 설명할 수 있는가를 확인해야 한다. 이때 사용되는 값을 결정계수Coefficient of Determination라 하고 $R^2$으로 표시한다. 함께 제공되는 $R^2_{(pred)}$는 예측력이라고 하며 만일 $R^2$과 $R^2_{(pred)}$의 값이 크게 차이가 난다면 1 개 이상의 이상점이 존재할 가능성에 대한 간접적인 증거가 된다. $R^2_{(adj)}$는 변수 선택 과정과 같이 서로 다른 설명변수들을 갖는 회귀 모형을 비교하고 선택할 때 고려하는 것으로 최종 모형에서는 해석하지 않는다. $R^2$, $R^2_{(pred)}$ 그리고 $R^2_{(adj)}$를 구분하여 설명하면 다음과 같다.

**결정계수** $R^2$

$$R^2 = 1 - \frac{\sum_{i=1}^{n}(y_i - \hat{y_i})^2}{\sum_{i=1}^{n}(y_i - \bar{y})^2}, \quad 0 \le R^2 \le 1$$

- $Y$의 총변동 중에서 추정된 회귀식에 의하여 설명되는 변동의 정도를 표현
- 가정된 회귀 모형의 설명력(또는 적합도)으로 해석
- 1에 가까울수록 바람직하고 절대적인 기준값이 없다.

**예측 결정계수** $R^2_{(pred)}$

$$R^2_{(pred)} = 1 - \frac{\sum_{i=1}^{n}(y_i - \hat{y}_{(i)})^2}{\sum_{i=1}^{n}(y_i - \bar{y})^2}, \quad 0 \le R^2_{(pred)} \le 1$$

여기서 $\hat{y}_{(i)}$ 는 $i^{th}$ 반응값을 제외한 나머지 $(n-1)$개의 데이터를 이용한 추정값

- 현재 측정되지 않은 새로운 데이터 값에 대한 예측력으로 해석
- 1에 가까울수록 바람직하고 절대적인 기준값이 없다.

**수정 결정계수** $R^2_{(adj)}$

$$R^2_{(adj)} = 1 - \frac{\sum_{i=1}^{n}(y_i - \hat{y_i})^2/[n-(k+1)]}{\sum_{i=1}^{n}(y_i - \bar{y})^2/(n-1)}$$, 여기서 $k$는 설명변수의 수

- 설명변수의 수를 반영하여 수정된 결정계수
- 서로 다른 수의 설명변수를 고려한 회귀 모형을 비교하는 경우에 제한하여 사용
- 1에 가까울수록 바람직하고 절대적인 기준값은 없다.

```
Model Summary

      S    R-sq  R-sq(adj)  R-sq(pred)
2.40634  97.87%     97.44%      96.54%
```

현재 모형의 설명력은 0.9787로 전체 총변동의 97.87%를 설명하고 예측력은 96.54%이다. 설명력과 예측력은 특별한 이상점이 없다고 하더라도 통상적으로 1.0% ~ 10.0%의 차이가 나타나는 경우가 많다.

### (5) 적합 결여 검정

회귀분석 절차 중에서 적합 결여 검정은 $T_i$, $i = 1, 2, 3, 4$의 각 수준에서 반복된 값이 없으므로 적용하지 못했다. 만일 고려한 설명변수의 1 수준 이상에서 반복된 값이 존재한다면 다음의 적합 결여 검정을 통하여 현재 가정된 모형의 타당성을 검토할 수 있다.

> **적합 결여 검정**
>
> $H_0$ : 현재 가정된 회귀 모형이 타당하다. vs. $H_1$ : $H_0$가 아니다.
>
> **[판단 기준]**
>
> $p-value < \alpha = 0.05$이면 $H_0$ 기각

다음은 가상 데이터를 추가하여 분석한 적합 결여 검정의 예이다. 적합 결여 검정의 $p-value = 0.232 > \alpha = 0.05$이므로 현재 가정된 회귀 모형이 타당하다고 할 수 있다. 만일 적합 결여 검정의 결과 현재 가정된 회귀 모형이 타당하지 않다고 판단된다면 반드시 다른 회귀 모형을 고려해야 한다.

```
Analysis of Variance

Source          DF   Adj SS    Adj MS  F-Value  P-Value
Regression       2  3040.72   1520.36   255.99    0.000
  T1             1  1191.30   1191.30   200.58    0.000
  T2             1  1300.12   1300.12   218.90    0.000
Error           13    77.21      5.94
  Lack-of-Fit   10    69.26      6.93     2.61    0.232
  Pure Error     3     7.95      2.65
Total           15  3117.93
```

### (6) 잔차 진단

잔차 진단의 결과를 보면 정규성, 등분산성 그리고 독립성 모두 만족한다. 정규성의 경우에는 잔차 또는 표준화 잔차의 정규성 검정을 통하여 재확인할 수

있다. 이 경우에는 군집Cluster이 형성된 것처럼 보이지만 정규성 검정의 결과 $p-value = 0.086 > \alpha = 0.05$이므로 정규분포를 따르지 않는다고 할 수 없다. 등분산성과 독립성 역시 랜덤한 산점 형태를 보이므로 만족한다고 할 수 있다.

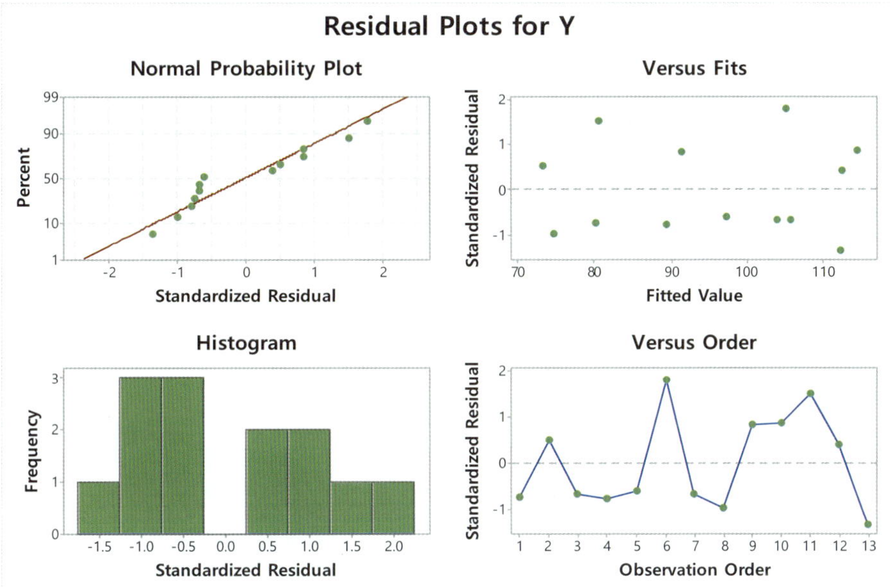


## (7) 추정된 회귀선

회귀 분석의 절차에 따라 결정된 최종 모형을 기초로 추정된 회귀식Regression Equation은 다음과 같다. 이는 주어진 $T_1, T_2$값에 따른 $Y$의 평균으로 해석한다.

```
Regression Equation

Y = 52.58 + 1.468 T1 + 0.6623 T2
```

추정된 회귀선의 등고선도Contour Plot와 표면도Surface Plot는 다음과 같다.

**통계 분석 > 회귀 분석 > 회귀 분석 > 등고선도, 표면도, KSPS.4.9**

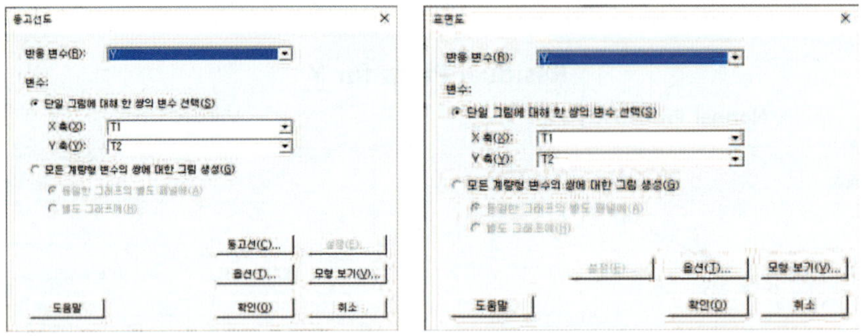


동일한 변수 지정: 설명 변수가 3개 이상인 경우에는 2개의 쌍별 조합으로 도시 가능

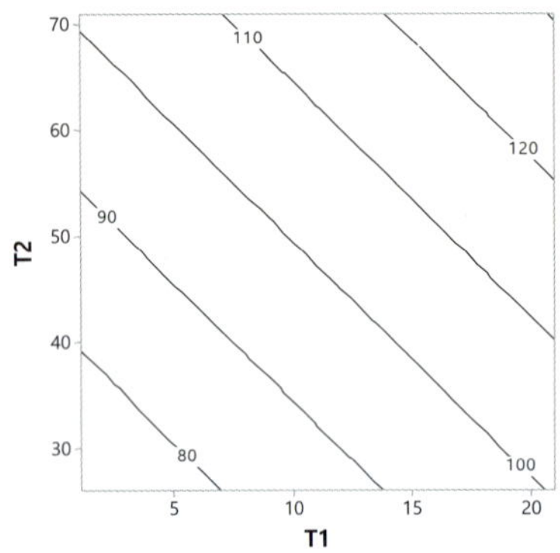


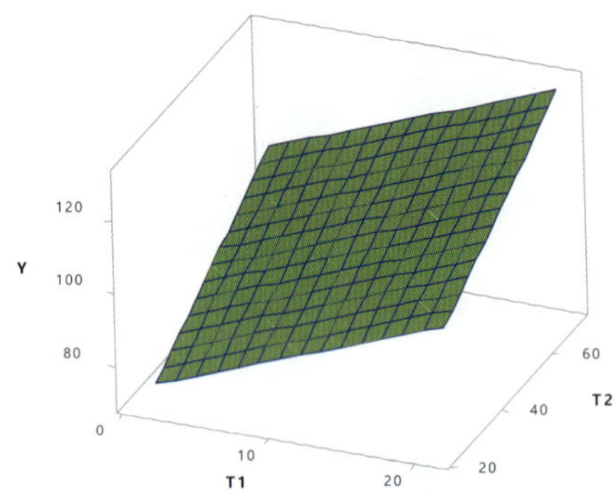


고려된 $T_1, T_2$의 성분 범위 내에서는 2개의 성분 모두 큰 값을 가질수록 평균적으로 높은 열량을 얻을 수 있는 것으로 확인되었고 선형 관계의 설명력이 97.87%로 매우 높게 나타났으므로 추정된 회귀식을 이용하여 확장된 범위인 $T_1 = (20, 30)$, $T_2 = (70, 80)$에서 예측값을 고려해 보았다.

```
Prediction for Y

Regression Equation
Y = 52.58 + 1.468 T1 + 0.6623 T2

Variable  Setting
T1             20
T2             70
    Fit   SE Fit         95% CI                95% PI
128.301  1.75089  (124.400, 132.202)  (121.670, 134.932)

Variable  Setting
T1             25
T2             75
    Fit   SE Fit         95% CI                95% PI
138.954  2.29990  (133.829, 144.078)  (131.537, 146.370)

Variable  Setting
T1             30
T2             80
    Fit   SE Fit         95% CI                95% PI
149.607  2.86830  (143.216, 155.998)  (141.264, 157.949)
```

검토된 결과에 의하면 만일 $(T_1, T_2) = (25, 75)$을 가정한다면 모평균에 대한 신뢰 하한이 $\bar{y} = 133.829$이므로 목표 수준인 열량 130.0($Cp$)을 달성할 수 있을 것으로 예상된다. 연구자는 [Improve 단계]에서 $(T_1, T_2) = (25, 75)$값을 중심점으로 정의하고 최대경사법과 반응표면 분석을 적용할 수 있는 통계적 실험을 설계하여 최적 조건을 결정하고자 한다. 이 경우 목표 수준을 초과하는 평균 열량을 달성할 수 있을 것으로 예상된다. ■

## 4.4 치명인자의 근본 원인 파악

가인자의 검토를 통하여 선택된 치명인자는 [Improve 단계]에서 최적화를 통하여 최적 조건을 결정하게 된다. 치명인자는 기술적 해석이 가능하거나 예상된 인자들 중에서 선정되기도 하지만 전혀 새로운 인자가 선정되거나 또는 최적화를 위하여 구체적인 하위 전개가 필요한 경우가 발생할 수 있다. 이러한

경우 해당 인자의 근본 원인Root Cause을 확인할 수 있어야 한다.[90]

### 39. 근본 원인 Root Cause

원인-결과cause-and-Effect 관계 고찰을 통하여 확인된 원인을 말하며 다음의 조건을 모두 만족해야 한다.

1. 가장 기본적인 원인
2. 합리적이며 객관적으로 구별될 수 있는 원인
3. 관리가 가능한 원인
4. 관리되는 경우 문제의 재발을 현격하게 줄일 수 있는 원인

근본 원인 도출을 위하여 가장 널리 사용되는 방법은 5-Whys 전개이다.[91]

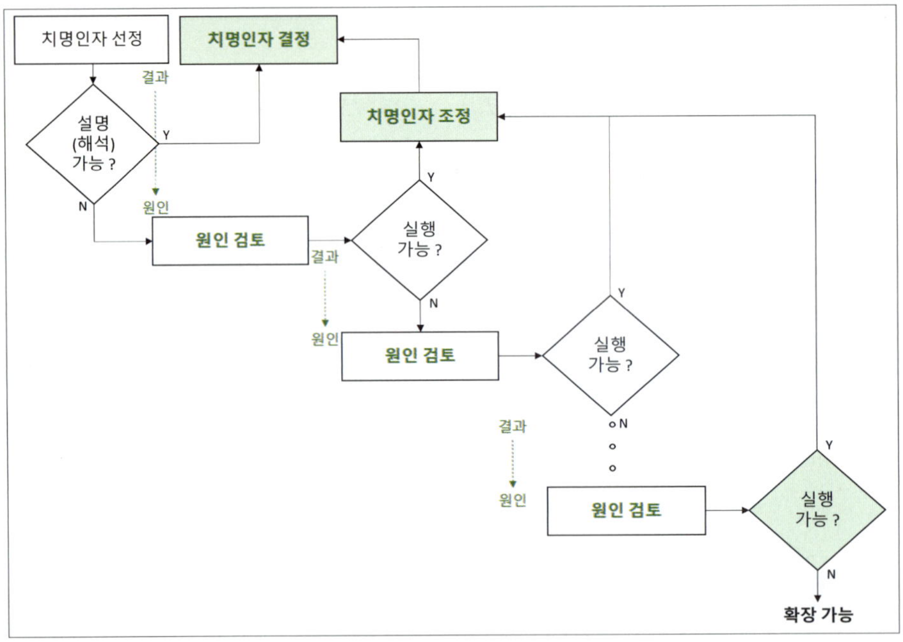


[그림 4.29] $k$-Whys 전개에 의한 근본 원인 파악

90) Norman Moore(1905). The Present State of Medical Practice in the Rhondda Valley". The Lancet. 166

91) Sakichi Toyoda(1867~1930). 일본 산업 혁명의 아버지라고 불리며 Toyota사의 설립자이다. 그는 문제가 발생하면 최소한 5번의 질문을 통하여 이유를 확인하고 이를 통하여 발생한 문제의 재발을 방지하고자 5-Whys를 창시하였다. 이후 브라질의 Ricardo Semler에 의하여 3-Whys가 주장되었다. Semler는 공짜로 드셨다. <저자 주>

이는 특정 문제에 대하여 반복적으로 Why라는 질문을 해보는 실무적 방법이다. 즉, 이전 질문에 대한 답변은 다음 답변의 질문이 되는 단계를 5번 반복함으로써 문제의 근본 원인을 보다 명확하게 찾아간다는 개념이다. 여기서 5라는 숫자는 업계 또는 분야에 따라 다른 숫자(예를 들어, 3 또는 7)가 적용되기도 한다. $k$-Whys 전개에서 $k$의 결정은 [그림 4.29]와 같이 근본 원인 유무와 원인의 실무적 실행 가능성을 검토하여 결정한다.

근본 원인 규명을 위한 $k$-Whys 전개에서는 다음 사항을 고려해야 한다.

### 근본 원인 규명을 위한 $k$-Whys의 전개

(1) 해당 인자(또는 현상)에 대한 기술적 그리고 경험적 지식이 충분한 구성원들로 팀을 구성한다. 프로젝트에 참여하는 **기능 횡단 팀**이 함께 실시하거나 이에 도움을 줄 수 있는 사람들로 팀을 새롭게 구성한다. 특정 구성원 개인이 진행하는 것은 바람직하지 않다.

(2) $k$-Whys 전개의 목적을 명확히 정의하고 기술한다.
참여하는 구성원 모두가 전개의 목적을 명확히 이해해야 한다.

(3) $k$-Whys 전개의 각 차수를 명시하고 이전 단계의 검토 내용을 「결과」로 설정하고 다양한 원인들을 나열한다. 이때 **특성요인도**를 적용하면 효과적이다. 나열된 원인들을 반드시 명명하고 구체화해야 한다. 이때 필요하다면 **운영 정의**Operational Definition를 설정하거나 새로운 데이터를 수집 또는 관련 근거를 정리하여 첨부한다. 특히 「실수」, 「작업자 집중」 등과 같은 불명확한 원인들은 근본 원인이 될 수 없으므로 반영하지 않는다.

(4) 실행 가능한 원인들을 검토하고 비교하여 최종 근본 원인을 결정한다. 선택되지 않은 원인들에 대해서도 구체적인 대책을 명시한다.

(5) 필요한 경우, 가인자 검토를 통하여 결정된 치명인자를 조정하여 새로운 치명인자로 결정한다.

최종적으로 근본 원인을 규명하고 치명인자를 조정하였다면 [Analyze 단계]에서의 활동을 정리하여 [표 4.7]과 같이 가인자 검토 양식을 작성한다. 이는 치명인자를 선택하기 위하여 실행된 다양한 데이터 분석과 기술적 검토 결과를 요약하고 정리하는 작업으로 치명인자로 선택되지 않은 가인자들에 대한 대책을 반드시 포함해야 한다.

### 40. 가인자 검토 양식 [표 4.7]

<table>
<tr><th>순서</th><th>가인자 명</th><th>분석 결과</th><th>적용 방법</th><th>근본 원인</th><th colspan="2">개선 방향 과 대책</th></tr>
<tr><td>(1)</td><td>(2)</td><td>(3)</td><td>(4)</td><td>(5)</td><td colspan="2">(6)</td></tr>
<tr><td></td><td></td><td></td><td></td><td></td><td colspan="2"></td></tr>
<tr><td></td><td></td><td></td><td></td><td></td><td colspan="2"></td></tr>
<tr><td></td><td></td><td></td><td></td><td></td><td colspan="2"></td></tr>
<tr><td></td><td></td><td></td><td></td><td></td><td colspan="2"></td></tr>
<tr><td></td><td></td><td></td><td></td><td></td><td colspan="2"></td></tr>
<tr><td colspan="7">[추가 설명] (7)</td></tr>
<tr><td colspan="3">목표 달성 가능성 확인</td><td>Worst</td><td>(8)</td><td>Best</td><td>(9)</td></tr>
</table>

가인자 검토 양식에서 각 항목의 작성 기준은 다음과 같다.

(1) 순서 : 고려된 가인자들의 검토 과정에서 확인된 우선순위를 반영하여 기록한다. 먼저 치명인자들을 우선순위별로 나열하고 치명인자로 선정되지 않은 가인자들 역시 우선순위를 결정하여 차례로 순서를 매긴다. 순서의 기준은 Project Y에 대한 영향도가 기준이며 동일할 수도 있다.

(2) 가인자 : 순서에서 결정된 가인자 명을 간단히 적는다. 이때 가인자 명은 해당 분야 또는 팀/부서에서 이해할 수 있도록 명확히 적어야 한다.

(3) 분석 결과 : 가인자의 분석 결과를 간단히 기록한다. 통계적 방법이 적용된

경우에는 분석 결과($p-value$ 또는 신뢰 구간 등)를 명시하고 기술적 검토에 의하여 결정된 경우에는 근거를 기록한다.

(4) 적용 방법 : 통계적 방법이 적용된 경우에는 분석 명을 적고 기술적 검토에 의한 경우에는 (자문: 자문자 이름), (작용 : 작용 명) 등을 간단히 기록한다.

(5) 근본 원인 : 치명인자 선정 후 근본 원인을 규명한 경우 근본 원인을 기록한다. 만일 근본 원인 규명을 실시할 필요가 없는 치명인자의 경우에는 빈칸으로 남겨둔다. 나머지 가인자에 대한 근본 원인은 요구되지 않는다.

(6) 개선 방향과 대책 : 치명인자의 경우에는 [Improve 단계]에서 적용할 방법을 명시하고 나머지 가인자의 경우에는 실무적 대책을 간단히 적는다.

(7) 추가 설명 : [Analyze 단계]를 진행하면서 확인된 기술적 지식 또는 통계적 방법을 적용하기 위하여 고려된 사항들을 간단히 기술한다. 적을 내용이 너무 없으면 좀 곤란하다.

(8) Worst : 현재 선정된 치명인자와 가인자에 대한 실무적 조치를 통하여 달성 가능한 품질 목표의 범위에서 최악의 경우에 대한 예상값을 기록한다. 이때 반드시 시그마 수준 또는 시그마 수준과 연결 가능한 계량 지표로 기록해야 한다.(예: 수율, 불량률, 평균 결점 수 등)

(9) Best : 현재 선정된 치명인자와 가인자에 대한 실무적 조치를 통하여 달성 가능한 품질 목표의 범위에서 최상의 경우에 대한 예상값을 기록한다. 이때 반드시 시그마 수준 또는 시그마 수준과 연결 가능한 계량 지표로 기록해야 한다.(예: 수율, 불량률, 평균 결점 수 등)

정리된 검토 양식은 반드시 프로젝트 보고서에 포함하고 수집된 데이터와 분석 결과는 일련번호를 부여하여 [유첨] 항목에 기록한다. ■

# 5장 개선 Improve

## 올바른 최적 조건의 선정

개선이란
체계적인 측정을 통한
프로세스에 대한 심도 있는 이해에 기초한다.

최적화란 고객에게 올바른 것을 찾는 것이다.

---

### 학습 목표

- [Improve 단계]의 목적을 이해한다.
- [Control 단계]로의 진행을 위한 핵심 결과물을 확인한다.

---

### 차례



---

### 중요 용어

- 통계적 실험 Statistical Experiments
- 반응 표면 분석 Response Surface Methodologies
- 최적 조건 Optimal Condition

## 5.1 목적

[Analyze 단계]에서 확인된 치명인자Vital Few의 다양한 조건을 검토하여 반작용이 없는(또는 적은) 최적 조건Optimal Condition을 결정하고 이를 통한 개선 효과를 검증하는 단계를 [Improve 단계]라 하며 그 목적 및 결과물은 다음과 같다.

### 41. [Improve 단계]의 목적과 결과물

**목적 : 최적 조건의 결정과 개선 효과의 검증**

- 선택된 치명인자의 조건들을 검토하여 Project Y에 가장 적합한 최적 조건을 결정한다.
- 결정된 최적 조건에서 Project Y 이외의 관련 변량에 반작용이 없거나 적음을 확인한다.
- 반작용이 확인된 최적 조건을 통하여 개선 목표의 달성 가능성을 확인한다.

**결과물 : 최적 조건과 검증된 개선 효과**

- 최적 조건 : Statistical Experiments, Response Surface Methodologies
- 반작용의 확인 : Multiple Response Analysis
- 개선 효과의 검증 : Process Capability Analysis, Sigma Level

선정된 치명인자의 조건들을 나열하고 이에 대한 검토와 조정 또는 통계적 실험Statistical Experiments을 통하여 가장 적절한 최적 조건을 결정한다. 여기서 최적 조건이란 Project Y의 목표 달성에 고객 관점에서 가장 올바른 조건을 의미하는 것으로 Project Y 이외의 제품/프로세스의 특성에 대한 반작용Anti-Action이 없어야 하며 주어진 개선 목표를 달성할 수 있어야 한다.

[Improve 단계]의 고려 사항과 핵심 도구들은 [그림 5.1]과 같다.

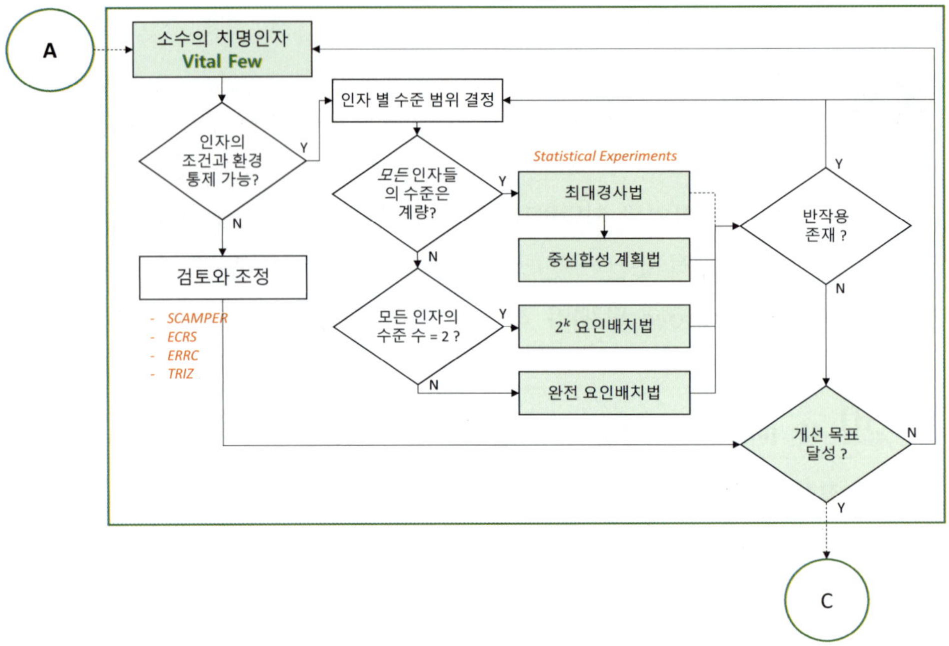


[그림 5.1] [Improve 단계]의 중요 고려 사항

선정된 치명인자의 조건들이 통제된 환경에서 반복 구현이 가능한 경우에는 통계적 실험을 통하여 객관적이고 효율적인 검토가 가능하다. 통계적 실험에 의하여 최적 조건을 결정할 수 있는 경우에는 주어진 상황에 따라 다양한 설계 방법을 사용할 수 있으며 원인-결과 관계를 기초로 반작용을 명확히 확인할 수 있다는 장점이 있다. 하지만 그렇지 못한 경우에는 기술적/경험적 검토를 통하여 적절한 조건들을 결정해야 한다. 이러한 검토 및 조정 방법은 전체 최적화 Global Optimization보다는 지엽적 최적화 Local Optimization일 가능성이 높으며 원인-결과 관계의 검증과 반작용 여부에 대한 확인이 어렵다는 단점이 있다.

만일 결정된 최적 조건에서 개선 목표를 달성하지 못할 것으로 예상된다면 인자들의 수준을 재조정하거나 가인자를 재검토하여 새로운 치명인자를 추가로 선정하고 [그림 5.1]의 절차를 반복하여 개선 목표를 달성해야 한다.

## 5.2 개선안의 검토

치명인자들은 가능한 조건을 나열하고 발산-수렴의 원칙Divergence-Convergence Principle을 적용하여 그 조건들을 체계적으로 검토해야 한다.[92] 즉, 프로세스의 환경 그리고 제약 조건을 함께 구분된 가능한 조건들의 다양한 조합을 중심으로 충분히 많은 개선안을 나열하는 발산 과정과 나열된 개선안을 품질 목표 그리고 소요 비용과 활동 용이성을 비교/검토하여 상세 최적 조건을 결정하는 수렴 과정을 구분하여 적용해야 한다.

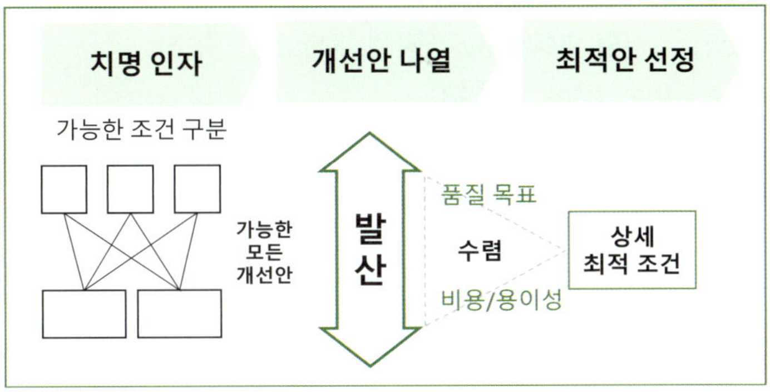


[그림 5.2] 발산-수렴의 원칙(DC Principle)

조합으로 구성된 개선안의 모든 조건들은 반드시 동시simultaneously에 적용할 수 있어 하며 동일한 프로세스 환경에서 반복Replication이 가능해야 한다. 만일 프로세스 환경에서 개선안의 조건을 제외한 나머지 원인들이 통제될 수 있다면 통계적 실험을 적용할 수 있다. 만일 그렇지 못한 경우에는 개별 개선안에 대한 기술적 검토와 조정을 통하여 목표의 달성 가능성과 소요 비용 및 활동 용이성을 판단해야 한다. 또한 원인-결과 관계의 검증을 위한 파일럿Pilot 실행과 최적 조건에 대하여 프로세스 변화의 영향을 받는 구성원의 동의Agreement를 얻어야 한다.

92) 고승곤, 이종설(2012). 액션 리더, 엘빅미디어

## 기술적 검토와 조정

고려하는 다양한 개선안에 대한 기술적 검토와 조정을 위한 적용 기준은 주로 창조적 사고Creative Thinking 기법이라고 불리는 일련의 체크 리스트와 창의적 문제 해결 기법이라고 불리는 TRIZ[93]의 고려 항목을 참조할 수 있다.

**SCAMPER**[94]
- S (Substitute : 대체)
- C (Combine : 결합)
- A (Adapt : 응용)
- M (Modify : 변형, Magnify : 확대, Minify : 축소)
- P (Put to other uses : 변경)
- E (Eliminate : 제거)
- R (Reverse : 역적용, Rearrange : 교환, 재배열)

**ECRS**
- E (Eliminate : 제거, 베제)
- C (Combine : 결합)
- R (Rearrange : 교환, 재배열)
- S (Simplify : 단순화)

**ERRC**[95]
- E (Eliminate : 제거)
- R (Reduce : 감소)
- R (Raise : 증가)
- C (Create : 창조)

---

93) Genrich Altshuller(1926-1998) : 구소련의 발명가이자 과학자, Theory of Inventive Problem Solving이라는 의미이다. <저자 주>

94) Bob Elerle(1971). Scamper: Games for Imagination Development. Prufrock Press Inc.
: Alex Osborne(1953)이 최초로 제안한 후 Bob Elerle(1971)에 의하여 재구성되었다. <저자 주>

95) Kim, W.C.; Mauborgne, R. (2005). Blue Ocean Strategy: How to Create Uncontested Market Space and Make the Competition Irrelevant. Boston: Harvard Business School Press.

| TRIZ : 40가지 발명 원리[96] | | | |
|---|---|---|---|
| 1. 분할 | 11. 사전 예방 조치 | 21. 급히 통과 | 31. 다공질 물질 |
| 2. 추출 | 12. 높이 맞추기 | 22. 전화 위복 | 32. 색깔 변형 |
| 3. 국소적 적용 | 13. 반대로 하기 | 23. 피드백 | 33. 동질성 |
| 4. 비대칭 | 14. 곡선화 | 24. 매개체 | 34. 폐기 및 재생 |
| 5. 통합 | 15. 자유도 증가 | 25. 셀프 서비스 | 35. 속성 변화 |
| 6. 다용도 | 16. 초과 또는 부족 | 26. 복사 | 36. 상 전이 |
| 7. 포개기 | 17. 차원 바꾸기 | 27. 값싸고 짧은 수명 | 37. 열 팽창 |
| 8. 평형 | 18. 진동 | 28. 기계 시스템 대체 | 38. 산화제 |
| 9. 사전 반대 조치 | 19. 주기적 작동 | 29. 공기 및 유압 사용 | 39. 불활성 환경 |
| 10. 사전 조치 | 20. 유용 작용 지속 | 30. 유연한 얇은 막과 필름 | 40. 복합 재료 |

기술적 검토와 조정을 통한 최적 조건 선정이 올바로 적용하기 위해서는 다양한 관련 사례를 기초로 한 조직/팀의 지혜Wisdom of Organization/Team가 충분해야 하며 개선안이 적용되는 프로세스와 관련된 많은 구성원들이 참여할 수 있어야 한다. 이러한 최적 조건의 선정 단점은 다음과 같다. 따라서 기술적 검토와 조정을 통하여 최적안을 선정하는 경우 이러한 단점을 보완할 수 있는 방법이 함께 제시되어야 한다.

Better Data Scientist Σ You Must Know 50 Prof. KO Statistics

## 42. 기술적 검토와 조정의 단점

(1) 개선안들을 동일한 조건에서 비교하기 어렵다.
(2) Project Y와 개선안간의 인과 관계를 확인하기 어렵다.
(3) 개선안을 적용하기 전에 반작용을 확인하기 어렵다.
(4) 선정된 최적안이 가장 바람직하다고 확신하기 어렵다.

96) Altshuller, Genrich (2005). 40 Principles:Extended Edition. translated by Lev Shulyak with additions by Dana Clarke, Sr. Worcester, MA: Technical Innovation Center.

## 통계적 실험

치명인자의 가능한 조건들에 대하여 명확한 구분 또는/그리고 계량적으로 측정이 가능하다면 통계적 실험Statistical Experiments을 고려할 수 있다.97) 여기서 실험이란 가정된 가설이나 이론을 확인하기 위하여 다양한 조건하에서 그 결과를 측정하는 방법을 말하며 관찰Observational studies과 함께 과학적 실행의 기본 방법이라고 할 수 있다. 이는 객관적인 데이터를 이용하여 다양한 개선안들을 체계적으로 비교하고자 할 때 유용한 방법이다. 통계적 실험에서는 개선 대상이 되는 프로세스를 중심으로 [그림 5.3]과 같이 실험 환경을 구분한다.

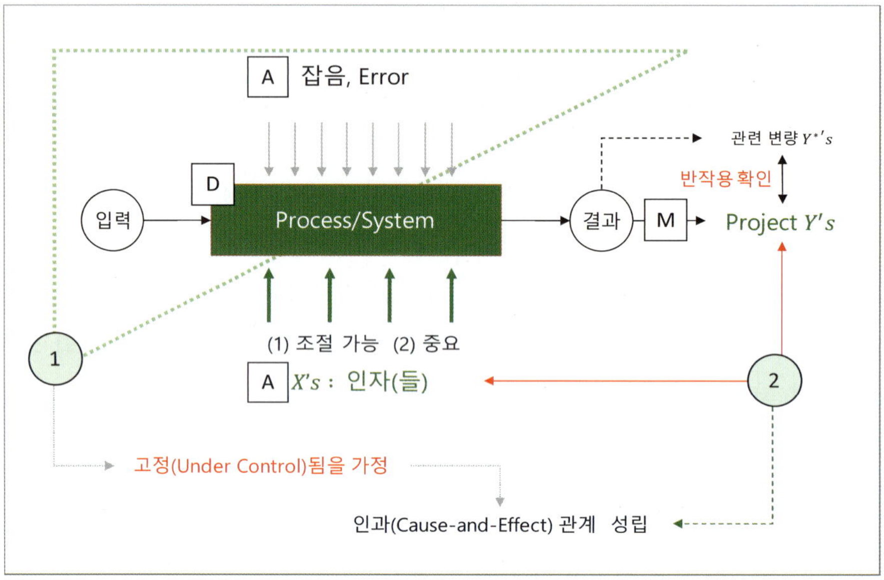


[그림 5.3] 통계적 실험에서의 환경 구분

통계적 실험은 [Improve 단계]이전 절차의 결과물을 적용한다. 즉, [Define 단계]에서 정의된 개선 대상 프로세스를 중심으로 [Measure 단계]에서 확인된 Project Y를 반응변수Response로 정의하고 [Analyze 단계]에서 확인된 치명인자를 인자Factors로 구분한 뒤 나머지 가인자는 잡음Noise 또는 오차Error로 정의하여

97) R.A. Fisher(1926). The Arrangement of field experiments. J. Minist. Agric., 33

실험 환경을 구분한다. 만일 프로젝트가 아닌 경우에 통계적 실험을 고려한다면 이러한 실험 환경을 구성하는 요소들을 실험 전에 확인해야 한다.

통계적 실험은 [그림 5.3]에서 확인할 수 있듯이 크게 2 가지 환경 - ①의 통제Control와 ②의 비교Comparison - 으로 구성된다. 만일 ①을 올바로 통제한다면 ②의 비교 결과는 원인-결과 관계라고 주장할 수 있다. 이는 실험의 가장 큰 장점이다. 통계적 실험의 설계와 실시 그리고 분석을 위한 기본 절차는 [그림 5.4]와 같다. [Improve 단계]에서 진행되는 통계적 실험은 실험의 목적, 반응변수의 선정 그리고 인자의 선정까지가 이미 알려져 있으므로 보다 쉽게 적용할 수 있다.

### 43. 통계적 실험의 기본 절차 [그림 5.4]

| 단계 | 절차 | 내용 |
|---|---|---|
| 설계 | 실험의 목적 설정 | 대상 프로세스에 대한 명확한 정의와 실시 목적의 구체화 |
| | 반응변수, Y의 선정 | 가능하면 연속형 변수를 지정, 범주형 반응변수인 경우에는 가능하면 연속형인 대체 특성을 고려 |
| | 인자, X's의 선정 | 실무적 고찰을 통해 가능하면 적은 수의 인자들을 결정 |
| | 각 인자의 수준 결정 | 단순 비교의 경우 2 수준,<br>계량 인자의 최적화인 경우 3수준 이상의 홀수 개 지정 |
| | 실험 설계 방법의 결정 | 주어진 실험 환경에 대한 기술적 지식을 최대한 활용하고, 설계는 가능한 한 간단한 것을 활용 |
| 실시 | 실험의 실시와 데이터 수집 | 실험의 실시 순서, 인자 수준조합의 변화 등에 대하여 설계 기준을 적용하여 실시하고, Y와 X들 이외의 다양한 Data Resume 기준을 결정하고 기록 |
| 분석 | 실험 데이터의 분석 | 실험의 설계와 실시는 분석 방법을 결정하므로 설계에 적절한 올바른 분석 방법을 시행 |
| | 실험의 결과 도출 | 통계적 차이 이외에 실무적 차이를 고려하여 최종적인 결론을 도출 |
| | 확인실험과 최종 결론 | 최적화 또는 결정된 인자 수준 조합에 대해 확인 실험을 통해 결과의 재현성을 확인한 후 최종적인 결론 도출 |

통계적 실험의 중요 용어와 장점은 다음과 같다.

### 통계적 실험의 중요 용어

**반응변수** Response

실험 결과를 측정한 변수를 말하며 가능한 한 연속형으로 측정되어야 하고 2개 이상을 동시에 고려할 수 있다.

**인자** Factors

조절 가능하고 중요한 프로세스의 원인을 말한다. 최적화 실험에서는 일반적으로 2개 이상을 고려한다.

**수준** Levels

인자의 실험 실시 조건을 말하며 각 인자별로 반드시 2개 이상이 선정될 수 있어야 한다. 계량 인자의 경우에는 $Y$의 변화를 수용할 수 있도록 충분한 범위로부터 선정되어야 한다.

**처리** Treatments

실제 실험의 진행 조건을 말하며 인자가 2개 이상인 경우에는 수준 조합Level Combination으로 결정된다.

## 44. 통계적 실험의 장점

(1) 비교된 결과가 원인-결과 관계임을 검증할 수 있다.
(2) 다양한 인자들의 주효과와 교호작용 효과를 확인할 수 있다.
(3) 실험 오차를 계량화하고 이를 분석 과정에 반영할 수 있어 모 프로세스에 대한 결과를 확인할 수 있다.

실험이 올바로 진행된 경우 통계적 실험의 결과는 인과 관계를 보장할 수 있으며 각 인자의 주효과Main Effect와 2개 이상의 인자들 간의 교호작용Interaction을 명확히 구분하여 확인할 수 있다. 여기서 주효과란 실험에 적용된 각 인자가 반응변수에 미치는 고유의 효과를 말하며 교호작용이란 2개 이상의 인자들이 동시에 적용될 때 반응변수에 미치는 영향의 정도를 말한다.

교호작용이 존재하는 경우 최적 조건은 교호작용에 의하여 결정되므로 [Improve 단계]에서 적용되는 통계적 실험은 반드시 교호작용을 확인할 수 있어야 한다. 하지만 교호작용은 실험을 실시하기 전에 확인할 수 없으므로 [그림 5.5]와 같은 절차를 통하여 교호작용을 확인한다. 일반적으로 교호작용은 유의한 인자들 간에 존재할 가능성이 높으며, 고차의 교호작용일수록 발생할 가능성이 낮은 것이 일반적이다.

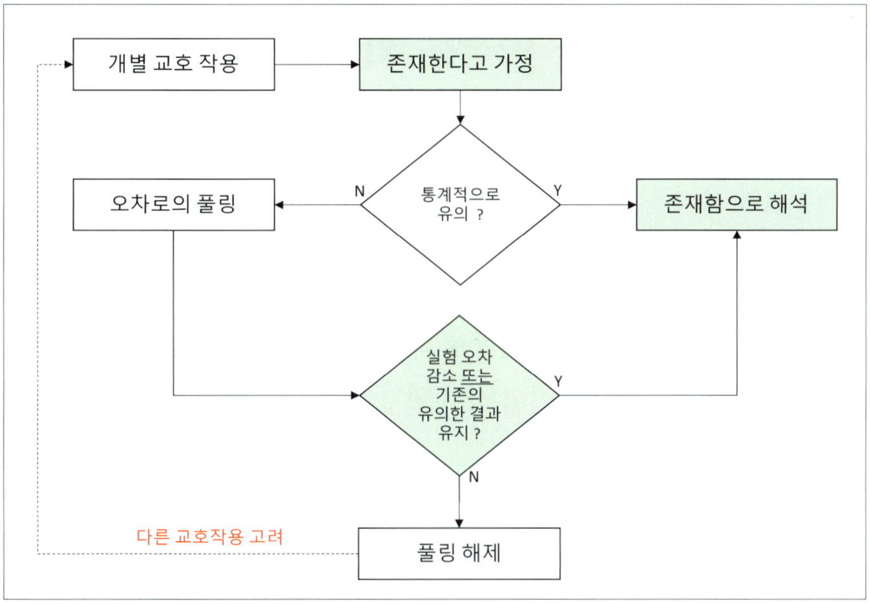


[그림 5.5] 통계적 실험에서 교호작용의 확인

실시된 실험의 결과를 분석하기 위해서는 [Analyze 단계]에서 설명된 분산 분석[Analysis of Variance] 또는 회귀 분석[Regression Analysis]이 적용된다. 이를 통하여 실험 오차[Experimental Error]를 수량화하고 대상 프로세스에 대한 객관적인 의사결정 기준을 제공한다.

[Improve 단계]에서는 Project Y에 대한 치명인자들의 조건 변경에 의하여 발생 가능한 관련 변량들에 반작용[Anti-Action]이 없거나 최소한 충분히 적다는 사실을 확인해야 한다. 따라서 실험의 실시 과정에서 반드시 중요 관련 변량들을

반영한 데이터 레쥬메Data Resume를 함께 작성해야 한다. 또한 실험을 통하여 결정된 최적 조건은 반드시 확인 실험Conforming Experiment을 통하여 결과의 재현성Reappearance을 검증해야 한다. 확인 실험은 특별한 설계를 적용하지 않고 실험이 실시된 동일한 환경에서 최적 조건을 $5 \le n \le 30$정도 반복 실시하여 그 결과를 실험에서의 결과와 비교하여 결정한다. 충분한 횟수로 진행된 확인 실험의 결과는 개선 효과 검증에서 활용할 수 있다.

## 5.3 최적 조건 결정과 반작용 확인

치명인자의 조건과 실험 환경에 대한 통제가 가능하지 않은 경우에는 「기술적 검토와 조정」을 통하여 최적 조건을 결정해야 하지만 이는 품질 개선을 위한 다양한 측면에서 적절한 방법이라고 할 수 없다. 따라서 Project Y의 올바른 최적 조건을 선정하고 조건 변경에 따른 반작용을 확인하기 위해서는 치명인자들의 조건을 명확히 구분하고 실험 환경을 올바로 통제하는 통계적 실험을 적용해야 한다.

만일 모든 치명인자의 수준들을 계량적으로 설정할 수 있다면 반응표면 분석Response Surface Methodologies을 적용할 수 있으며 그렇지 않은 경우에는 요인배치법Factorial Design을 적용해야 한다. 일반적으로 동일한 수의 치명인자를 고려할 때 반응표면 분석이 요인배치법보다 보다 적은 실험 횟수를 요구하며 분석 결과 역시 실무적으로 더 유용하다. 요인배치법에 대한 반응표면 분석의 장점은 다음과 같다.

이러한 장점은 계량적Quantitative인 수준들을 일정 범위 내에서 자유롭게 조절할 수 있을 때 극대화된다. 따라서 치명인자들의 수준이 범주형으로 정의된다면 먼저 이를 계량화할 수 있는 방법을 모색하고, 가능하면 계량화할 수 있어야 한다.

**반응표면 분석의 장점**

(1) 동일한 수의 인자를 고려하는 경우 요인배치법에 비하여 적은 실험 횟수를 요구한다.
(2) 효율적으로 최적 영역Optimal Region을 선택할 수 있다.
(3) 특정 수준에서의 일부 반복을 통하여 실험 오차를 수량화할 수 있다.
(4) 고려된 실험 영역 전체에서의 평균 함수식을 제공함으로서 최적 조건뿐만 아니라 지속적 관리를 위한 규격한계를 결정할 수 있다.

## 반응표면 분석

반응표면 분석Response Surface Methodologies은 2개 이상의 계량 인자들을 동시에 고려하여 반응변수와의 관계를 탐색하는 방법으로 서로 다른 일련의 통계적 실험을 적용하여 효율적으로 최적 조건을 결정하는 방법이다.[98] [그림 5.6]은 반응표면 분석에서 적용되는 3 종류의 서로 다른 통계적 실험을 보여준다.

① [Analyze 단계]의 치명인자 선정 과정에서 확인된 또는 예상된 영역에서 기초적인 실험이 진행된다. 실험은 반복이 없는 $2^k$ 요인배치법을 기초로 $k$개의 계량 인자들의 중심점Center Point을 추가하여 진행한다.

② [$2^k$ + 중심점] 설계의 분석을 통하여 추정된 함수식을 이용하여 바람직한 반응 변수 값을 갖는 방향으로 이동해 가며 일련의 조건들을 실험한다. 이 때는 특별한 실험 설계를 요구하지 않으며 반응 변수 값의 변화를 확인할 수 있도록 인자들의 조건을 적절한 간격으로 변경해 가며 실시한다. 만일 반응변수 값이 최적 영역에 도달했다고 판단된다면 ①의 [$2^k$ + 중심점] 실험을 재적용하여 최적 영역임을 검증한다. 만일 검증의 결과가 최적 영역이 아니라고 판단된다면 새롭게 정의된 개선 방향으로 ②의 실험을 적용하여 최적 영역을 확인할 때까지 동일한 절차를 반복해야 한다. 이와 같이 ①과 ②의 실험을 통하여 최적 영역을 결정하는 과정을 최대경사법Method of Steepest Ascent이라고 한다.

98) Box, G. E. P. and Wilson, K.B. (1951) On the Experimental Attainment of Optimum Conditions (with discussion). Journal of the Royal Statistical Society Series B13(1):1-45.

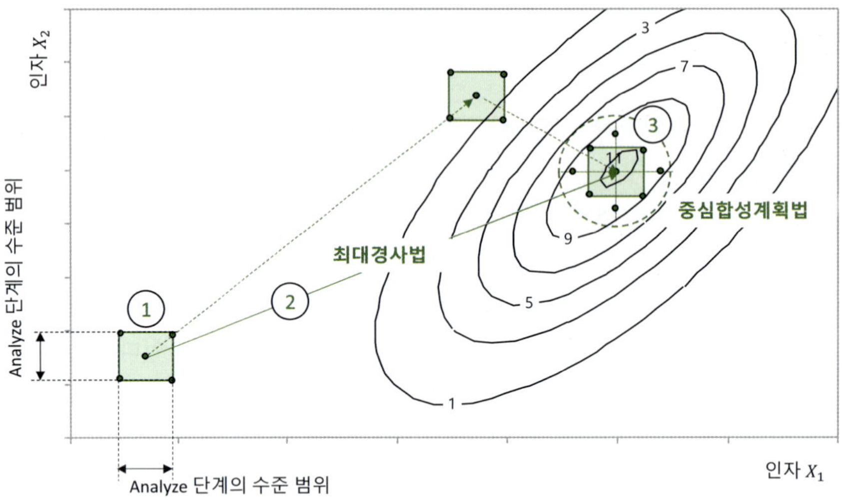


[그림 5.6] 반응표면 분석 실시를 위한 3 종류의 실험

최대경사법에 의하여 최적 영역임을 확인했다면 ③ 해당 영역에서 중심합성계획법Central Composite Design을 적용하여 반응표면Response Surface 식을 추정하여 반응변수와 치명인자 간의 관계를 설명하고 실무적으로 가장 바람직한 조건을 결정한다. 이를 최적 조건Optimal Condition이라고 한다. 이와 같이 [Improve 단계]에 적용되는 반응표면 분석은 최적화를 위하여 2 단계 - 최대경사법과 중심합성계획법 - 로 구분된 통계적 실험을 적용하여 효율적인 방법으로 최적 조건을 결정한다.

**반응표면 분석의 절차**

[1 단계]
축차적인 실험을 통하여 최적 조건이 존재할 것으로 예상되는 영역으로 이동: 최대경사법

[2 단계]
최적 영역이라고 판단되는 경우 추가적인 통계적 실험을 통하여
반응표면 식과 최적 조건을 도출: 중심합성 계획법(또는 박스-벤켄 계획법)

## 최대경사법 Method of Steepest Ascent : MOSA

축차적인 실험을 통하여 원하는 반응값이 존재할 것으로 예상되는 방향으로 이동Moving하는 방법으로 최소의 실험 횟수를 통하여 최적 영역으로 이동하는 것을 목적으로 한다. 최대경사법의 중요 절차는 [그림 5.7]과 같다.

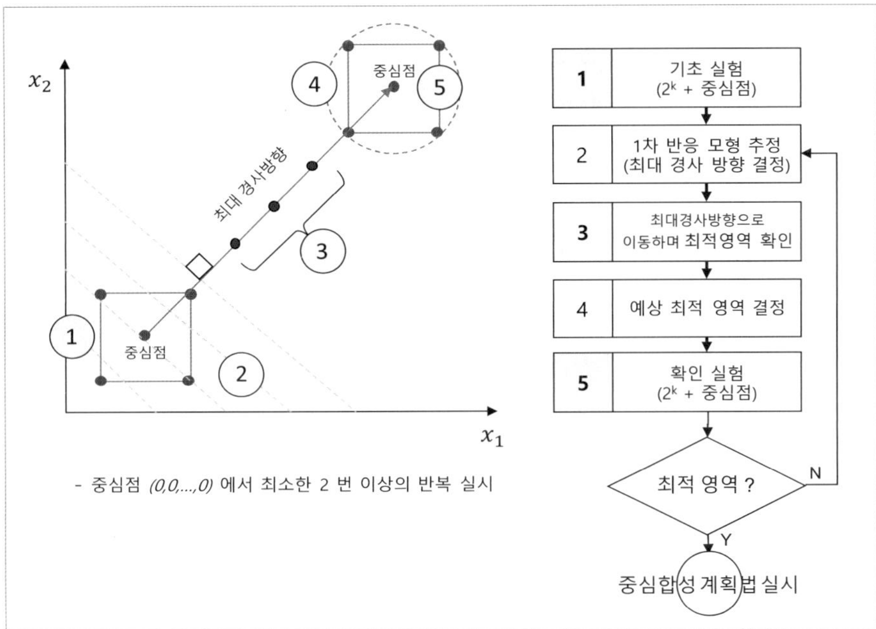


[그림 5.7] 최대경사법의 절차

이를 위하여 $2^k, k \geq 2$ 요인배치법에서 고려된 계량 인자들의 중심점을 추가한다. 이 때 중심점에서는 최소한 2번 이상 충분한 반복을 실시함으로서 간접적인 재현성을 확인하고 2차 효과의 유무를 판단하며 적합 결여 검정을 실시할 수 있는 조건을 확보한다.

① [$2^k$ + 중심점] 설계를 통하여 실험을 실시한다. 이때 고려한 인자들은 최대한 반응변수의 변화를 포함할 수 있도록 넓은 범위의 수준을 결정한다. ② 실시된 실험의 인자 간의 직교성Orthogonality을 확보하여 객관적으로 비교할 수 있도록 수준 범위를 $(-1, 1)$ 코드화Coded한다. 코드화는 서로 다른 측정 단위와

범위를 갖는 계량 인자들 간의 다중 공선성을 추가로 예방한다.

**인자 수준의 코드화**

$$\text{코드화된 수준} = \frac{(\text{원 수준 값} - \text{수준값들의 평균})}{(\text{수준 범위})/2}$$

코드화된 수준을 설명변수로 가정한 1차 회귀 모형을 통하여 반응표면 식을 추정하고 이를 기초로 최대 경사 방향을 결정한다. 이때 다음과 같이 추정된 회귀계수들을 이용한다.

**1차 회귀 모형**

$$y_{ij} = \beta_0 + \sum_{i=1}^{k} \beta_i x_i^C + \epsilon_{ij}, \epsilon_{ij} \sim iid\,N(0, \sigma^2),$$

$$i = 1, 2, \ldots, k,\; j = 1, 2, \ldots, n_i$$

여기서, $x_i^C = -1, 0, 1$, 인자 $i$의 코드화된 인자 수준

**추정된 최대 경사 방향**

: $O = (0, 0, \ldots, 0) \rightarrow \Delta$

여기서 $\Delta = (1, \frac{\widehat{\beta_2}}{\widehat{\beta_1}}, \frac{\widehat{\beta_3}}{\widehat{\beta_1}}, \ldots, \frac{\widehat{\beta_k}}{\widehat{\beta_1}})$, $\widehat{\beta_i}$는 추정된 회귀계수

만일 코드화된 2개의 인자 $(x_1^C, x_2^C)$에 대한 회귀 분석의 결과가 [그림 5.8]과 같다면 이를 이용하여 $\Delta$를 추정할 수 있고 중심점인 $O$와 $\Delta$를 이용하여 다음과 같이 최대 경사 방향을 결정할 수 있다.

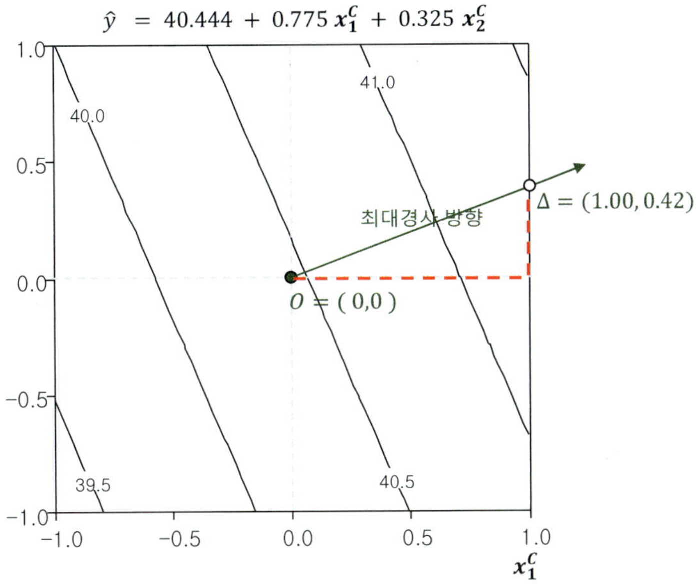


[그림 5.8] 코드화된 인자를 이용한 회귀분석 결과와 최대 경사 방향

③ 결정된 경사 방향으로 적절한 간격($m\Delta$)을 결정하고 이에 해당하는 인자들의 조건을 확인한 후 축차적으로 실험을 진행하여 반응변수의 값을 관찰한다. 이때 간격을 결정하는 $m$의 값은 특별한 이론적 제약이 없으므로 반응값의 변화를 관찰해 가며 간격을 결정할 수 있다. 따라서 축차적으로 고려한 간격 $m\Delta$는 일정하지 않아도 된다.

**최대 경사 방향으로의 축차적 실험**

: $O + m\Delta,\ m = k, 2k, 3k, \ldots, k \in (-\infty, \infty)$

④ 만일 반응값이 최적 영역 근처에 있다고 판단된다면 [그림 5.9]와 같이 ⑤ 최적 영역 근처라도 판단된 조건을 중심점으로 가정하고 새로운 [$2^k$ + 중심점] 실험을 적용하여 최적 영역인가를 검증한다.

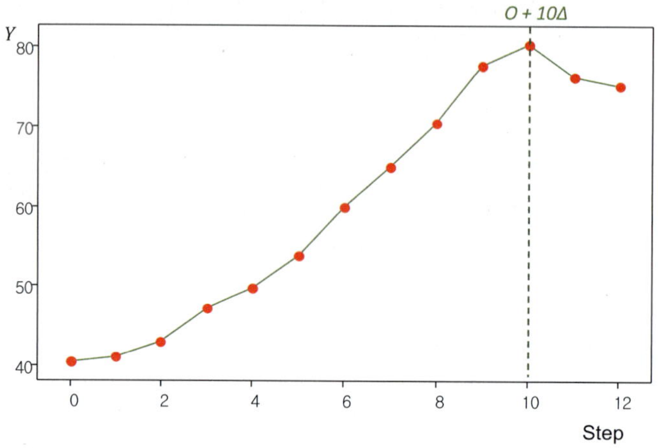


[그림 5.9] 축차 실험의 결과에 따른 새로운 중심점의 결정

**최적 영역의 검증**

: 1차 모형이 적절하지 않고 2차 이상의 모형이 적절함을 검토한다.

(1) 실험 데이터의 등고선도 고찰
(2) 2차 효과에 대한 분산 분석 검정
(3) 1차 회귀 모형의 타당도 확인
(4) 기술적 제약/한계 영역 여부에 대한 고찰

⑤의 실험을 통하여 최적 영역임을 검증하였다면 최대경사법은 종료된다. 하지만 ⑤의 실험에서 최적 영역이 아니라고 판단된다면 최종 실험의 결과를 이용하여 새로운 최대 경사 방향을 결정하고 최적 영역임을 검증할 수 있을 때까지 동일한 절차를 반복한다.

**[예제 5.1]** KSPS.5.1.1~KSPS.5.1.3

전장 부품의 Project Y인 성능($p$)을 개선하기 위하여 [Analyze 단계]에서 2개의 치명인자인 조정 사이클(회)과 가공 조건(Old, New)이 선정되었다. 여기서 가공 조건은 2 종류의 범주로 정의되었다. 연구자는 가공 조건의 공통성과 차이점을 확인하는 사전 조사를 통하여 2 종류의 방법 간 중요 차이는 가공 과정에서 투입되는 촉매량의 비율임을 확인하였다. 이를 근거로 치명인자인 가공 조건은 촉매 비율로 전환하여 약 0.1~0.3(%)정도의 수준을 결정하고 조정 사이클은 [Analyze 단계]에서 확인된 약 30~40(회)의 수준을 결정하였다. 현재 부품의 성능($p$)은 92.0을 넘을 수 없다는 기술적 한계가 존재한다.

## [실험의 설계]

고려된 2개의 치명인자의 수준 범위와 중심점은 다음과 같다.

| 인자 | 낮은 수준(L) | 중심점(C) | 높은 수준(H) |
|---|---|---|---|
| 사이클(회), Cycle | 30 | 35 | 40 |
| 촉매 비율(%), Catalyst | 0.1 | 0.2 | 0.3 |

**통계 분석 > 실험 계획법 > 요인 > 요인 설계 생성**

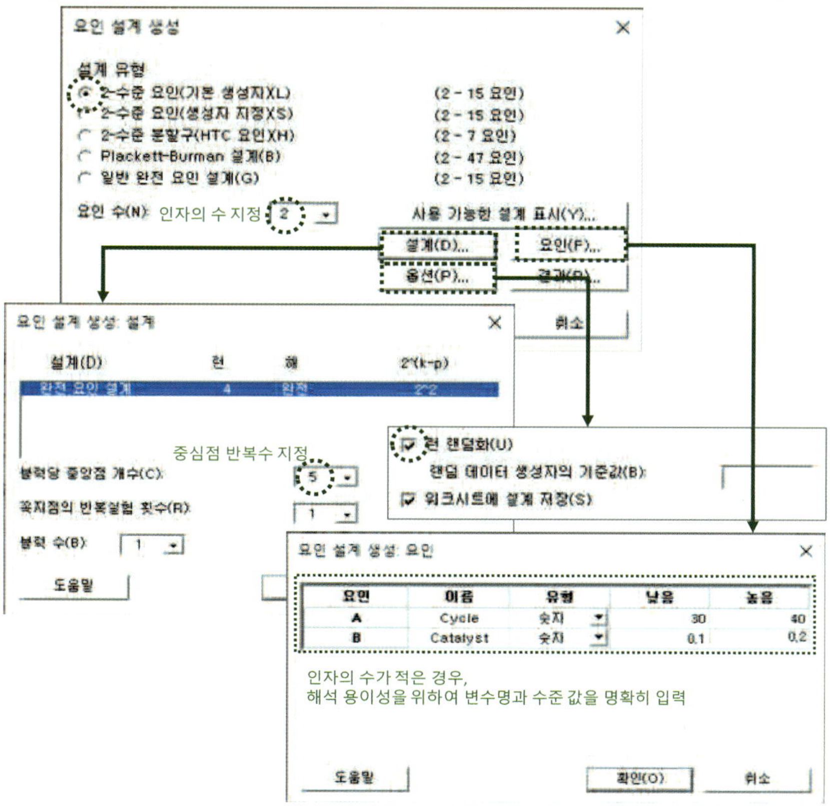

연구자는 [$2^2$ + 중심점] 실험을 설계하였고 개선 가능성 여부를 판단하고 실험 오차를 추정하기 위하여 중심점에서 5번의 반복을 실시하고자 한다. 실험 결과의 재현성을 극대화하기 위하여 모든 실험은 완전 랜덤하게 진행하고자 한다.

### [1차 회귀 모형의 적합성 확인]

이를 확인하기 위한 방법은 (1) 실험된 데이터를 이용한 등고선도 확인 (2) 2차 효과 유무에 대한 분산분석 (3) 일반 회귀 분석을 통한 1차 회귀 모형의 타당성 검토를 적용할 수 있다.

#### (1) 실험된 데이터를 이용한 등고선도 확인

그래프 > 등고선도, KSPS.5.1.1

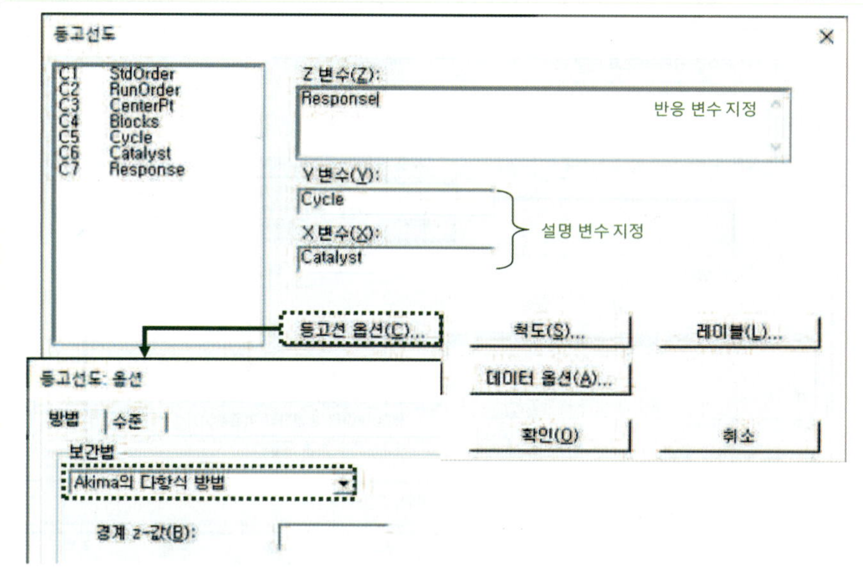

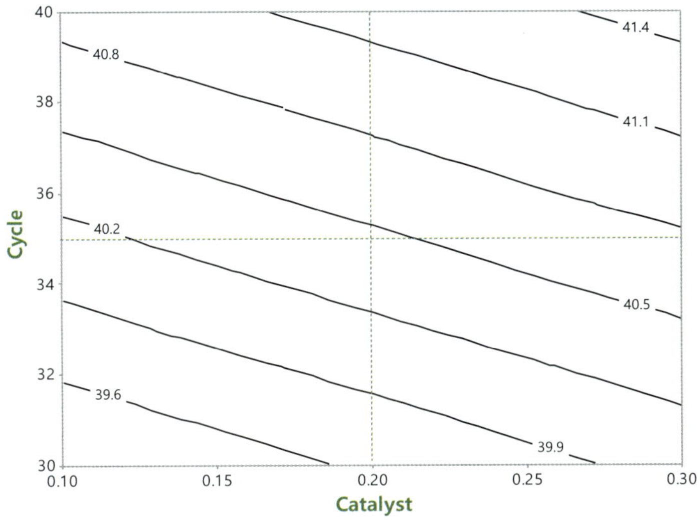


: 주어진 인자의 범위에서 2차 효과는 존재하지 않는 것으로 보인다.

### (2) 「2차 효과 유무」 확인을 위한 분산분석

**(가설)** $H_0$ : 2차 효과 $= 0 \ \ vs. \ H_1$ : $H_0$가 아니다.

**그래프 > 실험 계획법 > 요인 > 요인 설계 분석, KSPS.5.1.1**

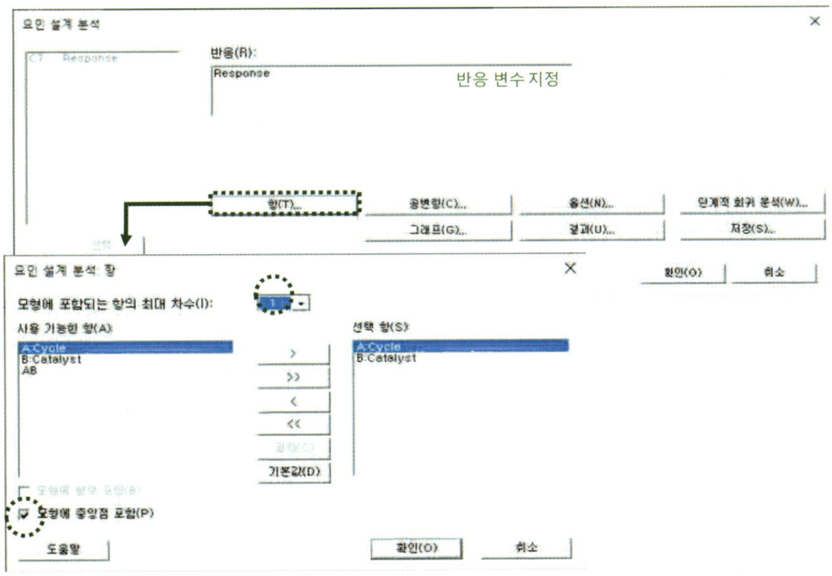

Analysis of Variance

| Source | DF | Adj SS | Adj MS | F-Value | P-Value |
|---|---|---|---|---|---|
| Model | 3 | 2.82772 | 0.94257 | 27.01 | 0.002 |
| Linear | 2 | 2.82500 | 1.41250 | 40.47 | 0.001 |
| Cycle | 1 | 2.40250 | 2.40250 | 68.84 | 0.000 |
| Catalyst | 1 | 0.42250 | 0.42250 | 12.11 | 0.018 |
| Curvature | 1 | 0.00272 | 0.00272 | 0.08 | 0.791 |
| Error | 5 | 0.17450 | 0.03490 | | |
| Lack-of-Fit | 1 | 0.00250 | 0.00250 | 0.06 | 0.821 |
| Pure Error | 4 | 0.17200 | 0.04300 | | |
| Total | 8 | 3.00222 | | | |

: Curvature 항의 $p-value = 0.791 > \alpha = 0.05$이므로 $H_0$를 기각할 수 없다.

### (3) 1차 회귀 모형의 타당성 검토

고려된 2 개의 인자들 모두 계량 인자이므로 1차 회귀 모형을 적합할 수 있다.

Analysis of Variance

| Source | DF | Adj SS | Adj MS | F-Value | P-Value |
|---|---|---|---|---|---|
| Model | 2 | 2.82500 | 1.41250 | 47.82 | 0.000 |
| Linear | 2 | 2.82500 | 1.41250 | 47.82 | 0.000 |
| Cycle | 1 | 2.40250 | 2.40250 | 81.34 | 0.000 |
| Catalyst | 1 | 0.42250 | 0.42250 | 14.30 | 0.009 |
| Error | 6 | 0.17722 | 0.02954 | | |
| Lack-of-Fit | 2 | 0.00522 | 0.00261 | 0.06 | 0.942 |
| Pure Error | 4 | 0.17200 | 0.04300 | | |
| Total | 8 | 3.00222 | | | |

Model Summary

| S | R-sq | R-sq(adj) | R-sq(pred) |
|---|---|---|---|
| 0.171863 | 94.10% | 92.13% | 91.81% |

Coded Coefficients

| Term | Effect | Coef | SE Coef | T-Value | P-Value | VIF |
|---|---|---|---|---|---|---|
| Constant | | 40.4444 | 0.0573 | 705.99 | 0.000 | |
| Cycle | 1.5500 | 0.7750 | 0.0859 | 9.02 | 0.000 | 1.00 |
| Catalyst | 0.6500 | 0.3250 | 0.0859 | 3.78 | 0.009 | 1.00 |

Regression Equation in Uncoded Units

Response = 34.369 + 0.1550 Cycle + 3.250 Catalyst

가정된 모형의 적합성을 위한 분석과 해석은 일반 회귀 분석과 동일한 방법을 적용한다. 유의성 검정, 설명력, 적합결여 검정과 잔차 진단[99]이 모두 만족하므로 실험 데이터에 대한 1차 회귀 모형이 타당하다고 할 수 있다.

고려된 3가지 경우 모두 2차 효과의 존재를 확인하지 못하였다. 따라서 1차 회귀 모형의 타당성 검토에서 확인된 코드화된 계수Coded Coefficients의 결과에서 확인된 추정된 회귀 계수를 이용하여 최대 경사 방향 $\varDelta$을 결정한다.

### [최대 경사 방향의 결정]

Coded Coefficients

| Term | Effect | Coef | SE Coef | T-Value | P-Value | VIF |
|---|---|---|---|---|---|---|
| **Constant** | | **40.4444** | **0.0573** | **705.99** | **0.000** | |
| Cycle | 1.5500 | 0.7750 | 0.0859 | 9.02 | 0.000 | 1.00 |
| Catalyst | 0.6500 | 0.3250 | 0.0859 | 3.78 | 0.009 | 1.00 |

$k=2$, $\varDelta = (1, \widehat{\beta_2}/\widehat{\beta_1}) = (1, 0.325/0.775) = (1, 0.42)$

코드화된 $(1, 0.42)$는 원래의 인자 수준 $(5, 0.042)$이므로 이를 반영하여 최대 경사 방향을 따라 다음과 같이 새로운 실험점을 결정하였다. 이때, 검토 간격은 실무적 지식을 통하여 결정한다. 또한 개별 결과를 확인해 가면서 검토 간격을 조절해도 무방하다. 설계된 Step의 조건들을 차례로 실험해 가면서 반응값을 확인하여 최대값이 달성하는 조건을 확인해야 한다. 이때 고려된 인자의 수준 변화 이외의 실험 환경은 가능한 한 동일한 조건을 유지해야 한다.

99) 잔차 진단의 결과를 제시하지 않았으나 정규성($p-value=0.902$), 등분산성, 독립성 모두 위배되는 증거를 찾지 못했다. 일반적으로 실험 횟수가 많지 않으므로 실험의 실시 단계에서 랜덤화가 올바로 진행되었다면 잔차 진단에서 위배되는 증거를 찾기 어렵다. <저자 주>

| Step | 사이클, Cycle | 촉매 비율, Catalyst | Response |
|---|---|---|---|
| 0 | 35 | 0.200 | |
| 1 | 40 | 0.242 | |
| 2 | 45 | 0.284 | |
| 3 | 50 | 0.326 | |
| 4 | 55 | 0.368 | |
| 5 | 60 | 0.410 | |
| 6 | 65 | 0.452 | |
| 7 | 70 | 0.494 | |
| 8 | 75 | 0.536 | |
| 9 | 80 | 0.578 | |
| 10 | 85 | 0.620 | |
| 11 | 90 | 0.662 | |
| 12 | 95 | 0.704 | |

최대값을 달성했다고 생각되는 경우 기술적 검토와 함께 감소 패턴이 충분히 나타나는가를 확인해야 한다. 현재의 반응변수인 성능($p$)은 92.0을 넘을 수 없다. 각 Step별 확인된 반응값은 다음과 같다. KSPS.5.1.2

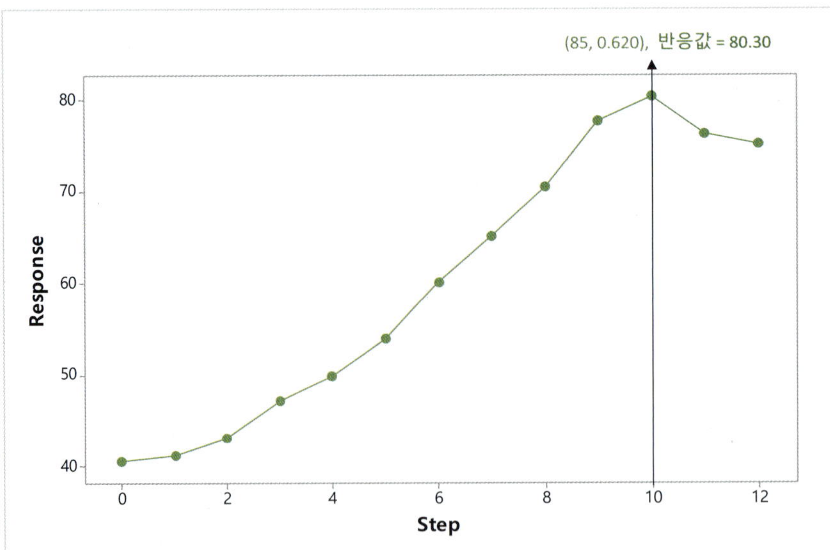

현재 최대 반응값을 나타내는 조건은 (Cycle, Catalyst) = $(85.0, 0.620)$으로 확인되었다. 반응값이 $80.30$으로 기술적 한계점인 $92.0$에 상대적으로 가깝고 분석에서 확인된 패턴 역시 최대값일 가능성을 보여준다.

## [최적 영역의 검증] KSPS.5.1.3

새로운 중심점인 $(85.0, 0.620)$을 중심으로 새로운 $[2^k + \text{중심점}]$ 설계를 통하여 최적 영역임을 검증하고자 한다. 결정된 각 인자의 수준은 다음과 같다.

| 인자 | 낮은 수준(L) | 중심점(C) | 높은 수준(H) |
|---|---|---|---|
| 사이클(회) | 80 | 85 | 90 |
| 촉매 비율(%) | 0.56 | 0.620 | 0.70 |

각 수준의 범위는 최적 영역임이 검증된 다음 적용되어야 할 중심합성 계획법의 축점의 설계 범위를 고려하여 결정하였다. 최적 영역의 검토 방법은 [1차 회귀 모형의 적합성 검토]의 과정과 동일하며 1차 모형이 적합하지 않고 2차 효과가 존재한다는 결과가 제시된다면 최적 영역이 검증되었다고 판단한다.

### (1) 실험된 데이터를 이용한 등고선도 확인

: 주어진 인자의 범위에서 2차 효과가 뚜렷하게 존재한다.

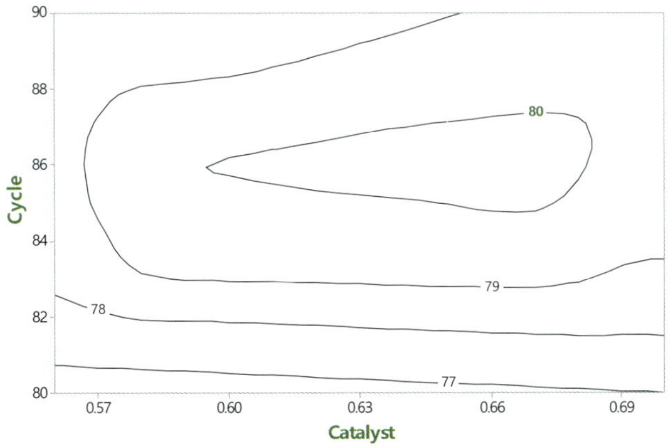

### (2) 2차 효과에 대한 분산분석

**(가설)** $H_0$ : 2차 효과 $= 0$ $vs.$ $H_1$ : $H_0$가 아니다.

```
Analysis of Variance

Source           DF   Adj SS    Adj MS   F-Value  P-Value
Model             3  15.6580    5.2193     56.49    0.000
  Linear          2   5.0000    2.5000     27.06    0.002
    Cycle         1   4.0000    4.0000     43.29    0.001
    Catalyst      1   1.0000    1.0000     10.82    0.022
  Curvature       1  11.2372   11.2372    121.61    0.000
Error             5   0.4620    0.0924
  Lack-of-Fit     1   0.2500    0.2500      4.72    0.096
    Pure Error    4   0.2120    0.0530
Total             8  16.1200
```

: Curvature의 $p-value = 0.000 < \alpha = 0.05$이므로 $H_0$를 기각한다. ■

## 중심합성 계획법

최대경사법의 [$2^k$ + 중심점] 실험과 축차적 실험에 의하여 최적 영역이 검증된 경우 인자들 간의 반응표면 식을 추정하기 위한 통계적 실험을 중심합성 계획법Central Composite Design이라고 하고 간단히 CCD로 표현한다. 이 방법은 최적 영역에서 주로 나타나는 2차 이상의 모형을 적합하거나 교호작용을 반영한 반응표면 식을 추정하는데 적합한 설계 방법으로 요인배치법에 비하여 적은 실험 횟수를 요구한다. 중심합성 계획법의 설계점은 다음과 같이 구성된다.

**중심합성 계획법의 실험점**

1. 요인점 : $2^k, k \geq 2$ 요인배치법을 구성하는 설계점
2. 중심점 : 설계 영역 중앙의 설계점
3. 축점 : 각 인자의 축을 따라 중심점에서 일정 거리($\alpha$)만큼 떨어진 $2k$ 개의 설계점

중심합성 계획법의 설계점들은 최대경사법의 [$2^k$ + 중심점]과 추가적인 축점Axial Point으로 구성되며 축점을 통하여 2차 효과와 교호작용을 보다 효과적으로 확인할 수 있다. [그림 5.10]은 $k=2,3$일 때 중심합성 계획법의 설계점을 보여준다.

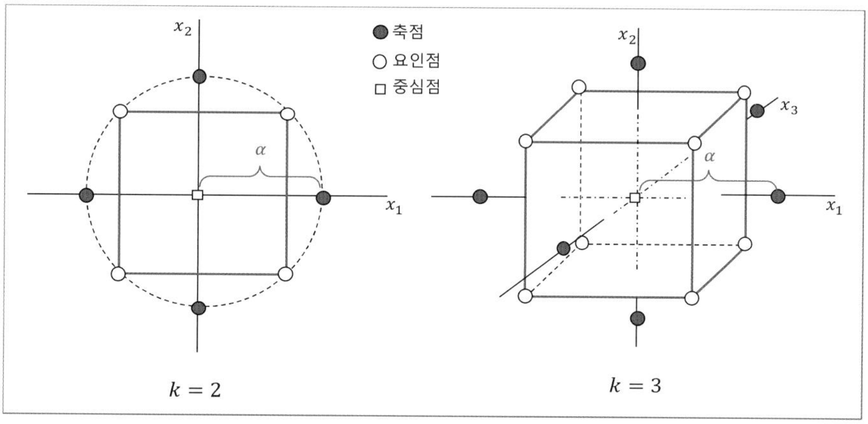


[그림 5.10] 중심합성 계획법의 설계점 : $k=2,3$

중심점에서 축점까지의 거리를 일반적으로 $\alpha$로 표현하며[100] 이는 고려하는 인자의 수 $k \geq 2$와 설계 특성에 따라 결정된다. CCD가 최적화 실험에서 중요한 특징인 회전 가능Rotatable 균등 정밀Uniform-precision 설계를 만족하기 위한 조건인 중심점에서의 반복 수와 $\alpha$는 [표 5.1]과 같다.[101]

최적화 단계인 [Improve 단계]에서는 특별한 이유가 없는 한 제시된 중심점의 반복 횟수를 실행하는 것이 좋다. 또한 중심점에서 축점까지의 거리인 $\alpha$값도 가능한 한 동일한 값을 적용하는 것이 바람직하다. 만일 인자의 수준 조절이 어려운 경우에는 주어진 $\alpha$와 가능한 한 근사적으로 비슷한 값을 결정하고 이를 설계에 반영해야 한다.

---

100) 이는 유의수준 $\alpha$와 아무 관련이 없으며 여기서는 코드화된 인자 수준에서 중심점과 축점 간의 거리를 의미하고 $\alpha=(\text{요인점의 수})^{1/4}$로 계산된다. <저자 주>

101) 회전 가능이란 추정된 반응변수 값의 분산인 $Var(\hat{y})$가 설계영역의 중심으로부터 모든 방향으로 등거리에서 동일한 특징을 말하며, 균등정밀이란 설계 영역 중심에서 단위 거리에 위치한 $Var(\hat{y})$가 동일한 설계를 말한다. 이는 실험 실시 또는 분석 이전인 설계점 선택 과정에서 확인되어야 하는 특성이다. <저자 주>

[표 5.1] 균등정밀 회전 가능 중심합성 계획법의 실험 횟수와 $\alpha$

| $k$ | 2 | 3 | 4 | 5 |
|---|---|---|---|---|
| 총 실험 수 | 13 | 20 | 31 | 52 |
| 요인점 | 4 | 8 | 16 | 32 |
| 축점 | 4 | 6 | 8 | 10 |
| 중심점 | 5 | 6 | 7 | 10 |
| (coded) $\alpha$ | 1.414 | 1.682 | 2.000 | 2.378 |

CCD로 실시된 실험은 일반적인 회귀분석과 동일한 방법으로 분석하며 최종적으로 추정된 회귀식을 반응표면 식[Response Surface Equation]이라고 부른다. 반응표면식은 최적 영역에서 각 인자 수준이 주어졌을 때 모평균의 추정값으로 해석하며 이를 이용하여 원하는 최적 조건을 결정하고 최적 조건을 구성하는 각 인자 수준의 관리 한계를 결정할 수 있다.

### [예제 5.2]

[예제 5.1]의 최대경사법에 의하여 검증된 최적 영역에서 중심합성 계획법을 적용하여 최적 조건을 결정하고자 한다. 최대경사법을 통하여 Project Y인 성능($p$)이 약 80.0이상인 영역을 결정하였고 분석 결과 2차 모형이 적합할 것으로 판단된 만큼 이 실험이 [Improve 단계]의 최종 실험이 될 것이라고 판단하여 전장 부품과 관련된 중요 변량들을 데이터 레쥬메에 함께 기록하기로 하였다. 고려된 중요 변량들의 검토 조건은 다음과 같다.

| 관련 변량 | 검토 조건 |
|---|---|
| 소음<br>Noise | - 기계적 작용에 의하여 소음은 대략 $65.0(dB)$보다 작을 수 없다.<br>- 성능이 높아져도 소음은 $75.0(dB)$이하이어야 한다. |
| 유격<br>Margin | - 성능이 높아져도 유격은 $(62.0, 68.0)\mu m$를 유지해야 한다.<br>- $65.0\,(\mu m)$이면 가장 바람직하다. |

**[실험의 설계]**

**통계 분석 > 실험 계획법 > 반응 표면 > 반응 표면 생성**

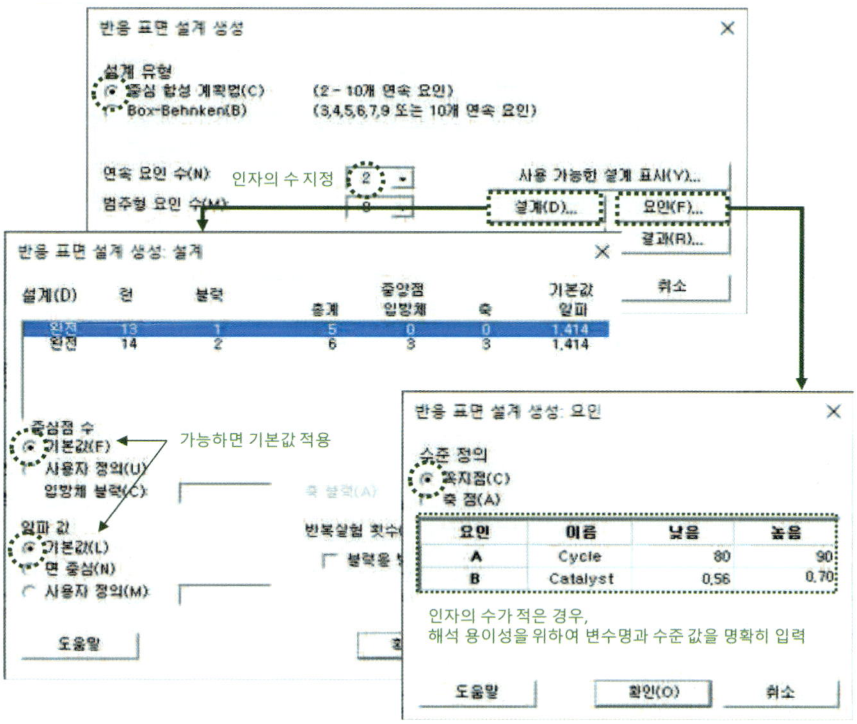


2개의 치명인자 중 Catalyst의 수준은 회전 가능 균등 정밀 설계를 제공하는 중심점과 축점 간의 거리인 $\alpha = 1.414$을 적용한 후 실제 실험에서의 조절 가능성을 고려하여 소숫점 2번째 자리로 반올림하여 적용하였다. 또한 Cycle의 경

우에는 정수만이 가능하므로 제시된 설계점을 1의 자리 수로 반올림하여 설계에 반영하였다. 중심점에서는 회전 가능 균등 정밀 설계의 기준을 반영하여 5번을 반복하였으며 총 13회의 실험은 동일한 환경에서 실시 가능하므로 별도의 블록은 지정하지 않았다.

### [반응표면 분석 : CCD]

**통계 분석 > 실험 계획법 > 반응 표면 > 반응 표면 설계 분석, KSPS.5.2.1**

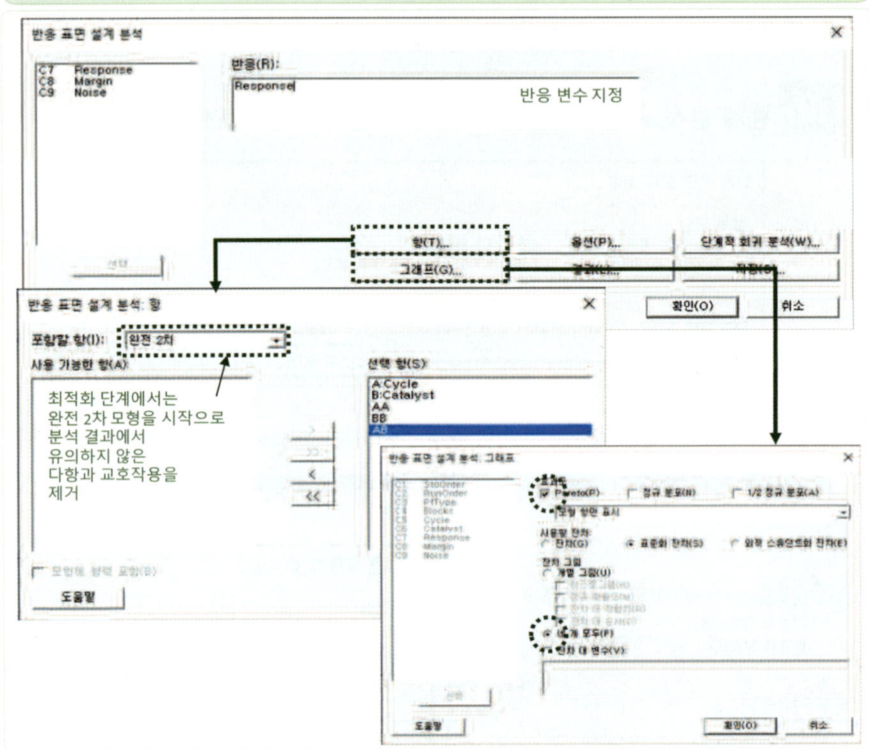


완전랜덤하게 실시된 실험의 결과를 이용하여 다음과 같은 2차 모형을 가정하고 회귀 분석을 실시하였다.

Analysis of Variance

| Source | DF | Adj SS | Adj MS | F-Value | P-Value |
|---|---|---|---|---|---|
| Model | 5 | 27.9100 | 5.5820 | 18.15 | 0.001 |
| Linear | 2 | 4.7711 | 2.3856 | 7.76 | 0.017 |
| Cycle | 1 | 2.3129 | 2.3129 | 7.52 | 0.029 |
| Catalyst | 1 | 2.4582 | 2.4582 | 7.99 | 0.026 |
| Square | 2 | 20.8889 | 10.4444 | 33.96 | 0.000 |
| Cycle*Cycle | 1 | 11.5260 | 11.5260 | 37.47 | 0.000 |
| Catalyst*Catalyst | 1 | 12.0875 | 12.0875 | 39.30 | 0.000 |
| 2-Way Interaction | 1 | 2.2500 | 2.2500 | 7.32 | 0.030 |
| Cycle*Catalyst | 1 | 2.2500 | 2.2500 | 7.32 | 0.030 |
| Error | 7 | 2.1531 | 0.3076 | | |
| Lack-of-Fit | 3 | 1.4051 | 0.4684 | 2.50 | 0.198 |
| Pure Error | 4 | 0.7480 | 0.1870 | | |
| Total | 12 | 30.0631 | | | |

Model Summary

| S | R-sq | R-sq(adj) | R-sq(pred) |
|---|---|---|---|
| 0.554603 | 92.84% | 87.72% | 62.84% |

Coded Coefficients

| Term | Effect | Coef | SE Coef | T-Value | P-Value | VIF |
|---|---|---|---|---|---|---|
| Constant | | 79.980 | 0.248 | 322.47 | 0.000 | |
| Cycle | 1.081 | 0.540 | 0.197 | 2.74 | 0.029 | 1.00 |
| Catalyst | 1.103 | 0.552 | 0.195 | 2.83 | 0.026 | 1.00 |
| Cycle*Cycle | -2.615 | -1.308 | 0.214 | -6.12 | 0.000 | 1.02 |
| Catalyst*Catalyst | -2.595 | -1.297 | 0.207 | -6.27 | 0.000 | 1.02 |
| Cycle*Catalyst | -1.500 | -0.750 | 0.277 | -2.70 | 0.030 | 1.00 |

## (1) 모형의 타당성 진단

2인자 교호작용이 유의하고($p-value = 0.030 < \alpha = 0.05$), Cycle과 Catalyst의 2차 항도 모두 유의하므로($p-value = 0.000 < \alpha = 0.05$) 모든 항은 실험 데이터를 설명하는데 도움이 된다. 이때 1차 항은 유의하지 않다고 하더라도 모형에서 오차로의 풀링Pooling 할 수 없다. 모든 항을 포함한 현재의 완전 2 차 모형은 실험 데이터의 총변동 중에서 92.84%를 설명하고 코드화된 각 항에 대한 $VIF \approx 1$ 로 다중 공선성은 존재하지 않는다. 또한 적합 결여 검정의 결과는 $p-value = 0.198 > \alpha = 0.05$이므로 현재 모형이 타당하지 않다고 할 수 없다. 잔차 분석의 결과는 다음과 같다.

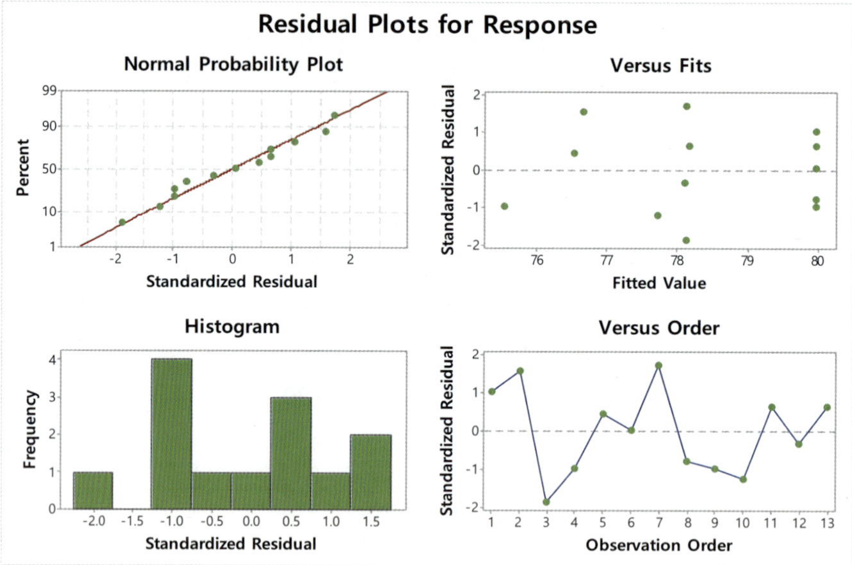


현재 실험 횟수 $n = 13$이므로 정규성 여부를 히스토그램을 통하여 올바른 진단할 수 없다. 정규 확률 그림은 직선에서 크게 위배되지 않아 보이며 정규성 검정의 결과는 $p-value = 0.750 > \alpha = 0.05$으로 정규분포가 아니라고 할 수 없다. 등분산성 그림과 독립성 그림에서도 위배 증거를 찾을 수 없으므로 현재 실험된 결과는 완전 2차 모형이 타당하다고 할 수 있다. 코드화된 인자 수준을 이용하여 결정된 반응표면 식을 실제 실험이 진행된 원 수준 값으로 전환하면 다음과 같다. 이를 비코드화[Uncoded]된 반응표면 식이라고 한다.

```
Regression Equation in Uncoded Units

Response
= -531.9 + 10.35 Cycle + 523.6 Catalyst - 0.05230 Cycle*Cycle
  - 264.8 Catalyst*Catalyst - 2.143 Cycle*Catalyst
```

주어진 비코드화된 반응표면식은 실제 인자 수준과 수준 조합에서의 모평균의 추정시 사용된다. 주어진 최종 반응표면 식에 대한 결과를 검토해 보면 다음과 같다.

### (2) 추정된 반응표면 식

비코드화된 반응표면식을 그림으로 표현하면 다음과 같다. 먼저 표면도Surface Plot를 보면 2개의 인자 모두 성능의 최대값을 달성했음을 확인할 수 있다. 등고선도Contour Plot를 이용하여 각 인자의 수준별 추정된 반응값을 확인할 수 있다. 등고선도에는 실시된 실험점을 추가하여 반응표면 식의 적합성을 간접적으로 확인하였다.

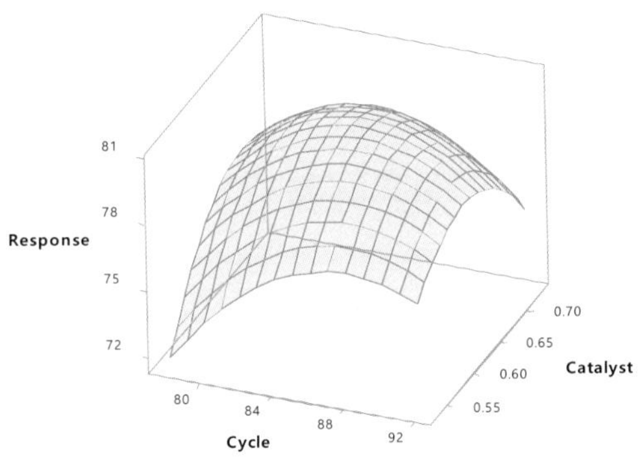


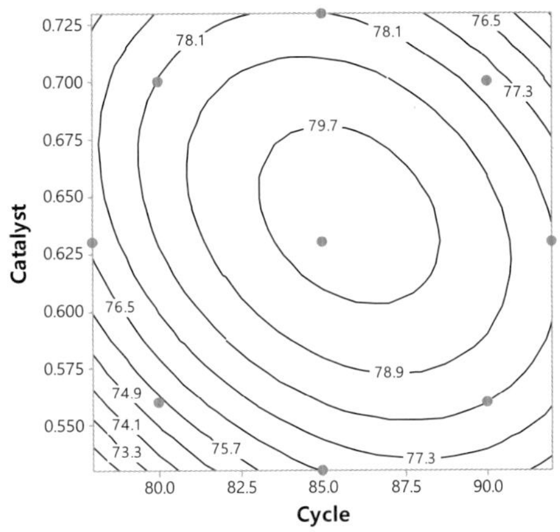


### (3) 인자의 주효과와 교호작용의 검토

완전 2차 모형을 적합한 반응 표면 식의 주효과Main Effect 그림은 다음과 같다. 이때 주효과 그림에는 각 인자의 1차 항($x_i, i=1,2$)과 2차 항($x_i^2, i=1,2$)이 모두 반영된다. 주효과 그림을 통하여 각 인자의 최적 수준을 확인할 수 있으나 교호작용이 존재한다면 최적 수준 조합은 주효과에서 확인된 최적 수준과 상이할 수 있다.

**통계 분석 > 실험 계획법 > 반응 표면 > 요인 그림, KSPS.5.2.1**

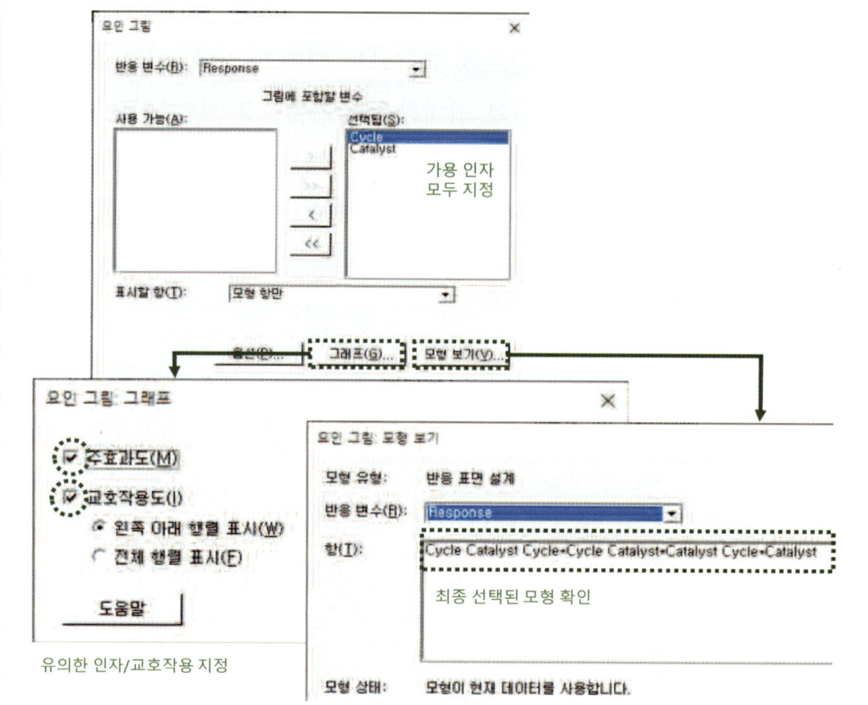


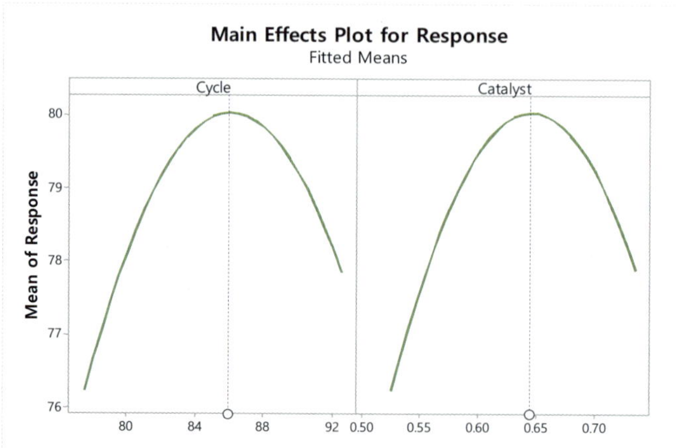


2인자 교호작용Interaction 그림은 다음과 같다. 기준이 되는 Cycle변수의 범위를 보면 약 (80이하), (80 ~ 89), 그리고 (89 이상)에서 서로 다른 패턴이 존재함을 확인할 수 있다.

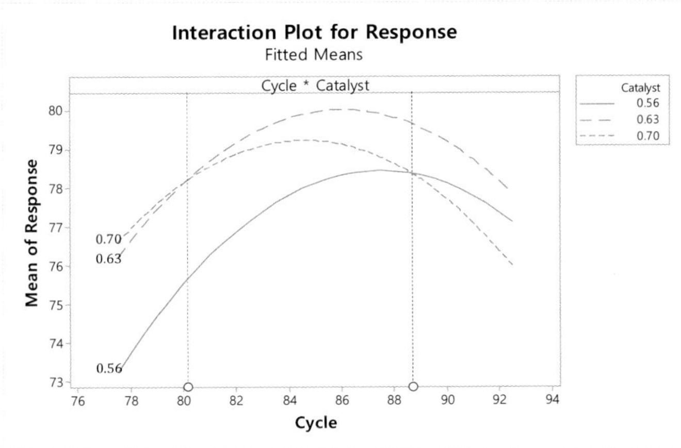


이러한 상이한 패턴이 존재하는 경우를 교호작용이 유의할 가능성이 높다. 이는 구분된 각 범위에서 서로 다른 반응값의 패턴을 보이는 경우를 말한다. 현재의 경우에는 Cycle의 범위에 따라 다음과 같이 서로 다른 패턴을 보인다.

- 80 이하의 범위 : $\hat{E}(y|0.70) > \hat{E}(y|0.63) > \hat{E}(y|0.56)$
- $(80 \sim 89)$의 범위 : $\hat{E}(y|0.63) > \hat{E}(y|0.70) > \hat{E}(y|0.56)$
- 89 이상의 범위 : $\hat{E}(y|0.63) > \hat{E}(y|0.56) > \hat{E}(y|0.70)$

가장 큰 반응값이 존재하는 구간은 $(80 \sim 89)$의 범위이며 최적 수준 조합은 (Cycle, Catalyst)가 약 $(86, 0.63)$임을 확인할 수 있다.

### (4) 최적 조건의 결정

반응표면 분석에서는 추정된 반응표면 식을 이용하여 실제 실험되지 않은 인자들의 수준 값들에 대한 반응값들을 예측할 수 있다. 단 예측의 범위는 실험이 진행된 수준 범위 내로 한정함이 바람직하다. 다음은 최적 조건 선정의 결과이다.

**통계 분석 > 실험 계획법 > 반응 표면**
**> 반응 최적화 도구, KSPS.5.2.1**

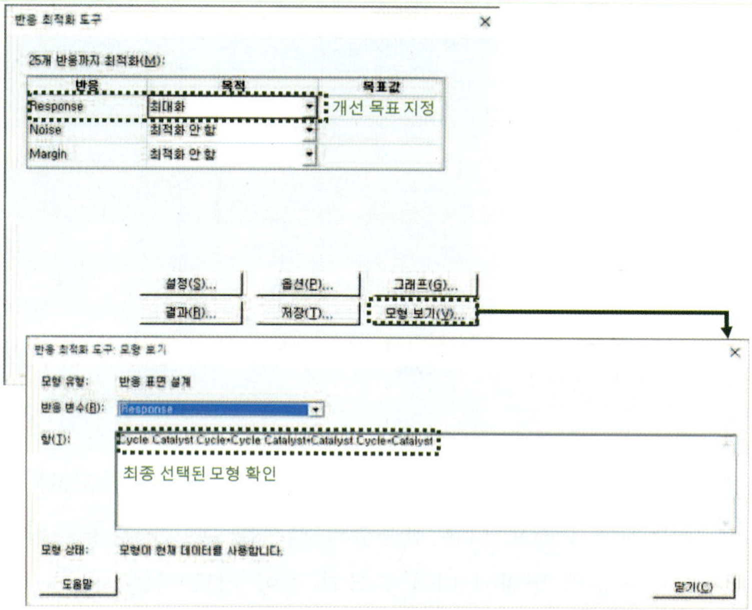


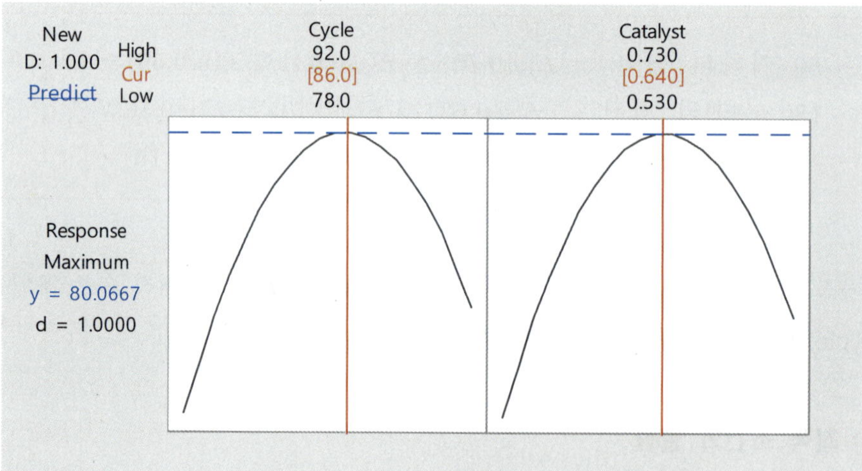


Cycle의 경우 정수만 가능하므로 최적 조건에 가장 근접한 값은 약 86이다. 그리고 Catalyst의 경우에는 0.64가 선정되었다. 0.64는 실험되지 않은 값으로 반응표면 식에 의하여 결정된 값이다. 이때 반응값은 약 80.1정도 예상된다. 주어진 최적 조건에서 추정된 반응값은 다음과 같다.

```
Prediction for Response

Variable  Setting
Cvcle     86
Catalyst  0.64

Response     Fit  SE Fit       95% CI              95% PI
Response  80.067   0.245  (79.486, 80.647)  (78.633, 81.501)
```

95% $CI$는 신뢰 수준 95%하에서 추정된 반응값의 모평균에 대한 신뢰구간[Confidence Interval]을 의미한다. 즉, 고려한 반응값인 성능의 실제 모평균이 $(79.486, 80.647)$내에 포함될 가능성이 95%라는 의미이다. 예를 들어, 주어진 최적 조건에서 반응값의 모평균은 최소 79.486정도 예상할 수 있다.

95% $PI$는 신뢰 수준 95%하에서 개별 반응값에 대한 예측구간[Prediction Interval]을 의미한다. 즉, 주어진 최적 조건에서 개별 반응값이 $(78.633, 81.501)$내에 포함될 가능성이 95%라는 의미이다. 이를 최악의 경우로 고려하면 결정된 최적 조건에서 개별 반응값은 최소 78.633정도로 나타날 수 있다고 가정할 수 있다. 예측 구간의 경우에는 더 높은 신뢰도, 예를 들면 99%,를 고려하여 그 값을 확인해 볼 수 있다. 이 경우 99%의 예측구간은 $(77.944, 82.189)$이다.

### (5) 반작용의 확인 및 최적 조건의 변경

결정된 최적 조건은 반응변수인 성능($p$)에 대하여 최적화된 것이다. 이러한 조건 변경은 성능 이외의 다른 특성에도 영향을 줄 수 있다. 따라서 중요 관련 변량에 반작용을 확인하고 필요하다면 최적 조건을 변경해야 한다.

중요 관련 변량은 소음(Noise, $\le 75.0(dB)$)과 유격(Margin, $(62.0, 68.0)\mu m$)으로 최종 실험에서 데이터 레쥬메에 성능과 함께 측정되었다. 반작용 확인을 위해서는 진행된 실험 조건에서 소음과 유격에 대한 반응표면 식을 먼저 추정해야 한다. 일반적으로 실험이 진행된 반응변수가 아닌 관련 변량에 대한 반응표면 식은 설명력이 높지 않을 수 있으며 잔차 분석 역시 적절하지 않을 수 있다. 하지만 이를 특별히 고려하지 않고 주어진 실험 점에 가장 적절한 반응표면 식을 결정하면 된다. 관련 변량인 소음과 유격에 대한 분석 결과는 다음과 같다.

### 소음(Noise)에 대한 분석 결과

```
Response Surface Regression: Noise versus Cycle, Catalyst
Analysis of Variance
Source          DF  Adj SS   Adj MS  F-Value  P-Value
Model            2  212.34  106.169     8.68    0.007
  Linear         2  212.34  106.169     8.68    0.007
    Cycle        1   99.70   99.698     8.15    0.017
    Catalyst     1  112.64  112.640     9.21    0.013
Error           10  122.28   12.228
  Lack-of-Fit    6   92.81   15.469     2.10    0.247
  Pure Error     4   29.47    7.367
Total           12  334.62

Model Summary
      S    R-sq  R-sq(adj)  R-sq(pred)
3.49688  63.46%     56.15%      29.14%
Coded Coefficients
Term        Effect    Coef  SE Coef  T-Value  P-Value   VIF
Constant            67.100    0.970    69.19    0.000
Cycle         7.10    3.55     1.24     2.86    0.017  1.00
Catalyst      7.47    3.73     1.23     3.04    0.013  1.00
Regression Equation in Uncoded Units
Noise = -26.8 + 0.710 Cycle + 53.3 Catalyst
```

### 유격(Margin)에 대한 분석 결과

```
Response Surface Regression: Margin versus Cycle, Catalyst
Analysis of Variance
Source                 DF   Adj SS   Adj MS  F-Value  P-Value
Model                   3  17.6465   5.8822    13.08    0.001
  Linear                2  11.3965   5.6982    12.68    0.002
    Cycle               1   0.7273   0.7273     1.62    0.235
    Catalyst            1  10.6692  10.6692    23.73    0.001
  2-Way Interaction     1   6.2500   6.2500    13.90    0.005
    Cycle*Catalyst      1   6.2500   6.2500    13.90    0.005
Error                   9   4.0458   0.4495
  Lack-of-Fit           5   1.2458   0.2492     0.36    0.856
  Pure Error            4   2.8000   0.7000
Total                  12  21.6923
```

```
Model Summary
      S     R-sq  R-sq(adj)  R-sq(pred)
0.670476  81.35%     75.13%      73.77%

Coded Coefficients
Term              Effect     Coef  SE Coef  T-Value  P-Value   VIF
Constant                   65.154    0.186   350.37    0.000
Cycle              0.606    0.303    0.238     1.27    0.235  1.00
Catalyst          -2.298   -1.149    0.236    -4.87    0.001  1.00
Cycle*Catalyst    -2.500   -1.250    0.335    -3.73    0.005  1.00

Regression Equation in Uncoded Units
Margin = -120.9 + 2.311 Cycle + 287.2 Catalyst
        - 3.571  Cycle*Catalyst
```

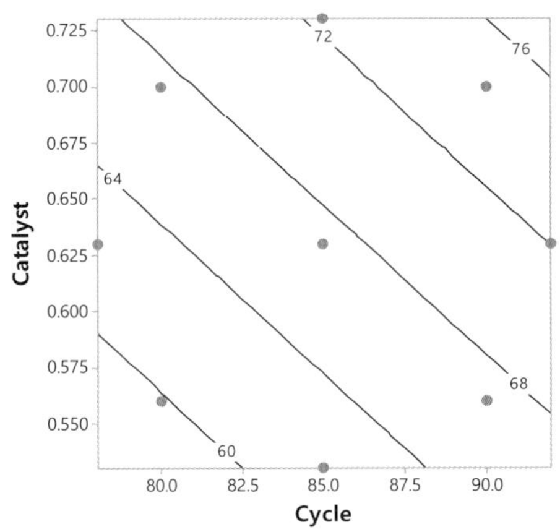

[소음]

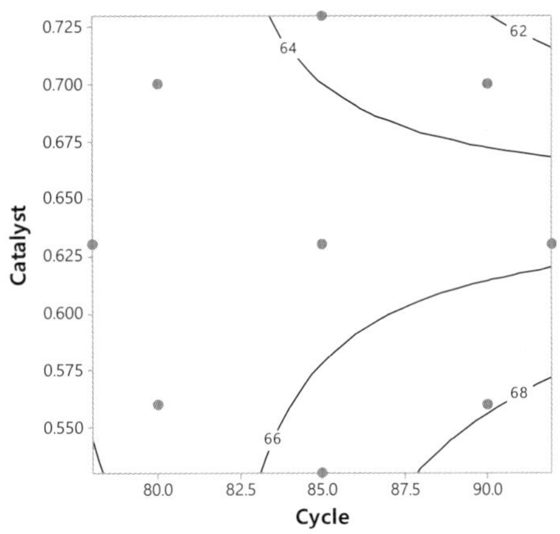

[유격]

동일한 실험점에 대한 관련 변량들의 반응표면 식이 추정되었다면 이를 이용하여 관련 변량들의 제약 조건을 반영한 중복Overlaid 등고선도를 이용하여 반작용 없는 최적 조건의 영역을 확인할 수 있다.

| 고려할 변수 | | 최소값 | 최대값 |
|---|---|---|---|
| 반응 변수 | 성능 | 78.0 | 92.0 |
| 관련 변량 | 소음(Noise) | 65.0 | 75.0 |
| | 유격(Margin) | 62.0 | 68.0 |

만일 최소값과 최대값이 명확하지 않다면 근사적인 값 또는 실무적으로 확인하고자 하는 값을 선택한다. 반응변수와 관련 변량의 제한된 값을 지정하여 모든 조건을 만족하는 영역을 확인해 보면 다음과 같다.

통계 분석 > 실험 계획법 > 반응 표면 > 중첩 등고선도, KSPS.5.2.1

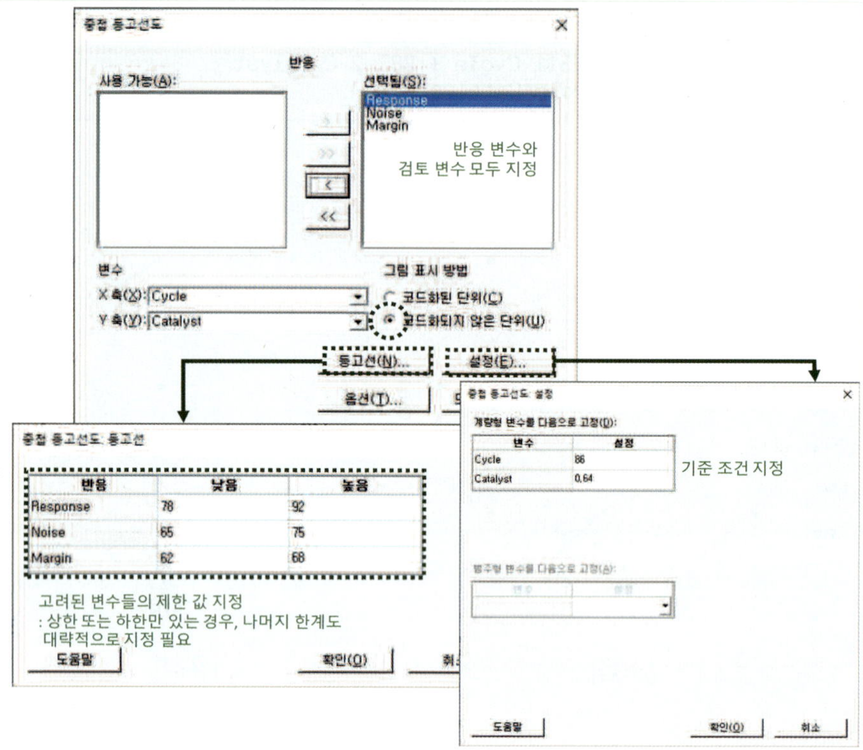

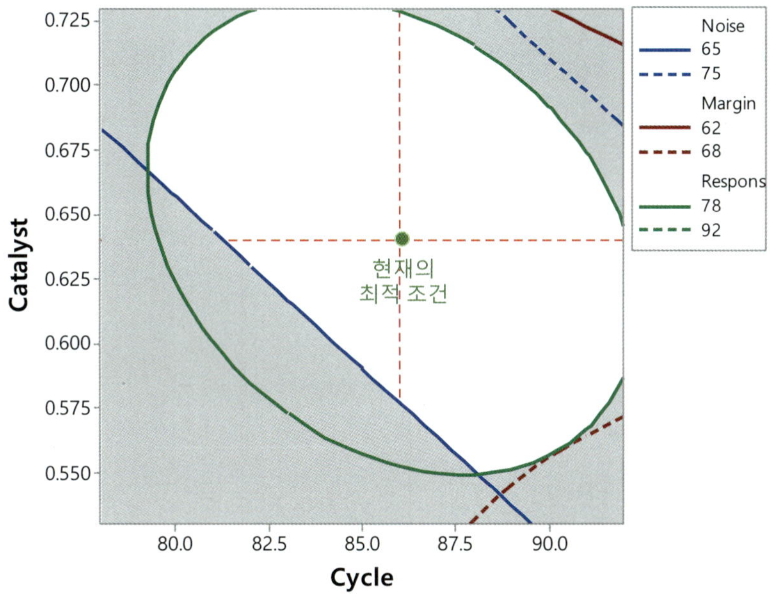


최적 조건에서 각 변량의 모평균과 개별 결과 값에 대한 구간 추정의 결과는 다음과 같다.

```
Prediction for Noise, Margin, Response
Multiple Response Prediction

Variable  Setting
Cycle     86
Catalyst  0.64

Response     Fit  SE Fit        95% CI              95% PI
Noise      68.34    1.02  ( 66.08,  70.61)  (60.23,   76.46)
Margin    65.015   0.195  (64.573, 65.456)  (63.435, 66.594)
Response  80.067   0.245  (79.486, 80.647)  (78.633, 81.501)
```

현재의 최적 조건에서 구간 추정의 결과 소음(Noise)에 대한 예측 구간이 제약 조건인 $75.0(dB)$를 넘을 수 있는 것으로 나타났다. 따라서 필요하다면 최적 조건을 조정할 필요가 있다. 이때 「반응최적화 도구」를 사용하여 다양한 조건을 검토해 볼 수 있다.

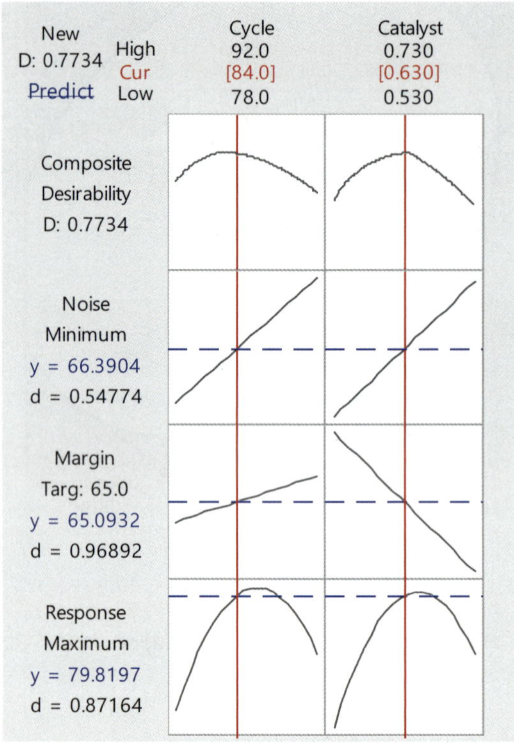


조정된 최적 조건은 $(84, 0.63)$이며 해당 조건에서의 구간 추정 결과는 다음과 같다.

```
Prediction for Noise, Margin, Response
Multiple Response Prediction
Variable  Setting
Cycle     84
Catalyst  0.63

Response     Fit  SE Fit       95% CI              95% PI
Noise      66.39    1.00  ( 64.16,  68.62)  ( 58.29,  74.50)
Margin    65.093   0.192  (64.659, 65.527)  (63.516, 66.671)
Response  79.820   0.246  (79.237, 80.402)  (78.385, 81.255)
```

조정된 최적 조건 (Cycle, Catalyst) = $(84, 0.63)$에서 소음(Noise)의 예측 상한이 $74.50(dB)$이며 이는 소음의 최대 한계인 $75.0(dB)$를 넘지 않는다. 유격(Margin) 역시 예측 구간이 주어진 제약조건 범위 내에 포함되므로 반작용이 없는 것으로 나타났다. 또한 반응변수인 성능의 예측 하한이 $78.385$이므로 조정된 최적 조건은 관련 변량의 제약 조건을 모두 만족하고 반응변수 성능의 개선 조건 역시 만족함을 확인할 수 있다.

**최적 조건의 결정**
- (Cycle, Catalyst) = $(84, 0.63)$
- 성능의 예상 반응값

  95% 신뢰구간 : (79.237, 80.402) → 최소 79.24

  95% 예측 구간 : (78.385, 81.255) → 최소 78.39

지금까지 진행된 최대경사법과 중심합성 계획법에 의한 최적화 실험의 과정은 다음과 같다.

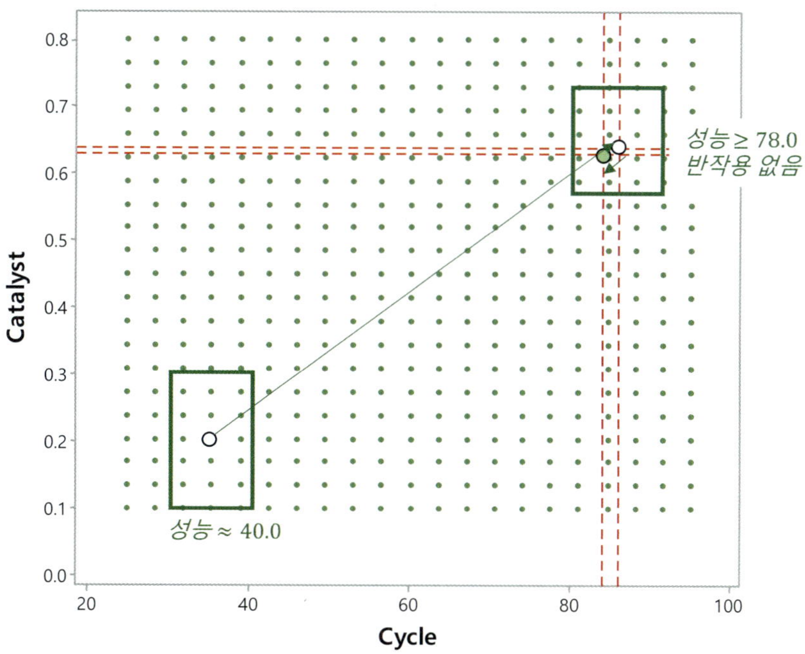

[Analyze 단계]의 결과로 선정된 치명인자의 최초 수준 범위에서의 성능은 대략 40.0 정도 였지만 일련의 실험을 통하여 중요 관련 변량에 대한 반작용 없이 최소 78.0이상을 달성하였다. 연구자는 최종 최적 조건을 다음과 같이 결정하고 도출된 최적 조건에서 $n=25$개의 실험 단위를 반영한 확인 실험을 통하여 그 결과의 재현성을 확인하였다.

개선 결과를 검증하기 위한 확인 실험의 결과에서 성능이 높은 방향에서 이상점으로 의심되는 값이 나타났다.

**통계 분석 > 기초 통계 > 그래픽 요약, KSPS.5.2.2**

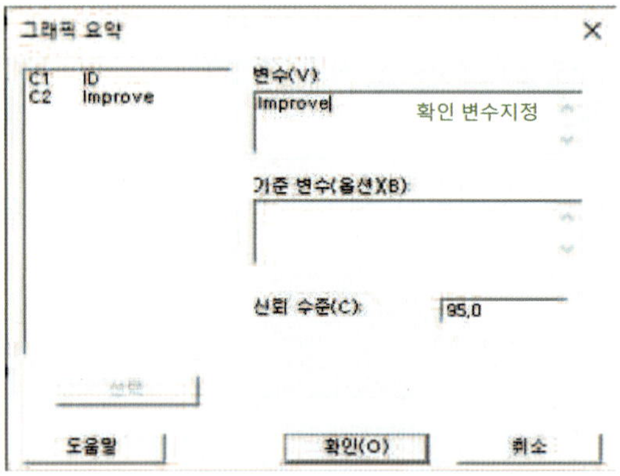


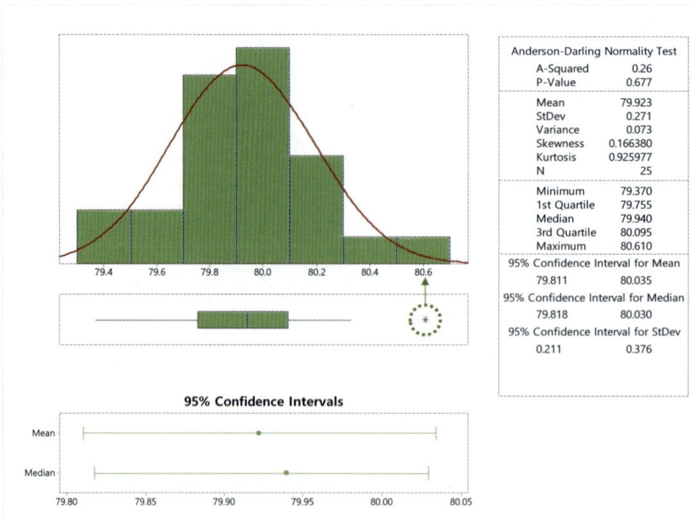

해당 값이 이상점인지 여부를 판단하기 위하여 다음과 같은 이상점 검정[Outlier Test]을 실시하였다.[102]

> **이상점 검정 : Grubb's Test**
>
> 현재의 데이터가 근사적으로 정규분포를 따른다고 가정할 때,
>
> **[가설]**
>
> $H_0$ : 현재 데이터에는 이상점이 없다.  vs.
>
> $H_1$ : 현재 데이터에는 1개의 이상점(최소값 또는 최대값) 이 있다.
>
> **[의사 결정]**
>
> 만일 $p-value < \alpha$이면, $H_0$를 기각한다.

**통계 분석 > 기초 통계 > 특이치 검정, KSPS.5.2.2**

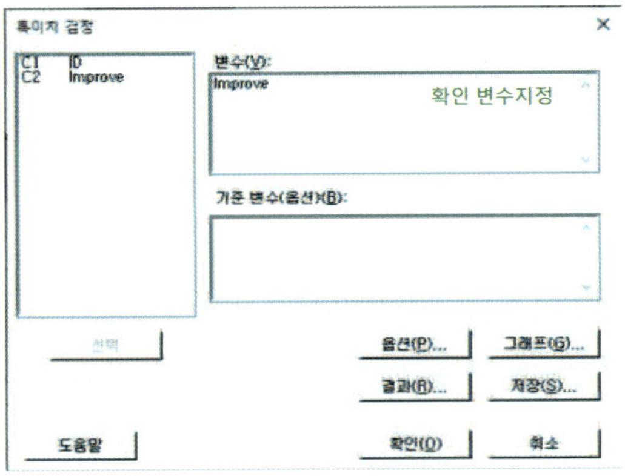


현재의 재현 실험 결과에 대한 이상점 검정의 결과는 다음과 같다. $p-value = 0.164 > \alpha = 0.05$이므로 최대값으로 나타난 80.610은 이상점이라고 할 수 없다.

---

102) F. Grubbs(1950), Sample Criteria for Testing Outlying Observations, Annals of Mathematical Statistics, 21(1), 27-58

```
Outlier Test: Y

Method
Null hypothesis
       All data values come from the same normal population
Alternative hypothesis
       Smallest or largest data value is an outlier

Significance level      α = 0.05

Grubbs' Test
Variable   N    Mean  StDev    Min     Max     G      P
Y         25  79.923  0.271  79.370  80.610  2.54  0.164
* NOTE * No outlier at the 5% level of significance
```

## 요인배치법

요인배치법Factorial Design이란 2개 이상의 인자들의 모든 조합에서 실험을 실시하는 방법으로 고려된 인자 중에서 1개 이상의 인자가 계량이 아닌 경우에 적용한다. 실험의 실시는 완전 랜덤Completely Random의 순서로 실시됨을 원칙으로 하며 고려된 모든 인자들의 교호작용인 최고차Highest-Order 교호작용의 확인을 위해서는 반드시 기본 설계Basic Design의 모든 실험 설계 조건에서 2번 이상의 반복Replication을 실시해야 한다.

**기본 설계**

고려된 인자들의 모든 수준 조합을 각 1회씩 실행하도록 계획된 설계

**요인배치법에서의 반복**

고려된 기본 설계의 모든 조건에서 2번 이상의 반복을 랜덤하게 실시함을 말한다.

요인배치법에서 고려하는 인자의 수 그리고 각 인자의 수준 수에 대한 이론적 제한은 없으나 인자의 수가 많아지거나 인자의 수준 수가 많아지는 경우에는 실험의 횟수가 급격히 증가하여 실험의 실시 그리고 실시 후 해석이 어려워지므로 실무적으로 바람직하지 않다. 다음은 요인배치법의 장단점이다.

**요인배치법의 장단점**

**(장점)**
- 원하는 다양한 인자들과 교호작용을 한 번의 실험을 통하여 검증 가능하다.

**(단점)**
- 동시에 고려하는 인자가 많은 경우 실험 횟수가 증가하여 실험의 실시가 어렵고 소요 비용/시간이 증가한다.
- 동시에 고려하는 인자의 수가 많을수록 분석 후 해석이 어렵다.

요인배치법에서 실무적으로 반드시 고려해야 하는 사항은 다음과 같다.

(1) 모든 수준 조합에서의 실험 실시

각 인자의 수준 범위 또는 가능한 범주 집합을 결정한 후, 이들의 조합 범위에서 일정한 수의 수준을 기술적으로 결정한다. 이를 위하여 개별 수준을 통한 수준 조합을 먼저 결정하고 각 수준 조합을 검토하여 실행 가능한가를 확인한다. 모든 수준 조합에서 실험을 실시하는 이유는 최적 조건을 결정하기 위함이 아니라 개별 인자의 주효과와 인자들 간의 교호작용을 명확히 구분하여 분석하기 위함이다. 만일 모든 조합에서 실험을 실시하지 않는다면, 각 인자의 주효과와 교호작용을 구분하여 파악할 수 없으며 따라서 재현 가능한 최적 조건을 찾을 수 없다.

(2) 모든 수준 조합에서의 동일한 반복 횟수 적용

모든 수준 조합에서 동일한 반복 횟수를 실행하는 이유 역시 각 인자의 주효과와 교호작용을 구분하여 분석할 때 이에 대한 편의Bias를 줄이기 위함이다. 만일 모든 수준조합들이 동일한 반복 횟수를 갖지 않는다면 각 수준조합별로 서로 다른 표준 오차Standard Error를 갖게 되므로 추정된 값의 정밀도가 서로 달라서 올바른 비교를 할 수 없다.

### (3) 완전 랜덤화 실시

완전 랜덤화를 간단히 설명하면 실험에서 실험 횟수만큼 실험 실시 조건이 바뀌는 것을 의미한다. 다시 말해 모든 수준 조합 또는 반복에서 주관적인 순서로 실시하지 않아야 한다. 완전 랜덤화가 적용되지 않은 실험의 결과는 동일하지 않은 실험 환경의 영향을 특정 수준 조합 또는 반복 조건에서만 받게 되므로 실험의 재현성을 보장할 수 없다. 또한 실험오차의 수량화도 의미가 없게 된다. 실험의 결과가 재현성을 보장할 수 없다면 이를 현장에 적용할 수 없다.

**[예제 5.3]** KSPS.5.3.1~KSPS 5.3.2

통신 제품에서의 Project Y인 메모리 사용량(Byte)에 영향을 주는 인자들의 최적 조건을 설정하고자 한다. 다양한 가인자를 검토하는 과정에서 L/T 저장 방법이 메모리 사용량에 큰 영향을 주는 것으로 판단되어 이에 대한 신기술을 적용하였으나 개선 목표로 설정된 메모리 사용량($\leq$ 9000.0Byte)을 달성할 수 없었다(기술적 검토와 조정 실패).

L/T 저장 방법의 신/구 기술을 다른 인자들와 함께 고려할 필요는 없으므로 L/T 저장 방법은 신기술로 고정하고, 나머지 가인자를 재검토 하여 2 개의 치명인자(CDB, FG)를 선정하였다. CDB는 2수준(낮음, 높음) 그리고 FG는 4수준(아주 낮음, 낮음, 중간, 높음)을 선택하였으나 FG의 "아주 낮음" 수준은 CDB와 동시에 적용할 수 없는 조건임을 실무적으로 확인하여 최종적으로 FG는 3개(낮음, 중간, 높음)의 수준으로 결정하였다.

고려한 2개의 인자들 간의 교호작용을 확인하기 위하여 2번의 반복을 실시하기로 하였고 메모리 사용량이 적어질 경우 통신망 접속 시간(Loading Speed, $mS$, $\leq$ 26.0)이 길어질 수 있다는 반작용 검토 결과에 따라 이를 관련 변량으로 정의하고 모든 실험 조건에서 Project Y와 함께 이를 기록하였다.

### [실험의 설계]

**통계 분석 > 실험 계획법 > 요인 > 요인 설계 생성**

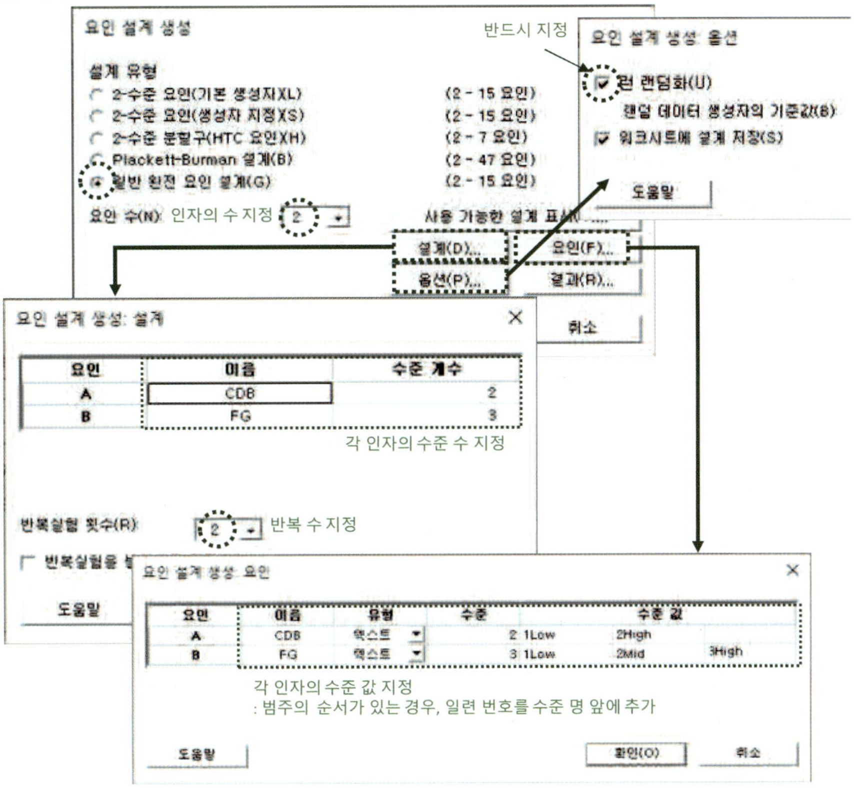


범주형 인자에서 선택된 수준들의 순서가 의미 있는 경우에는 위의 설계와 같이 수준명 앞에 일련번호를 부여하여 분석 결과에서 수준들의 순서를 유지할 수 있도록 하는 것이 좋다. 이건 참 좋은 팁이다. 왜냐하면 대부분의 통계 소프트웨어에서 범주형 인자의 수준은 알파벳 순서로 나열하여 원하는 순서를 올바로 정렬하여 해석하기가 힘들기 때문이다.

### [그래프 분석]

2번 이상의 반복이 실시된 요인배치법의 실험에서는 주효과와 모든 교호작용을 구분해서 확인할 수 있다. 현재 고려된 인자는 2개이므로 최고차 교호작용인 2 인자 교호작용까지 확인 가능하다.

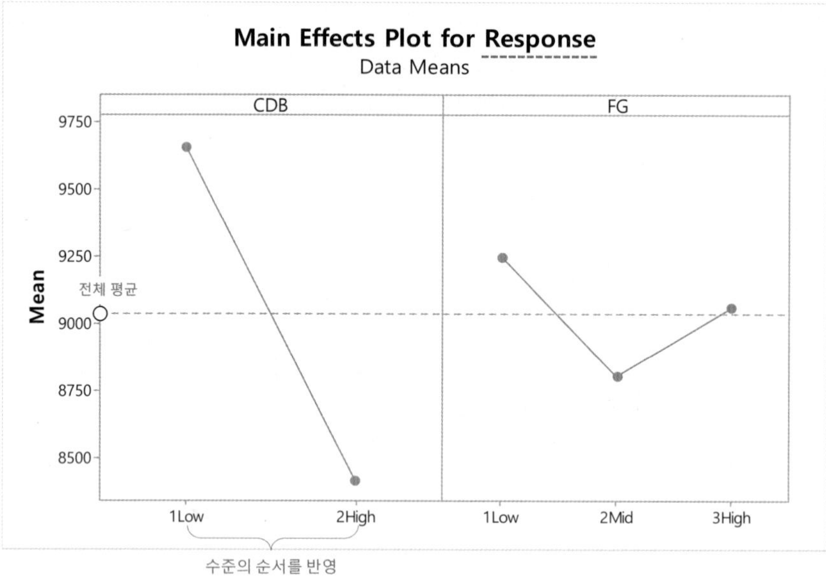


주효과 그림을 보면 2개의 인자 모두 유의할 것으로 판단된다. 또한 CDB 인자가 FG 인자에 비하여 메모리 사용량에 더 많은 영향을 줄 수 있는 것으로 보인다. 또한 만일 교호작용이 심하지 않다면 특정 인자 수준에서 원하는 목표 메모리 사용량($\leq$ 9000.0)을 달성 할 가능성이 높다.

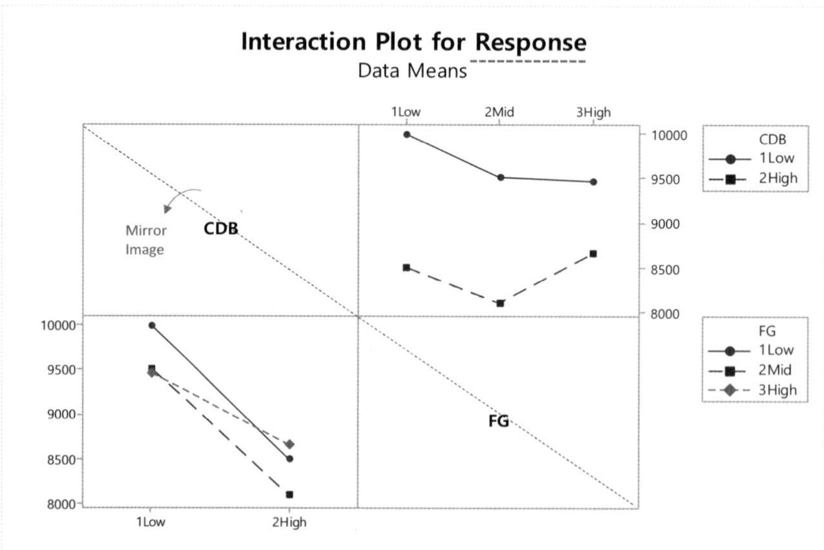

교호작용 그림을 보면 2개의 인자들 간의 교호작용이 존재하는 것으로 보이며 특히 FG의 High 수준에서 CDB인자의 수준들과 상이한 패턴을 보인다. 하지만 이러한 차이가 실험 오차[Experimental Error]에 의한 우연한 결과인지 아니면 실제로 나타날 가능성이 있는 패턴인지는 분산분석을 이용하여 확인해야 한다.

### [분산분석]

분산 분석의 결과는 최고차 교호작용을 우선 확인한다. 만일 고차의 교호작용이 유의하다면 해당 교호작용을 구성하고 있는 저차의 교호작용 또는 주효과가 유의하지 않다고 하더라도 이를 오차로 풀링할 수 없기 때문이다. 다음은 반응 변수 메모리 사용량에 대한 분산분석의 결과이다.

**통계 분석 > 실험 계획법 > 요인 > 요인 설계 분석, KSPS.5.3.1**

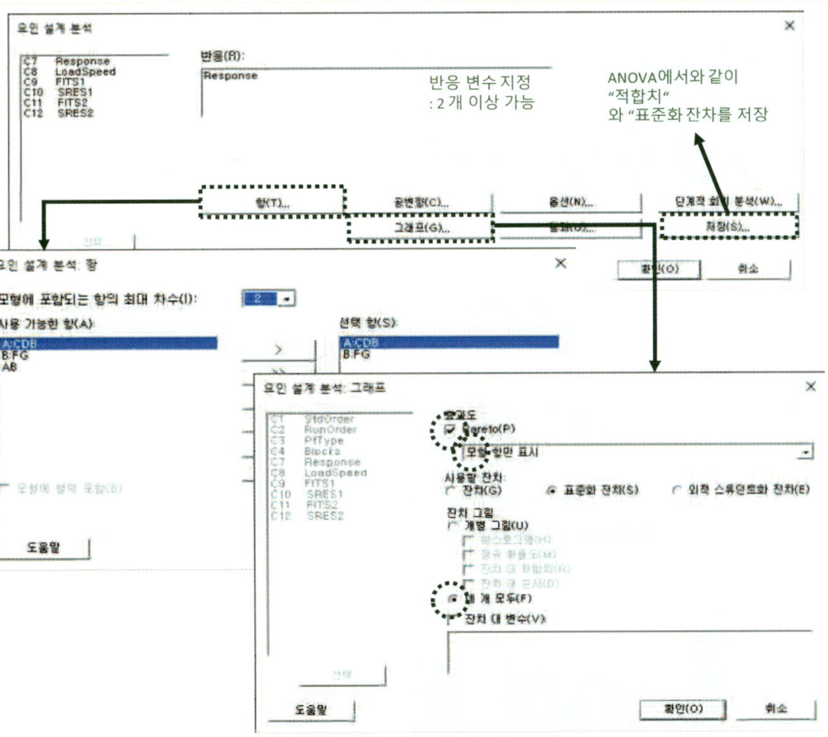

최고차 교호작용인 2인자 교호작용이 유의($p-value = 0.012 < \alpha = 0.05$)하므로 교호작용 그림에서 확인한 패턴은 실험오차에 의하여 우연히 나타났다고 할 수 없다. 이는 실제 패턴 변화일 가능성이 높다. 2개의 인자들의 주효과 역시 유의하게($p-value = 0.000(0.005) < \alpha = 0.05$) 나타났다.

General Factorial Regression: Response versus CDB, FG

Factor Information

| Factor | Levels | Values |
|---|---|---|
| CDB | 2 | 1Low, 2High |
| FG | 3 | 1Low, 2Mid, 3High |

Analysis of Variance

| Source | DF | Adj SS | Adj MS | F-Value | P-Value |
|---|---|---|---|---|---|
| Model | 5 | 5272660 | 1054532 | 77.78 | 0.000 |
| Linear | 3 | 4998158 | 1666053 | 122.89 | 0.000 |
| CDB | 1 | 4611560 | 4611560 | 340.15 | 0.000 |
| FG | 2 | 386598 | 193299 | 14.26 | 0.005 |
| 2-Way Interactions | 2 | 274501 | 137251 | 10.12 | 0.012 |
| CDB*FG | 2 | 274501 | 137251 | 10.12 | 0.012 |
| Error | 6 | 81344 | 13557 | | |
| Total | 11 | 5354003 | | | |

잔차 분석의 결과는 다음과 같다.

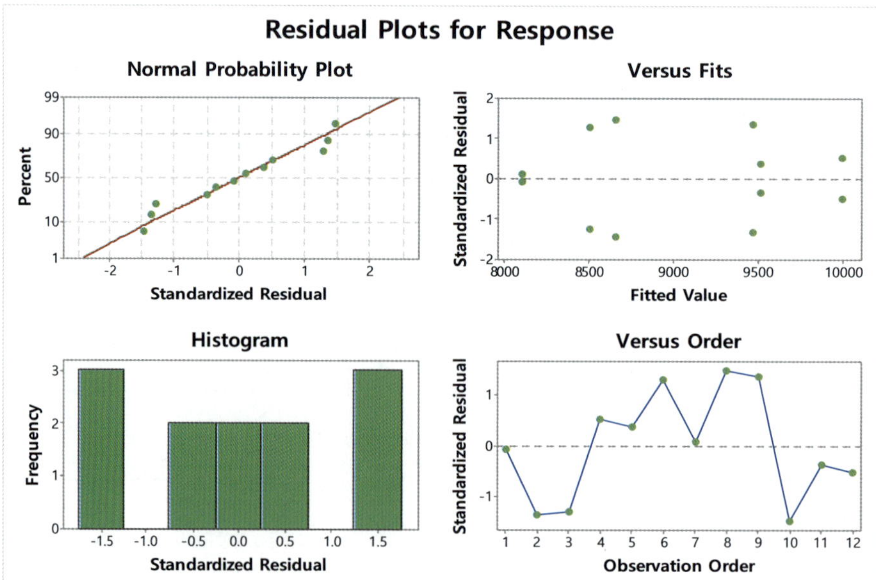

정규성 확인을 위한 히스토그램은 정규분포의 형태라고 판단하기 어려우나 실제 실험 횟수가 많지 않으므로 이를 통하여 명확히 확인할 수 없다. 정규 확률 그림의 경우에도 직선의 형태가 뚜렷하다고 할 수 없으나 정규성 검정의 결과는 $p-value = 0.543$으로 현재의 잔차가 정규성을 따르지 않는다고 할 수 없다. 일반적으로 고려하는 실험 횟수가 적은 경우 정규성은 거의 위배되지 않는다. 등분산성과 독립성 역시 특별한 위배 패턴을 찾기 어려우므로 최종 모형에 대한 잔차 진단은 적절하다고 할 수 있다.

**[최적 조건의 결정]**

교호작용 그림에서 확인된 최적 조건 (CDB, FG) = (High, Mid)에서 예상 반응값을 추정해 보면 다음과 같다. 메모리 사용량의 모평균의 경우 95% 신뢰 상한이 8300.16으로 목표 수준을 달성하고 있으며 개별 메모리 사용량의 95% 예측 상한 역시 8447.64로 목표 수준을 달성하고 있으므로 현재의 최적 조건은 적절하게 선택되었다.

```
Prediction for Response

Variable  Setting
CDB         2High
FG           2Mid

   Fit   SE Fit        95% CI               95% PI
8098.7  82.3324  (7897.24, 8300.16)  (7749.76, 8447.64)
```

**[반작용의 확인]**

실험을 실시하면서 관련 변량으로 동시에 측정된 접속 시간(Loading Speed)에 대한 분산분석 결과는 다음과 같다. 현재의 인자들이 접속 시간의 중요 인자가 아니므로 분산분석 결과가 유의하지 않을 수도 있으나 현재의 결과를 보면 CDB의 주효과 와 2 인자 교호작용이 유의한 것을 확인할 수 있다. 즉, 메모리 사용량의 치명인자들이 접속 시간에도 유의하게 영향을 주고 있다.

```
General Factorial Regression: LoadSpeed versus CDB, FG

Factor Information
Factor  Levels  Values
CDB          2  1Low, 2High
FG           3  1Low, 2Mid, 3High

Analysis of Variance
Source               DF  Adj SS  Adj MS  F-Value  P-Value
Model                 5  4.6913  0.9383     5.94    0.025
  Linear              3  2.1181  0.7060     4.47    0.057
    CDB               1  1.1285  1.1285     7.14    0.037
    FG                2  0.9895  0.4948     3.13    0.117
  2-Way Interactions  2  2.5732  1.2866     8.14    0.020
    CDB*FG            2  2.5732  1.2866     8.14    0.020
Error                 6  0.9478  0.1580
Total                11  5.6391
```

주어진 결과를 이용하여 도출된 최적 조건에서 관련 변량에 대한 반작용이 존재할 수 있음을 확인하였다. 범주형 인자의 경우에는 반응표면 분석에서와 같은 최적 수준의 조정이 불가하고 주어진 조합 중에서 가장 적절한 조건을 선택해야 한다. 현재 주어진 조건은 다음과 같이 반영하였다. 결과는 다음과 같다.

| 구분 | 변수명 | 목표 | 제약 조건 | |
|---|---|---|---|---|
| | | | 최소값 | 최대값 |
| 반응변수 | 메모리 사용량(Byte) | 최소화 | 8000.0 | 9000.0 |
| 관련 변량 | 접속 시간($mS$) | 최소화 | 23.0 | 26.0 |

```
Prediction for LoadSpeed, Response
Multiple Response Prediction
Variable  Setting
CDB       2High
FG        2Mid
Response      Fit  SE Fit        95% CI              95% PI
LoadSpeed  25.195   0.281  (24.507, 25.883)  (24.004, 26.386)
Response   8098.7    82.3  (7897.2, 8300.2)  (7749.8, 8447.6)
```

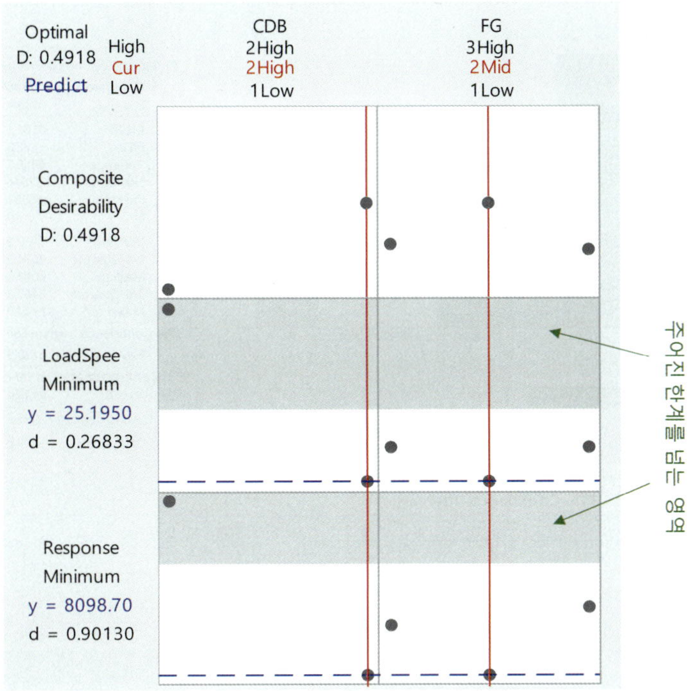


주어진 제약조건 하에서 반응 변수인 메모리 사용량의 개별값과 모평균의 95% 신뢰 상한과 예측 상한은 모두 제약 조건을 만족하였으나 접속시간에 대한 95% 예측 상한은 26.386으로 제약 조건을 약간 벗어났다. 하지만 접속 시간 역시 현재의 수준 조합에서 최소값이 제공되었고 고려한 인자들이 범주형이므로 추가적인 조정이 가능하지 않다. 이러한 경우에는 현재의 최적 조건을 유지하면서 고려하지 않은 다른 인자들을 검토하여 접속 시간을 추가로 개선할 수 있어야 한다.

도출된 최적 수준에서 $n=20$개의 확인 실험을 통하여 다음과 같은 결과를 얻었다. 확인 실험에서의 메모리 사용량은 요인배치법 실험에서 보다 조금 크게 도출되었으나 이는 기술적으로 수용 가능한 변경 범위에 있으며 개선 목표를 충분히 달성하고 있다.

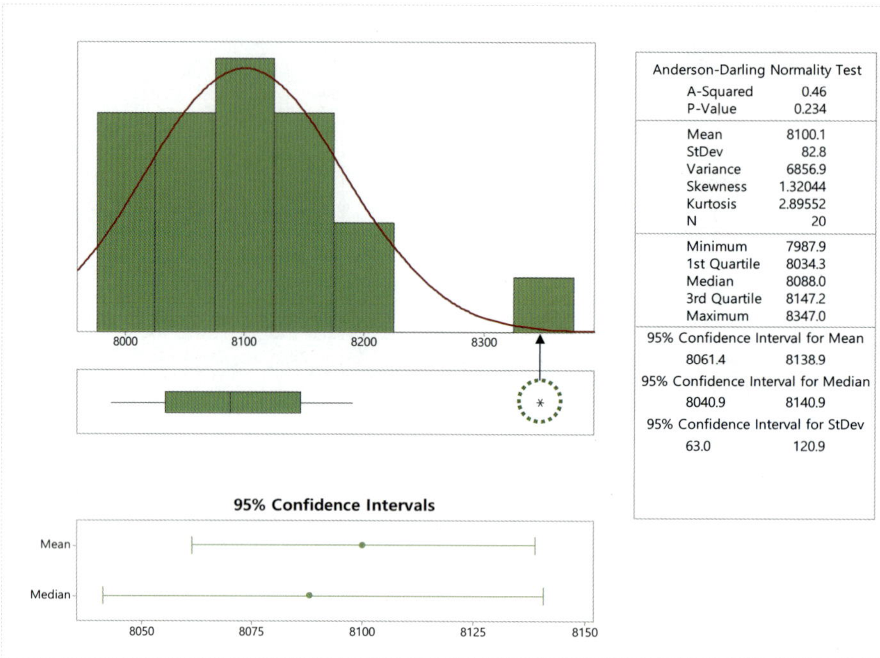


확인 실험에서 가장 큰 메모리 사용량을 보이는 값에 대한 이상점 여부에 대한 검정을 실시하였다. 그 결과는 다음과 같다.

```
Outlier Test: Y

Significance level      α = 0.05
Grubbs' Test
Variable    N   Mean  StDev    Min     Max     G      P
Y          20  8100.1   82.8  7987.9  8347.0  2.98  0.011
Outlier
Variable  Row  Outlier
Y           8  8346.97
```

정규성을 가정한 확인 실험의 결과에서 $8^{th}$ 반응값은 8346.97이며 $p-value = 0.011 < \alpha = 0.05$로 통계적으로 이상점임이 확인되었다. 연구자는 해당 값의 실험 조건을 확인하였고 해당 조건의 실험에서 제품을 Reset하지 않았음을 확인하고 이를 제거하기로 하였다. 최종 결과는 다음과 같다.

KSPS.5.3.2

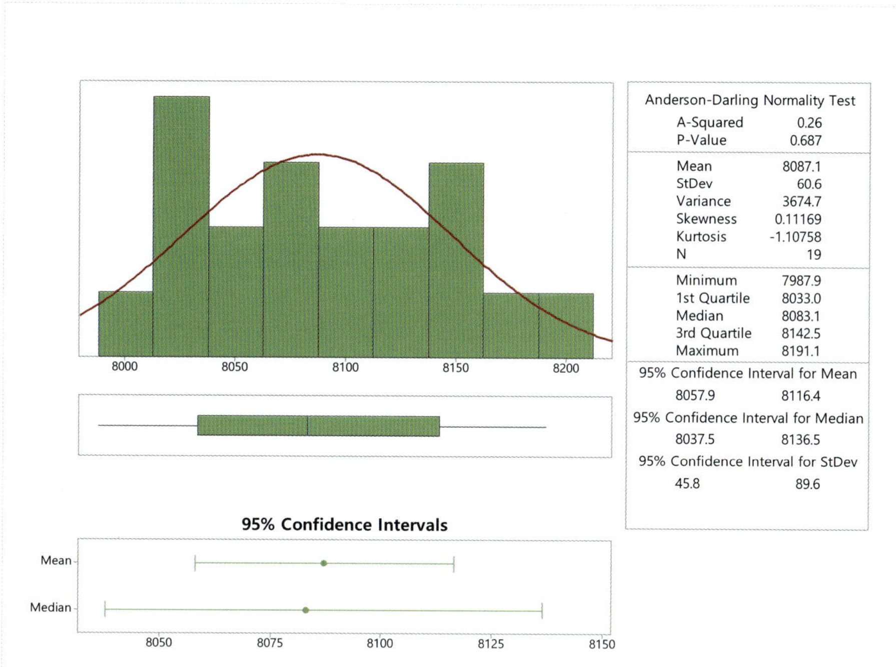
Anderson-Darling Normality Test
A-Squared 0.26
P-Value 0.687
Mean 8087.1
StDev 60.6
Variance 3674.7
Skewness 0.11169
Kurtosis -1.10758
N 19
Minimum 7987.9
1st Quartile 8033.0
Median 8083.1
3rd Quartile 8142.5
Maximum 8191.1
95% Confidence Interval for Mean
8057.9 8116.4
95% Confidence Interval for Median
8037.5 8136.5
95% Confidence Interval for StDev
45.8 89.6
8000 8050 8100 8150 8200
95% Confidence Intervals
Mean
Median
8050 8075 8100 8125 8150

# 5.4 개선 효과의 검증

치명인자의 최적 조건을 결정하고 이에 대한 충분한 수의 확인 실험이 이루어졌다면 그 결과를 이용하여 개선 효과를 검증해 볼 수 있다. 이는 다음 단계인 [Control 단계]로의 전환을 위하여 반드시 필요한 과정으로 Project Y의 프로세스 능력 분석을 이용하여 이를 확인한다. 개선 효과의 검증에서는 다음의 조건을 확인해야 한다.

Better Data Scientist Σ You Must Know 50 Prof. KO Statistics

### 45. 개선 효과의 검증

(1) 개선 전과 개선 후에 대한 Project Y를 동일한 환경에서 수집한다.
이때 비교되는 개선 전후의 표본 수는 가능한 한 동일하게 설계한다.
(2) 제품의 성능 관점이 아닌 고객 관점의 품질을 반영하는 적절한 규격 한계를 결정하고 프로세스 능력 분석을 통하여 개선 효과를 검증한다.

R&D 활동으로 적절한 규격 한계가 정해지지 않은 경우에는 제품을 생산할 생산 분야 전문가들과 협의하여 결정하고 (1) 제도 또는 법규의 제한 규격 (2) 고객의 요구 사항 (3) 경쟁사의 규격 한계 (4) 합리적인 생산 품질 기준의 순서로 고려하여 반영한다. 만일 개선 효과의 검증에서 충분히 개선되지 않았다면 [Analyze 단계]를 재실행하여 충분한 개선을 달성할 수 있어야 한다.

생산 프로세스는 다양한 변동에 노출될 수 있으므로 개선 효과를 검증하기 위해서는 이러한 변동을 올바로 반영하여 검증해야 한다. 따라서 가능하면 충분한 부분군의 수를 통하여 합리적 부분군 표본Rational Subgrouping Sample을 선정할 수 있어야 하며 이를 통하여 프로세스 능력 분석을 실행하여야 한다. 일반적으로 군의 수는 약 $g = 25 \sim 30$ 그리고 군내 표본 수는 $n = 4 \sim 5$개 정도를 추천한다. 합리적 부분군은 생산 프로세스의 관리 상태를 추가로 확인할 수 있어 [Control 단계]의 관리 기준을 정립할 때도 유용하게 사용된다.

### [예제 5.4] R&D

전장 부품의 Project Y인 성능($p$)을 개선하여 최적 조건에서 약 80.0을 달성하였다. 이는 사전 생산 이력이 없는 관계로 현재 수준은 Pilot 제품으로 확인하였다. 품질 부서와의 협의 결과 Pilot 제품에 대한 비교는 의미가 없으므로 개선된 제품만의 프로세스 능력 분석을 통하여 개선 효과를 검증하였다. 해당 성능에 대해서 제도/법규적인 제약은 존재하지 않으며 고객의 요구 사항은 70.0이상을 요구하고 있다. 하지만 경쟁사의 제품을 추적 조사한 결과 성능은 대략 75.0 ~ 78.0 정도임을 확인하였다. 이를 근거로 생산 전문가와 협의를 통하여 규격 하한인 $S_L = 78.0$으로 결정하고 목표값 $T = 80.0$을 설정하였다.

**[프로세스 능력 분석]**

선정된 최적 조건의 $n = 25$개의 실험 단위를 고려하여 확인 실험하였으므로 이를 이용하여 개선 효과를 확인하기로 하였다. 이 경우 합리적 부분군 표본이 아니므로 Within을 이용한 분석은 의미가 없으므로 해석하지 않아야 한다.

다음은 프로세스 능력 분석을 적용하기 전에 다양한 조건들을 확인하기 위한 진단 결과이다. 합리적 부분군이 아니므로 $I-MR$ Individual-Moving Range Chart를 통하여 안정성을 확인하였다. 2번째 값에서 이동 평균이 큰 값이 나타났지만 성능값 역시 크게 나타내는 값으로 최적 조건 선정 시 이상점 검정을 통하여 이상점이 아님을 확인하였으므로 재조사를 진행하지 않았다.

정규성 검정의 경우에는 $p-value = 0.677 > \alpha = 0.05$이므로 위배된다고 할 수 없다. 주어진 규격 한계 $S_L = 78.0$에 대한 $z-$값, 즉 시그마 수준은 7.11로 나타났다. 관리도와 정규성 검정을 통하여 안정성이 확인되었으므로 최종 프로세스 능력 분석의 결과는 다음과 같다. 이때 Overall 분석 결과만을 해석해야 하고 Potential(Within) 결과는 해석 할 수 없다.

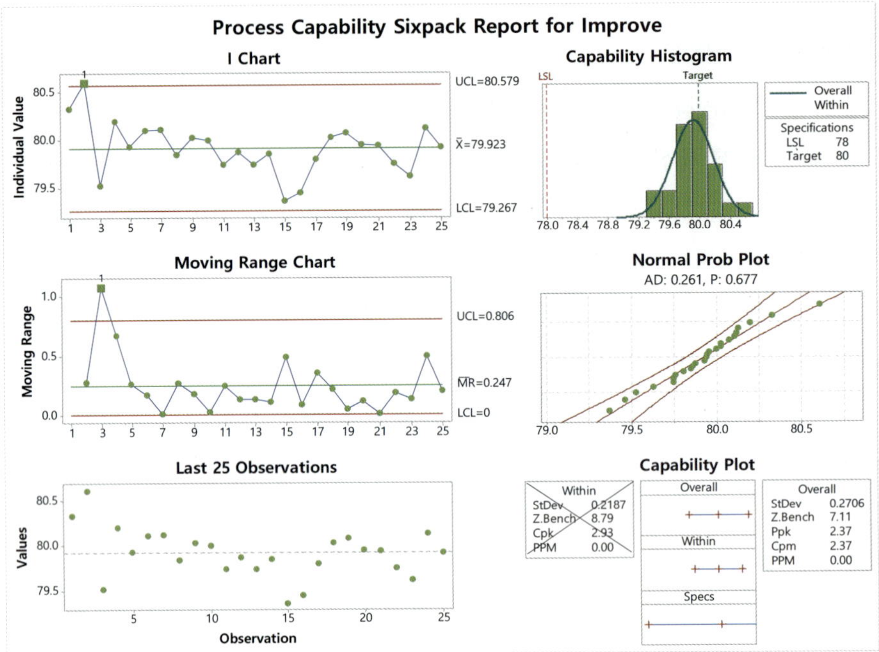
Process Capability Sixpack Report for Improve
I Chart
UCL=80.579
X̄=79.923
LCL=79.267
Individual Value
Capability Histogram
LSL
Target
Overall
Within
Specifications
LSL 78
Target 80
Moving Range Chart
UCL=0.806
MR̄=0.247
LCL=0
Moving Range
Normal Prob Plot
AD: 0.261, P: 0.677
Last 25 Observations
Values
Observation
Capability Plot
Within
StDev 0.2187
Z.Bench 8.79
Cpk 2.93
PPM 0.00
Overall
Within
Specs
Overall
StDev 0.2706
Z.Bench 7.11
Ppk 2.37
Cpm 2.37
PPM 0.00

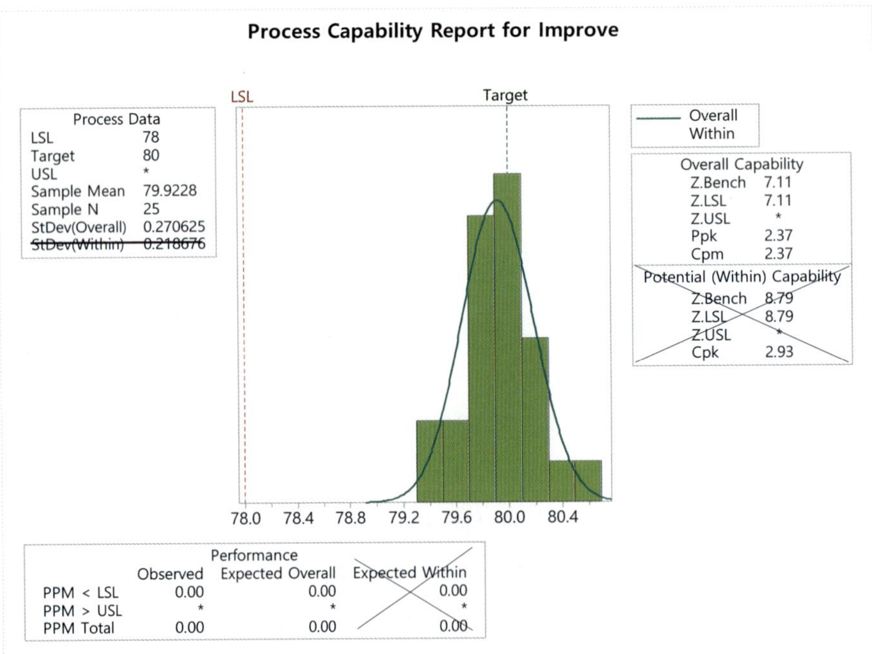
Process Capability Report for Improve
Process Data
LSL 78
Target 80
USL *
Sample Mean 79.9228
Sample N 25
StDev(Overall) 0.270625
StDev(Within) 0.218676
LSL
Target
Overall
Within
Overall Capability
Z.Bench 7.11
Z.LSL 7.11
Z.USL *
Ppk 2.37
Cpm 2.37
Potential (Within) Capability
Z.Bench 8.79
Z.LSL 8.79
Z.USL *
Cpk 2.93
78.0 78.4 78.8 79.2 79.6 80.0 80.4
Performance
Observed Expected Overall Expected Within
PPM < LSL 0.00 0.00 0.00
PPM > USL * * *
PPM Total 0.00 0.00 0.00

## [예제 5.5] 제조/생산

현재 생산되고 있는 OO 제품의 고객 Claim의 64%는 회전 소음으로 나타났다. 이를 개선하기 위한 소음 개선 프로젝트에서 개선 전 회전 소음의 시그마 수준은 규격 상한 $S_U = 75.0(dB)$이며 목표값 $T = 65.0(dB)$을 가정했을 때 약 3.2정도로 나타났다. 결과는 다음과 같다.

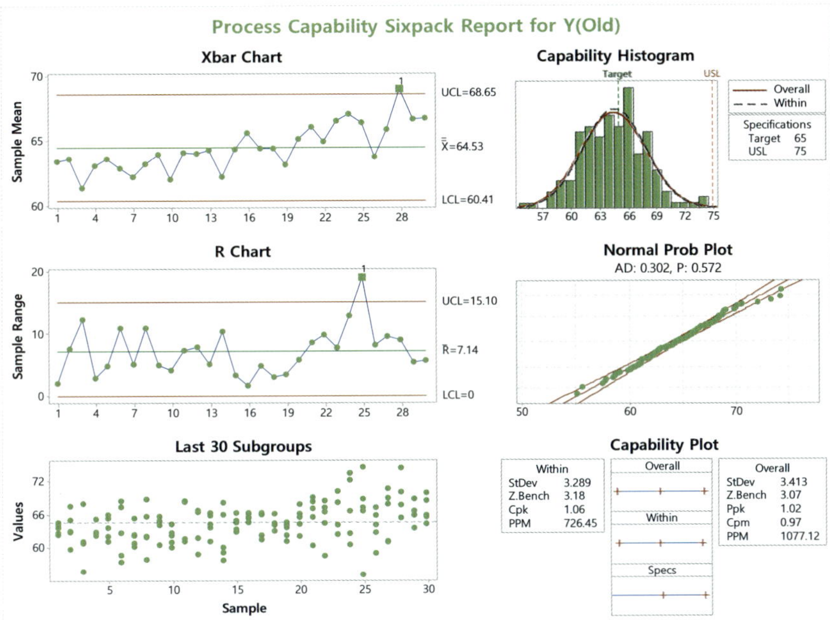


현수준 파악 단계에서 $28^{th}$ 군내 평균이 크게 나타나고 $25^{th}$ 군내 범위가 다른 군보다 크게 나타나 이에 대한 조건을 검토하였고 이는 베어링의 배열 이상으로 확인되었다.

[Analyze 단계]에서 치명인자를 재선정하고 이를 통하여 충분히 회전 소음이 개선되었다고 판단하여 동일한 규격 상한 $S_U = 75.0(dB)$와 새로운 목표값 $T = 60.0(dB)$를 가정하고 개선 효과를 확인하고자 한다.

## [개선 후의 프로세스 능력 분석]

새로운 조건이 적용된 프로세스에서 부분군 $g=30$에서 각각 $n=5$의 합리적 부분군 표본을 수집하여 프로세스 능력 분석을 실시하였다. 그 결과는 다음과 같다.

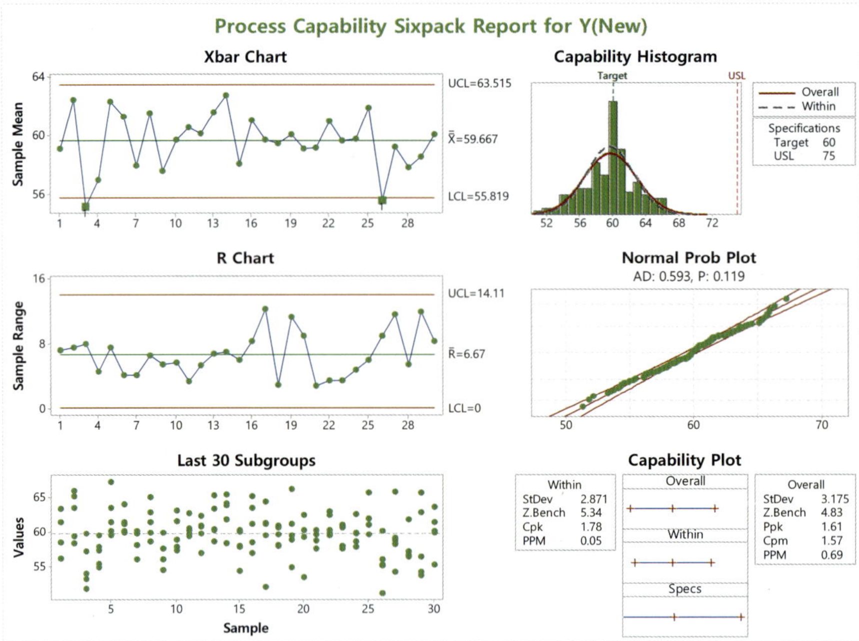


개선 후의 프로세스 능력 분석을 위한 가정 진단에서 $\overline{X}$-Chart의 $26^{th}$ 군에서 관리 한계선을 벗어나는 값이 나타났으나 이는 소음이 작은 쪽으로 발생한 값이므로 데이터 레쥬메를 통하여 그 조건을 추가로 조사하고자 하였으나 명확한 원인을 찾지 못했다. $R$-Chart와 각 부그룹별 산점도에서도 특별한 이상 패턴이 나타나지 않았다.

정규성 검정의 $p-value = 0.119 > \alpha = 0.05$이므로 정규성이 위배되지 않음을 확인할 수 있다. 관리도와 정규성 검정을 통하여 프로세스의 안정성을 확인하였으므로 이에 대한 프로세스 능력 분석의 결과를 확인해 보면 다음과 같다.

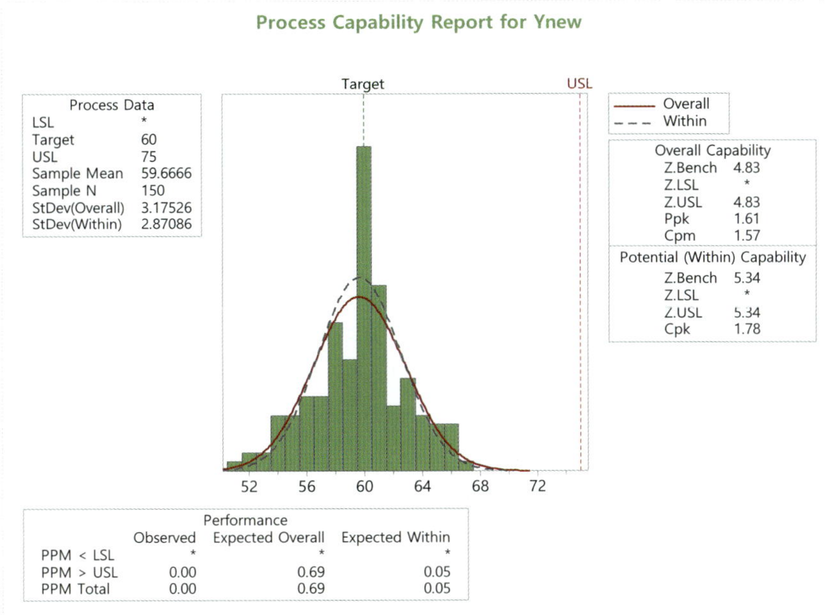


개선 후의 프로세스 시그마 수준은 5.34로 개선 전에 비교할 때 약 2.22 개선되었다. 또한 Potential Capability와 Overall Capability를 비교했을 때 $z_{Shift} = 5.34 - 4.83 = 0.51$으로 프로세스의 관리 변동은 크지 않고 우선 개선 대상이 아님을 확인할 수 있었다. 연구자는 현재의 개선 결과를 지속하기 위한 표준화와 관리 절차를 명확하게 하기 위하여 [Control 단계]를 진행하고자 한다.

6장

# 관리 Control

**성과는 반복될 수 있어야 한다.**

최상의 결과를 쉽게 반복할 수 있도록
표준화하고 모니터링을 통하여 조정하라.

## 학습 목표

- [Control 단계]의 목적을 이해한다.
- 달성된 품질 목표를 지속적으로 관리한다.
- 프로젝트의 경험을 축적한다.

## 차례



## 중요 용어

- 표준화 Standardization
- 통계적 관리도 Statistical Control Charts
- 사후 활동 점검 AAR(After Action Review)

# 6.1 목적

[Improve 단계]에서 달성된 개선 성과를 지속적으로 유지하기 위하여 현재 수준의 파악에서 최적 조건 설정까지의 중요 활동을 표준화[Standardization]해야 한다. 또한 이를 실제 현장에 적용하고 일정 기간 모니터링[Monitoring]활동을 통하여 올바른 관리 기준을 조정[Adjustment]하고 보완해야 한다. 이와 함께 프로젝트를 통해 확인된 다양한 경험을 정리하고 공유/전파할 수 있어야 한다. 이러한 목적으로 진행되는 단계를 [Control 단계]라고 하며 그 목적 및 결과물은 다음과 같다.

Better Data Scientist Σ You Must Know 50 Prof. KO Statistics

### 46. [Control 단계]의 목적과 결과물

**목적 : 달성된 품질 개선 성과를 유지하기 위한 표준화와 관리 기준 정립**

- 프로젝트를 통한 개선 성과의 지속적인 반복에 필요한 프로세스 활동들을 표준화하고 중요 활동을 구별한다.
- Project Y와 치명인자들을 체계적으로 관리하고 필요하다면 조정한다.
- 프로젝트를 통하여 얻은 개선 활동의 Know-How를 정리하고 공유한다.

**결과물 :**

- 표준화된 프로세스 활동의 문서화: Documentations
- 모니터링 결과에 기초한 관리 기준: Statistical Control Charts
- 개선 활동에서 배운 Know-How 정리: After Action Review

프로젝트를 통한 품질 개선은 예상[Expected] 성과이다. 이는 결정된 최적안을 올바로 적용하고 지속할 때 달성 가능한 성과를 의미한다. 따라서 프로젝트를 통하여 달성한 품질 개선 효과를 실제 개발/생산 프로세스에 적용하여 현장에서 구현할 수 있어야 한다. 이를 위하여 프로젝트 수행 과정에서 확인된 중요 사항들을 표준화하고 최적안이 실제 현장에서 올바로 구현될 수 있는지를 일정 시간 동안 확인해야 한다. 또한 필요하다면 최적안을 구현이 용이하도록 조정할 수 있어야 한다. [Control 단계]의 중요 고려 사항과 핵심 도구들은 [그림 6.1]과 같다.

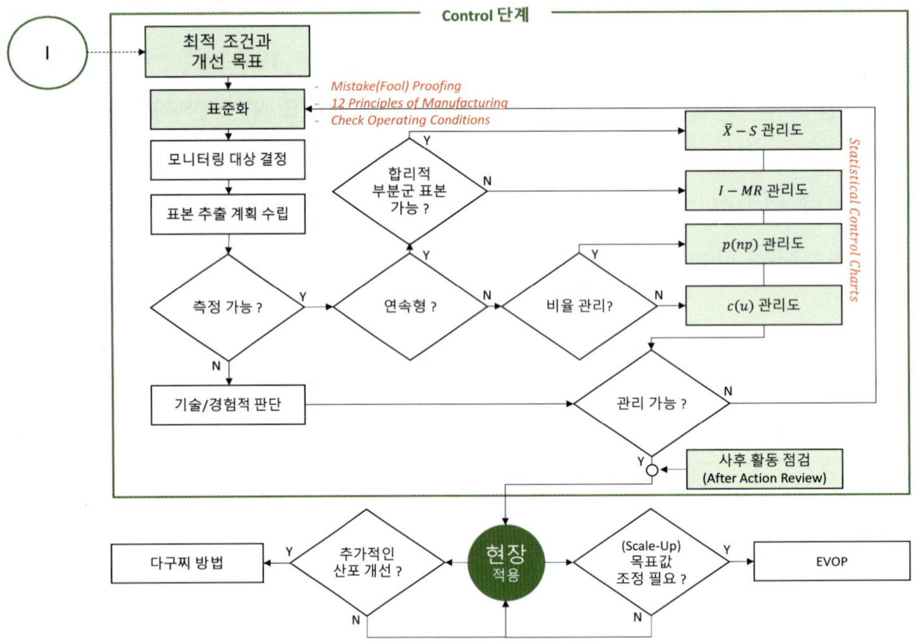


[그림 6.1] [Control 단계]의 중요 고려 사항과 핵심 도구

[Improve 단계]에서 목표 달성이 확인된 최적안을 현장에서 올바로 실행할 수 있도록 표준화하고 표준화를 통하여 변경된 기준에 대한 모니터링 대상을 결정한다. 이 때 모니터링의 대상은 Project Y, 프로세스의 조건 또는 Project Y가 적용되는 제품의 양/불량 또는 기능의 성공 여부에 대한 횟수일 수 있다.

모니터링 대상이 측정이 가능하지 않은 경우에는 기술/경험적 판단을 통하여 올바른 관리 여부를 확인해야 하는데 이에 대한 객관적인 기준을 사전에 설정하기는 쉽지 않다. 따라서 모니터링 대상을 측정할 수 없다면 이를 측정할 수 있는 방법을 먼저 찾아야 한다. 모니터링 대상에 대한 측정이 가능한 경우에는 다양한 통계적 관리도Statistical Control Charts를 이용하여 관리 유/무에 대한 객관적 판단을 할 수 있다. 최종적으로 개선 성과를 현장에서 확인하였다면 이에 대한 내용을 정리하여 구성원들과 공유한다.

프로젝트를 통하여 개선이 확인된 결과라고 하더라도 규모 확대로 인하여 프로세스의 환경이 바뀔 수 있다. 이러한 경우 실제 생산 프로세스에서 목표값을 조정하는 방법을 EVOP[103]라고 하며 이는 프로세스 내의 운영자가 실험을 통하여 바람직한 방향으로 프로세스의 조건들을 조정하는 것을 목적으로 한다. 만일 다양한 변동 원인들, 예를 들어, 재료의 변경, 장비의 노화 또는 작업 절차의 간소화 등에 따라 프로세스의 산포를 추가로 개선해야 한다면 다구찌 방법Taguchi Method을 적용하여 산포 최적화를 위한 안정화Stabilization 실험을 진행할 수 있다.

## 6.2 표준화

표준Standard이란 구성 요소, 방법, 절차 등에 대한 통일화 또는/그리고 단순화한 규정을 말하며 표준화Standardization란 이러한 표준을 설정하고 이를 활용하도록 하는 조직적 행위를 말한다. 표준화란 형식보다 그 내용이 중요하며 다음과 같이 정의한다.

### 47. 표준화

특정 활동의 가장 바람직하고 효과적인 실행을 위하여
다음을 모두 만족하도록 명확히 규정하는 행위들의 모임을 말한다.

(1) 누구나 쉽게 따라할 수 있어야 한다.
(2) 구성요소, 방법, 절차 등에 대한 통일화 또는 단순화한다.
(3) 이를 일상적으로 활용할 수 있도록 규칙을 만든다.

올바른 표준 설정을 위해서는 다음의 방법이 도움이 된다.

---

103) G.E. Box and N. R. Draper(1969). Evolutionary Operation, John Wiley & Sons, New York, NY

## 실수 방지

실수 방지[Mistake Proofing]란 변경된 프로세스 실행 조건들을 검토하여 실제로 발생할 수 있는 오류들을 사전에 예방하기 위한 사전 조치를 의미한다.[104] 이는 위험하거나 또는 손실이 큰 활동들의 오류를 발생하지 않도록 하는 것으로 프로세스 환경에 대한 이해를 전제로 한다. 실수 방지 활동을 정의하기 위해서는 다음의 절차를 따른다. 각 단계에서는 정성적 도구와 통계적 도구들이 도움이 될 수 있다.

### 48. 실수 방지 활동

1. 변경된 프로세스의 중요 활동 중심으로 흐름도[Flow Chart] 작성
   : 흐름도의 각 단계를 검토하여 오류 발생 가능성 확인
2. 발생 가능한 오류들에 대한 핵심 원인을 나열하고 검토
   : 기존 프로세스에서 발생했던 오류들을 검토하여 반영
3. 각 오류에 대한 핵심 원인들이 절대 발생하지 않는 방법 모색
   : 제거[Elimination], 교환[Replacement], 간편화[Facilitation] 중심으로 검토
   - 만일 발생 가능성을 완전히 제거할 수 없다면 오류의 영향을 최소화할 수 있는 방법을 모색
4. 오류별 대책에 대한 우선순위 결정
   : 대책은 중단[Stop], 비작동[Not-Work], 경고[Warning] 등의 순서가 효과적
5. 우선순위별 대책을 적용해 보고 운영자들의 피드백 확인 및 수정
6. 수정된 최종 대책을 표준에 반영

실수 방지 활동은 누가 하더라도 절대로 잘못되는 경우가 없도록 하는 것을 기본 목적으로 하며 혹시 잘못되더라도 그것을 쉽게 알 수 있도록 하여 그 영향을 크게 받지 않도록 하는 것이다. 오류별 대책에서 중단은 자동차에서 D의 단계에서는 시동이 걸리지 않도록 하는 것, 비작동은 잘못 삽입된 메모리 칩이 작동 되지 않도록 하는 것을 예로 들 수 있다. 경고의 경우는 운전자 또는 동승

104) Fool-Proofing 또는 Poka-yoke라고도 한다. <저자 주>

자가 안전벨트를 착용하지 않으면 지속적으로 경고음을 내주는 경우를 들 수 있다.

## 생산 프로세스를 위한 12가지 원칙[105)]

올바른 생산 프로세스를 위한 원칙은 표준 설정에 도움이 된다. 프로젝트는 각 연구자 또는 연구팀에 의하여 실행되지만 궁극적으로 실제 생산 프로세스에 적용한 이후 개선 성과를 실제적으로 달성할 수 있다. 다음은 생산 프로세스를 위한 12가지 원칙들이다.

1. 안전 Safety

   안전은 모든 생산 환경의 제 1 원칙이다. 이는 올바른 생산 환경의 정립과 작업 기준 그리고 위험 요소에 대한 근본 원인을 지속적으로 개선하고 만일 사고가 발생하더라도 이를 통한 손실이 극소화될 수 있어야 한다.

2. 정리와 정돈 Good Housekeeping and Organization

   모든 생산 활동의 기본으로 5S[106)]를 기준으로 모든 것이 제 시간에 제 자리에 있어야 한다.

3. 공인된 시스템의 체계적인 사용 Use of Authorized Formal Systems

   생산 활동으로 발생하는 비용, 노동, 재작업, 재고 등의 데이터는 반드시 공인된 시스템을 사용하여야 한다. 정확하지 않거나 시점이 잘못된 데이터를 제공하는 시스템은 궁극적으로 올바르지 못한 의사결정을 유도하며 재무적 손실로 연결된다. 경우에 따라서 이러한 손실은 재앙적일 수 있다. 모든 생산 활동 관련 데이터는 공인된 시스템을 통하여 적시에 제공될 수 있어야 한다.

---

105) L. E. Fast(2012). The 12 Principles of Manufacturing Excellence, CRC Press
106) Sort, Set in order, Standardize, Shine, and Sustain

4. 예방적 그리고 예측 가능한 유지 보수 Preventive and Predictive Maintenance
장비와 설비의 유지 보수를 위한 정기적인 점검 계획을 설정하고 이를 실행해야 한다. 이를 통하여 변경없는 생산 활동을 진행할 수 있어야 한다.

5. 프로세스 능력의 정기적인 검토 Periodic Checking for Process Capability
중요 특성의 프로세스 능력에 대한 사전 목표를 설정하고 이를 정기적으로 확인해야 한다. 사전 목표는 제품의 경쟁력과 활동 능력을 고려하여 선정하며 궁극적인 목표는 6 시그마 수준 또는 $C_{pk} = 2.0$이다.

6. 단계별 제품 품질의 확인 Verify Product Quality for Each Step
최종 제품을 위한 각 단계에서 제품의 품질을 확인할 수 있어야 한다. 이는 다음 단계의 작업이 올바른 제품을 대상으로 해야 한다는 전제하에서 내부 고객 만족의 척도가 되고 최종 제품의 불량을 최대한 방지한다.

7. 납기 준수 Delivery Performance
제품은 사전에 약속된 시간[Just-In-Time]에 생산될 수 있어야 한다. 이는 제조 기업에서 재무적 성과를 높일 수 있는 효과적인 방법으로 이를 위하여 부품 공급 업체의 품질/생산 능력 확보를 위한 협업과 도움이 전제되어야 한다.

8. 시각적 관리 Visual Management
생산 활동의 대상 또는 과정은 모든 구성원들이 쉽게 확인할 수 있도록 도표, 조명, 음성, 색상 등을 이용하여 시각적으로 구분하여 관리할 수 있어야 한다. 이를 위하여 생산 활동의 중요 특성과 오류 원인을 구분하고 이를 시각적 관리에 반영할 수 있어야 한다.

9. 지속적인 개선 활동 Continuous Improvement
생산 활동의 관리만으로 제품을 개선할 수 없다. 따라서 생산 현장에서 가능한 개선 활동을 선별하고 이를 반영할 수 있어야 한다. 개선된 현상은 새로운 기준을 반영하여 관리하고 이를 통하여 나타난 새로운 현상을 추가로 개선하는 지속적인 개선 활동을 유지할 수 있어야 한다.

10. 연관분야의 지속적인 소통 Communication

생산 활동을 구성하는 각 단계, 신제품을 제공하는 연구소 그리고 제품을 판매하는 부서 등과의 지속적인 소통을 통하여 고객의 요구사항, 제품의 구성과 중요 특징 그리고 생산 활동에서 나타난 다양한 현상 등에 대하여 상호 소통할 수 있어야 한다. 이때 소통을 위한 공통 언어를 사전에 정의해야 한다.

11. 지속적인 교육과 훈련 Periodic and Repeated Training

생산 활동을 유지하는 다양한 구성원들에게 정기적 그리고 반복적인 교육과 훈련을 제공해야 한다. 이는 새로운 생산 활동에 대한 기술과 방법 이외에 품질의 개념과 중요성을 포함해야 한다.

12. 작업자 중심의 프로세스 관리 Operator-Led Process Control

프로세스의 관리는 관리자 또는 품질 담당자에 의해서 진행되기 보다는 실제 프로세스 활동에 기여하는 작업자 중심으로 진행할 수 있어야 한다. 작업자는 자신의 활동이 이루어지는 프로세스 단계의 변동과 특성을 가장 잘 알고 있으므로 작업자 중심의 프로세스 관리는 가장 효율적이며 효과적인 방법이다.

이와 같이 실수 방지 활동과 생산 프로세스를 위한 12가지 원칙 그리고 사내 표준 등을 검토하여 프로젝트의 개선 결과를 유지할 수 있는 표준을 결정한다. 다양한 원칙들을 고려하여 올바른 표준을 설정하였다면 최종적으로 다음의 사항을 검토하여 표준화를 완성한다.

**표준화 결과의 확인 사항**

(1) 중요한 활동으로 단순화되었는가?
(2) 프로세스의 구성원들이 쉽게 따라할 수 있도록 정리되었는가?
(3) 프로세스의 환경은 반영되었는가?
(4) 별도의 주의사항을 선별하였는가?
(5) 문서화되었는가?

## 6.3 모니터링

모니터링Monitoring 활동은 파일럿Pilot 단계와 실행Performance 단계로 구분된다. [Control 단계]에서의 모니터링은 달성된 개선 성과가 실제 제품/프로세스에서 올바로 구현되는가를 사전 확인하는 파일럿 단계로써 일반 생산 활동에서의 모니터링 활동과는 구별되어야 한다.

프로젝트는 품질 개선에 중요한 영향을 주는 특성을 Project Y 로 설정하고 이에 대한 최적안을 선정한다. 최적안을 결정하기 위한 [Improve 단계]에서 중요 관련 변량에 대한 반작용을 확인하지만 최종 제품/프로세스에 대해서는 검토하지 않았다. 따라서 최종 제품/프로세스의 검토를 위한 모니터링 또는 관리 대상을 먼저 선정해야 한다.

**가능한 모니터링(또는 관리) 대상**

1. Project Y 또는 중요 관련 변량 : 연속형
2. Project Y가 반영된 (시)제품/구성품에 대한 합격 여부 : 범주형
3. Project Y와 치명인자의 조건이 반영된 프로세스의 생산 수율
 : 범주형 또는 이산형
4. 치명인자의 실행 조건 : 연속형, 이산형 또는 범주형

모니터링 대상은 프로젝트가 적용된 분야 또는 제품 단계에 따라 다르게 결정될 수 있다. 예를 들어 R&D 분야에서는 Project Y 또는 중요 관련 변량을 직접 고려하거나 최적안이 반영된 시제품의 합격 여부 등으로 선정될 수 있다. MFG 분야에서는 최적안 선정으로 변경된 치명인자의 실행 조건 또는 최적안이 적용된 프로세스의 생산 수율이 모니터링 대상일 수 있다. 모니터링 대상이 선정되었다면 모니터링 결과의 판단 기준을 결정해야 한다. 판단 기준은 관리Control 유무에 대한 정보와 올바로 관리되지 못한다고 판단되는 경우 새로운 조정Adjustment에 대한 정보를 제공할 수 있어야 한다.

## 변동의 구분

모니터링 결과의 판단 기준을 설정하기 위하여 먼저 변동의 원인을 구분해야 한다. 변동이란 불일치, 즉 일정하지 못함을 의미한다. 만일 변동이 크다면 해당 제품/프로세스는 관리되고 있지 못함에 대한 증거가 되고 그 역도 성립한다. 모든 제품/프로세스에는 변동이 존재하며 그 원인은 다음과 같이 구분한다. 이는 앞에서 설명되었다.

### 49. 변동 원인의 구분

**우연 원인** Common/Random/Natural Causes

- 프로세스/시스템에서 내재적Intrinsic으로 발생하는 원인들
- 프로세스/시스템을 변경하기 전에는 제거할 수 없는 원인들
- 프로세스/시스템 내의 백색 잡음White Noise의 원인들
- 통계적으로 수량화가 가능한 원인들

**이상 원인** Special/Assignable/Unnatural Causes

- 프로세스/시스템에서 일반적으로 발생하지 않는 원인들
- 프로세스/시스템에서 이전에 발생하지 않았던 원인들

이러한 변동의 원인을 구별하기 위해서는 합리적 부분군 표본 추출법(RSP) 으로 표본을 선택할 수 있어야 한다. 만일 그렇지 못한 경우에는 변동의 원인을 명확히 구분할 수 없다. 안정된 프로세스의 경우 합리적 부분군 표본 추출 방법은 대략 군의 수는 $g = 25 \sim 30$개 그리고 군내 표본 수는 $n = 4 \sim 5$개를 요구한다. 제조 현장에서는 이를 구현할 수 있어야 한다.

일반적으로 프로세스 내에는 우연원인과 이상원인에 의한 변동이 모두 포함되어 있다고 가정한다. 이상원인 없이 우연 원인에 의한 변동만이 존재하는 경우를 통계적 관리 상태Statistically-In-Control라고 한다.

## 통계적 관리도[107)]

객관적인 모니터링 도구로 가장 유용한 것은 통계적 관리도Statistical Control Charts이다. 관리도의 기본 구성은 다음과 같다.

> **관리도의 기본 구성**
>
> - **중심선** Center Line
>   선정된 특성으로부터 측정된 데이터의 전체 표본 평균으로 결정되며 프로세스에서 해당 특성의 모평균 추정값을 의미한다.
> - **관리 한계** Control Limits
>   선정된 특성에 대한 통계적 관리 상태 여부를 판단하는 기준선으로 관리 하한Lower Control Limit 그리고/또는 관리 상한Upper Control Limit으로 구성된다.
> - **관리점 또는 산점된 데이터** Scattered Data
>   선정된 특성에 대한 측정값들을 의미하며 관리 한계와 비교하여 통계적 관리 상태와 이상 원인 발생 여부를 결정한다.

107) W.A. Shewhart(1931). Economic Control of Quality of Manufactured Product. Van Nordstrand Company, Inc., Princeton, New Jersey.

이는 프로세스의 중요 특성의 품질 변화를 신속하게 탐지하기 위하여 개발된 통계적 관리 도구로써 고려하는 특성의 통계적 관리 상태 여부를 판단할 수 있다.

관리한계[Control Limit]는 제품의 불량 여부를 판단하는 규격한계[Specification Limit]와 는 구별되어야 한다. 관리한계는 현재 프로세스가 통계적 관리 상태인지만 판단하는 것으로 제품의 불량 여부를 판단하는 기준이 아님을 유의해야 한다.

관리한계는 일반적으로 중심선으로부터 $\pm k\sigma$로 설정된다. Shewhart 박사는 $k=3$을 추천했고 이를 벗어나는 경우 이상 원인에 대한 조사와 개선 활동이 필요하다고 주장하였다. $\pm 3\sigma$의 한계를 통하여 이상 원인의 발생을 진단하는 이유는 프로세스가 정규분포를 따르는 경우 이 한계를 벗어날 확률은 0.0027(평균을 중심으로 ±방향으로 각각 0.00135)로 발생할 가능성이 매우 낮기 때문이다. 따라서 이러한 영역에서 특성이 관찰된다면 이상 원인에 의하여 발생했을 것이라고 진단하고 그 원인을 파악하고자 했다. 만일 프로세스가 정규분포를 따르지 않고 단봉[Uni-modal] 구조를 갖는 경우에는 $\pm 3\sigma$ 관리한계를 벗어날 확률은 최대 0.05를 넘지 않으며 정규분포가 아니더라도 $\pm 3\sigma$ 관리한계를 벗어날 확률은 최대 0.11을 넘지않는다. 안정적인 프로세스에서 연속형 특성에 대한 관리도와 판단 기준은 [그림 6.2]와 같다.

통계적 관리도는 중심선과 관리하한과 관리상한 그리고 관리점으로 정의된다. 진단 영역의 구분은 $M \pm k\hat{\sigma}_M$, $k=1,2,3$으로 정의한다. 이렇게 구분된 영역은 중심선에서 먼 곳으로부터 $A, B, C$ 명명하고 각 영역의 발생 확률을 고려하여 이상 패턴을 정의한다. 이상 패턴의 확인 방법은 정규분포를 가정한 연속형인 경우에는 8가지 그리고 이산형의 경우에는 4가지 진단 기준을 사용하는 것이 일반적이다. 이러한 진단 기준은 실무적 필요에 따라 추가되거나 제거될 수 있다.

[표 6.1]과 [그림 6.3]은 일반적인 관리도 진단 기준이다. 여기서 $K$값은 프로세스 또는 현장의 상황에 따라 달리 정의할 수 있다. 정의된 이상 패턴은 개별적 또는 중복적으로 나타날 수 있으며 발생한 이상 원인이 무엇인가에 대한 정보를 제공하지 않는다. 따라서 관리도를 적용할 때에도 체계적인 데이터 레쥬메를 작성하여 이상원인이 발생한 경우에 신속한 원인 규명을 할 수 있어야 한다.

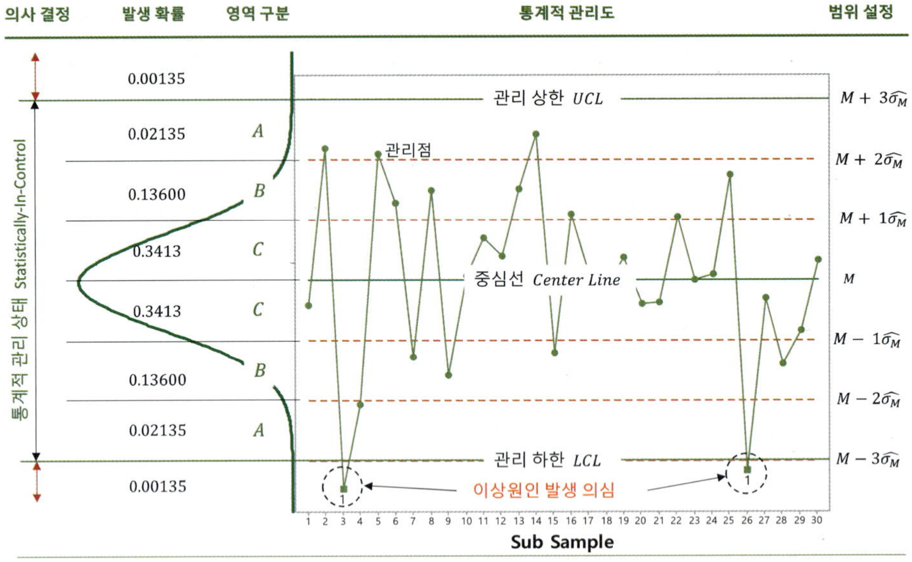


[그림 6.2] 연속형 $\overline{X}$-관리도의 판단 기준

## 50. 관리도 진단 기준 [표 6.1]

| ID | 진단 기준 | 기본 $K$ | 범주형 | 연속형 |
|---|---|---|---|---|
| 1 | 특정 관리점이 관리 한계선 $K$-Sigma를 벗어난 경우 | 3 | ○ | ○ |
| 2 | 중심선을 기준으로 어느 한쪽 방향에서 $K$개의 관리점이 연속적으로 나타나는 경우 | 9 | ○ | ○ |
| 3 | $K$개의 관리점이 연속적으로 증가 또는 감소하는 경우 | 6 | ○ | ○ |
| 4 | $K$개의 관리점이 중심선을 중심으로 위/아래로 한 번씩 주기적으로 나타나는 경우 | 14 | ○ | ○ |
| 5 | $K$개의 관리점 중에서 $K-1$개의 관리점이 중심선의 한쪽 방향에서 $A$영역에 나타나는 경우 | 2 | X | ○ |
| 6 | $K$개의 관리점 중에서 $K-1$개의 관리점이 중심선의 한쪽 방향으로 $A$ 또는 $B$ 영역에 나타나는 경우 | 4 | X | ○ |
| 7 | $K$개의 관리점이 $C$ 영역에 차례대로 나타나는 경우(중심선 양쪽 방향) | 15 | X | ○ |
| 8 | $K$개의 관리점이 연속하여 $A$ 또는 $B$ 영역에 나타나는 경우(중심선 양쪽 방향) | 8 | X | ○ |

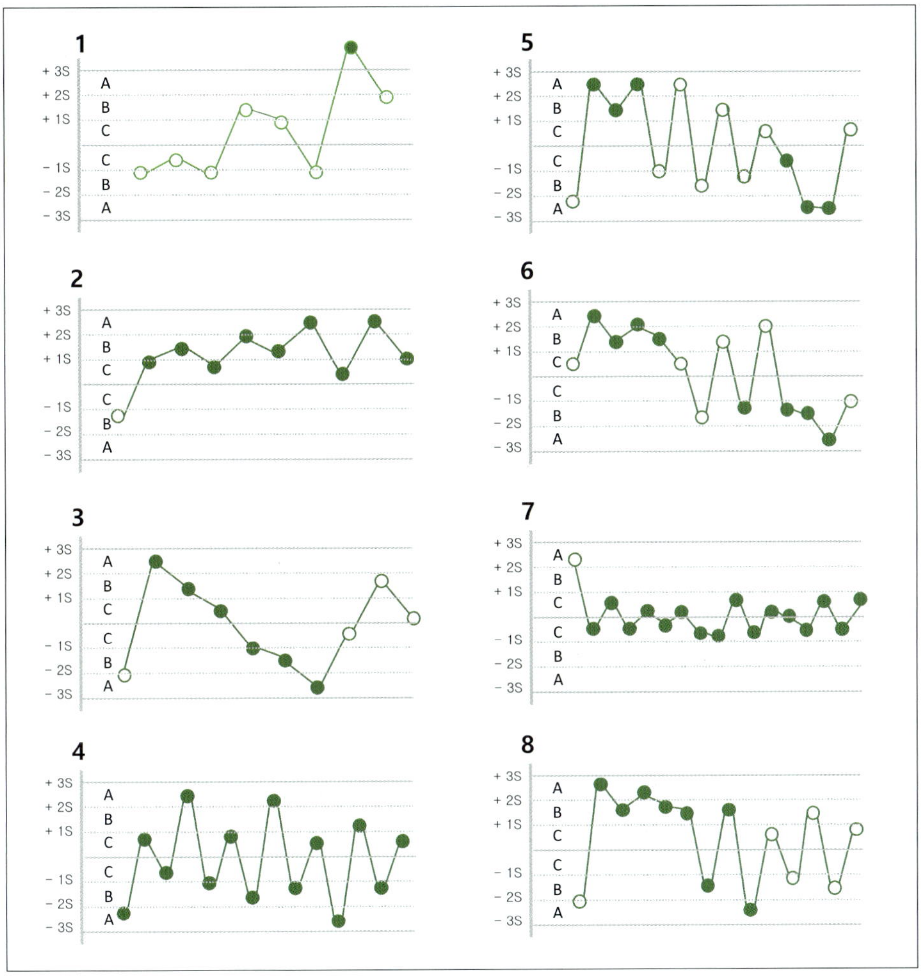


[그림 6.3] [표 6.1]의 관리도 진단 기준: 예

고려하는 특성의 측정 결과에 따라 서로 다른 관리도를 적용한다. [그림 6.4]는 데이터의 유형과 측정 방법에 따른 기본적인 통계적 관리도이다. [표 6.1]에서 확인할 수 있듯이 범주형의 경우보다 연속형 관리도인 경우가 더 많은 진단 기준을 제공한다.

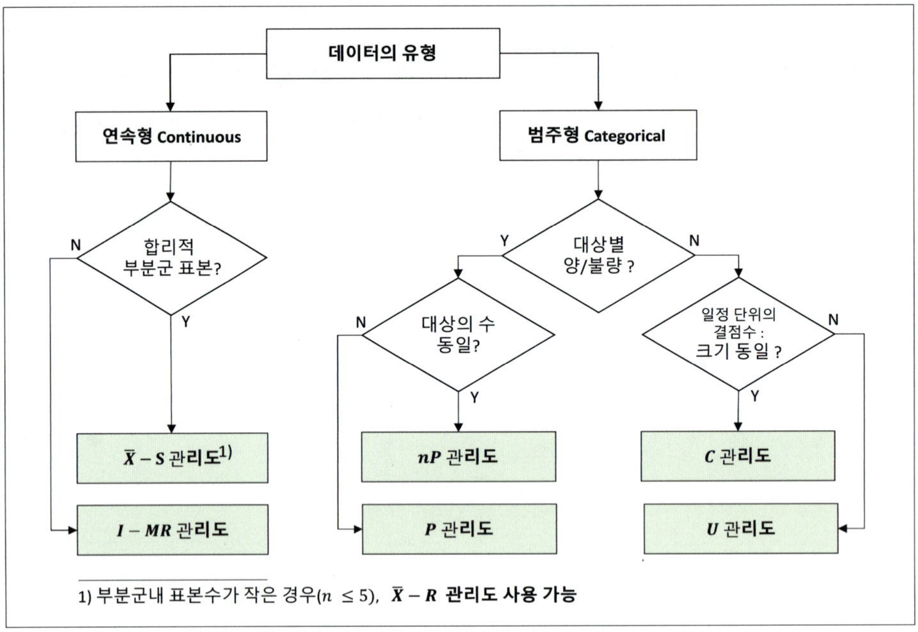


[그림 6.4] 통계적 관리도의 구분

**[예제 6.1]** KSPS.6.1

새로운 정수 시스템에 필요한 핵심 필터의 개발을 위하여 바이러스 제거를 위한 필터의 밀도($k/\mu m^2$)를 Project Y로 하는 프로젝트가 진행되어 경쟁사보다 기술적 수준이 높은 필터를 개발하였다.

이를 이용하여 올바른 정수 시스템을 생산할 수 있는지를 확인하기 위하여 개발된 필터를 장착한 간이 모듈을 제작하여 Virus 제거율(%: 불량 판단 기준 $\leq 99.9\%$)이 원하는 관리 기준을 충족하는지를 확인하고자 한다. 개별 로트로 구성된 간이 모듈을 통하여 정수된 결과에 대한 약품 처리 절차를 한 후 제거되지 않은 Virus의 수를 측정하였다. 수집된 데이터의 구조는 다음과 같다.

| ID | 모듈 번호 | 시료 Virus의 수 | 처리 후 Virus의 수 | 데이터 레쥬메 |
|---|---|---|---|---|
| 1 | 1 | 29,898,314 | 2,697 | * |
| 2 | 2 | 27,382,314 | 3,216 | * |
| … | … | … | … | * |

**[P-관리도]**

개별 Virus를 불량의 기회로 가정하고 표본에서 측정된 [시료 Virus의 수]가 서로 다르게 나타나므로 *P*-관리도를 적용하였다. 그 결과는 다음과 같다.

**통계 분석 > 관리도 > 계수형 관리도 > P-관리도, KSPS.6.1.1**

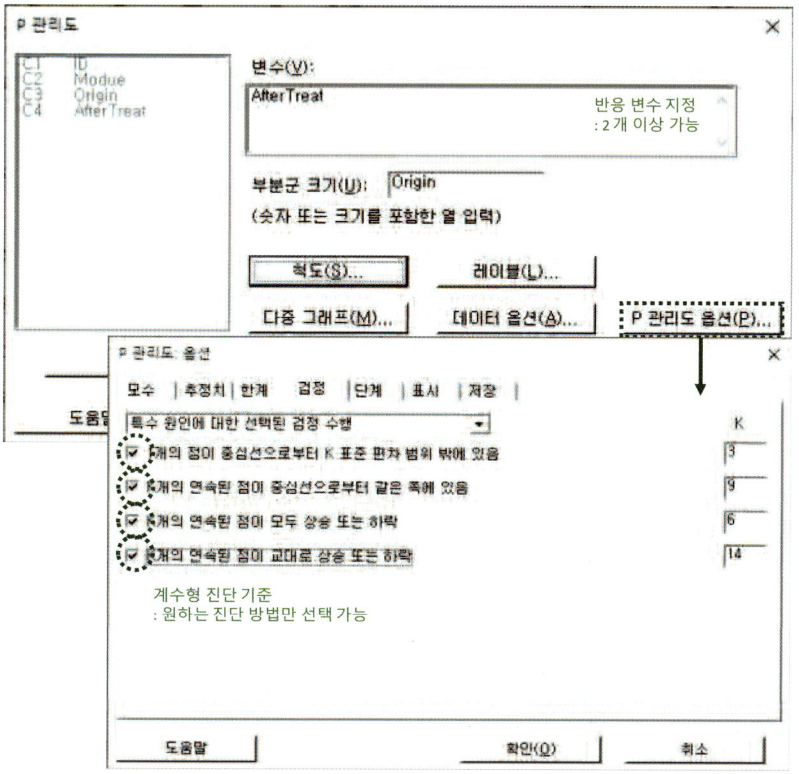


이산형(계수형) 관리도에서 가능한 4가지 진단 기준을 모두 적용하였으나 관리 한계선을 벗어나는 이상원인(기호 1)만이 진단되었다. 고려한 특성이 불량률이므로 관리 상한을 벗어난 경우만을 고려하여 원인을 규명하였다. 관리 하한을 벗어난 경우는 바람직한 경우이므로 데이터의 수집 상황을 재조사하여 추가 개선의 기회를 찾기로 하였다.

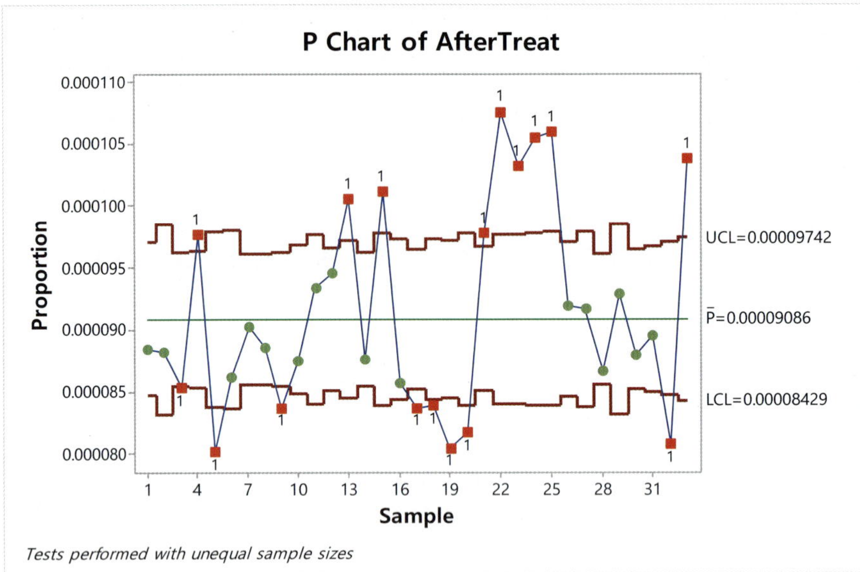


이상 원인에 대한 추가 진단을 위하여 이항 프로세스 능력 분석 결과를 이용하여 다음과 같은 결과를 얻었다.

**통계 분석 > 통계 도구 > 공정 능력 분석 > 이항 분포, KSPS.6.1.1**

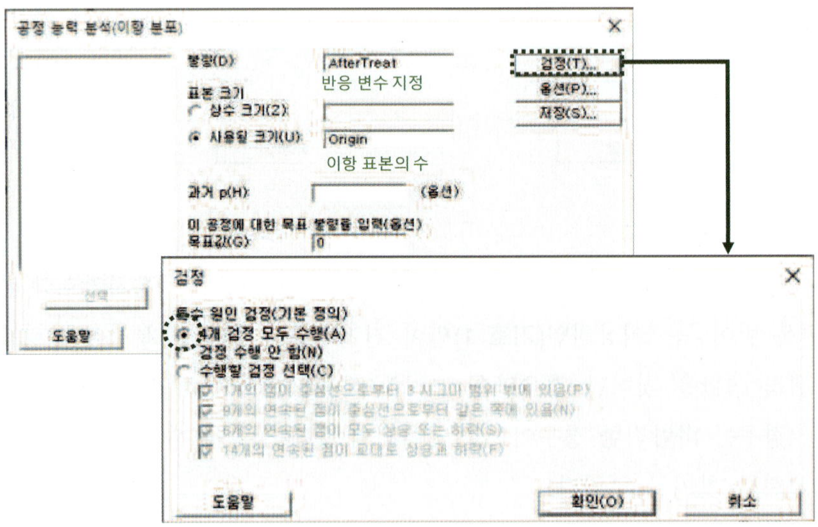

누적 불량 패턴을 보면 대략 $25^{th}$ 이후에 불량률이 수렴함을 확인할 수 있으며 시료 Virus 수에 따른 불량율을 검토한 결과 시료 Virus의 수가 적은 곳에서 높은 불량율이 관찰됨을 확인할 수 있었다.

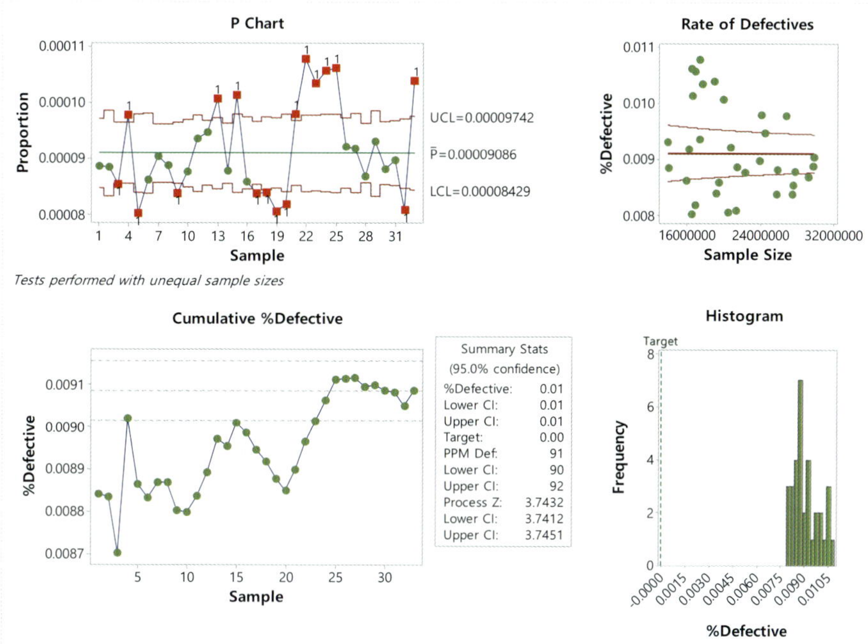


이에 대한 데이터 레쥬메 검토 결과 기타 조건은 큰 차이가 없었으나 모듈 1과 모듈 2에서 주로 높은 불량율이 발생하여 그 차이를 조정하였다.

추가 진단 후 원인 규명과 모듈 구성 규격 조정을 통하여 목표 불량률 0.01%를 달성하였으며 이를 시그마 수준으로 환산하면 근사적으로 최소 3.77 정도가 됨을 확인하였다. 다음은 개선 후의 이항 프로세스 능력 분석 결과이다.

KSPS.6.1.2

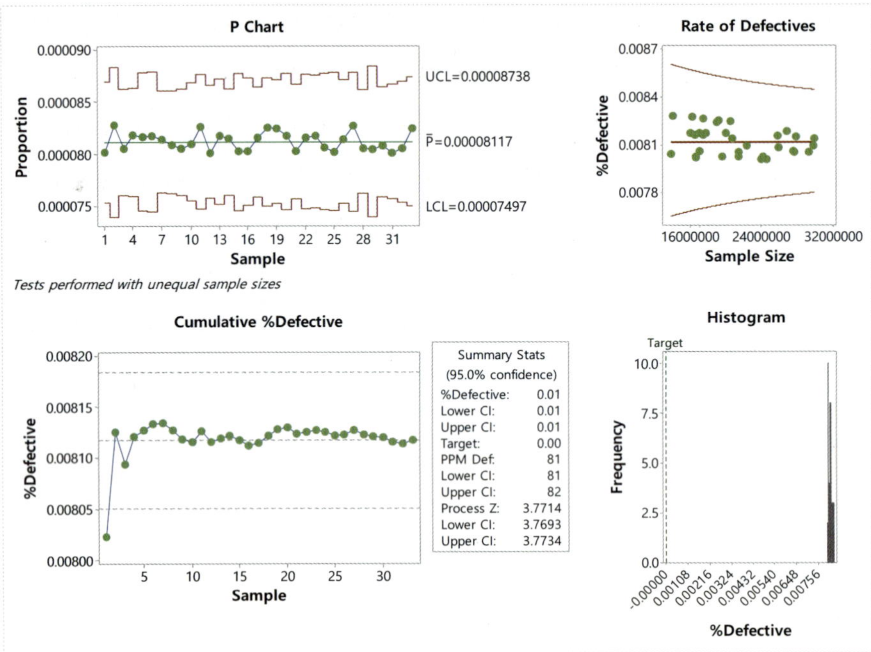


## 6.4 성과 정리 및 공유 전파

프로젝트 활동은 개인 또는 팀이 기존의 지식과 지혜를 정리하고 새로운 지식을 배울 수 있는 좋은 기회가 된다. 프로젝트 활동 자체는 조직의 자원을 기초로 한 뛰어난 학습 기회일 수 있다는 것이다. 이러한 각 개인/팀의 지식과 지혜가 조직의 지혜[wisdom of organization]로 자리 잡기 위해서는 프로젝트의 성과 달성 과정을 정리하고 구성원들과 공유할 수 있어야 한다. 이러한 공유 전파를 위한 성과 정리는 다음의 필요조건을 만족해야 한다.

### 성과 정리의 필요조건

(1) 성과를 달성한 과정을 **품질의 공통 언어**로 정리해야 한다.

(2) 체계적으로 **문서화되어** 구성원들이 참조할 수 있어야 한다.

(3) **추가 개선 방향**을 제시해야 한다.

조직의 다양한 분야에서 획기적인 성과가 넘쳐난다고 하더라도 이의 공유를 통한 내적 벤치마킹이 성공하기 위해서는 반드시 공통 언어Common Language로 정리되어야 한다. 성과의 크기에 대한 가장 일반적인 공통 언어는 재무적 효과이며 달성 과정에 대한 공통 언어는 품질이다.

모든 프로젝트는 추가적인 개선 기회를 제공한다. 그리고 프로젝트를 진행해 온 구성원들이 그 내용과 절차를 가장 명확히 이해하고 있다. 따라서 추가 개선 방향에 대한 가능성을 충분히 공유할 필요가 있다. 이는 다른 구성원들의 프로젝트 선정을 돕고 지속적인 개선 활동을 보장할 수 있다는 점에서 바람직하다. 이를 위하여 프로젝트의 성과에 대한 사후 활동 점검After Action Review을 추천한다.[108] AAR은 프로젝트 또는 특별한 사건에 대한 참여자 또는 관련자들에 의하여 무엇이What, 왜Why, 어떻게How 발생하였는가를 검토하기 위하여 중요 사항을 중심으로 나열하는 형식이며 [그림 6.5]와 같다.

AAR은 왜 현재의 결과가 나타났는가를 심도 있게 논의하고 도출된 교훈을 구성원들과 공유하기 위하여 실시한다. 따라서 먼저 프로젝트 시작 시에 설정했던 목표와 실제 성과를 비교하고, 현재 성과를 가능하게 한 또는 목표 달성에 걸림돌이 된 중요 원인들을 검토한다. 따라서 성과를 달성하는데 유용했던 요소들과 방해했던 요소들로 구분하여 기록하는 것이 바람직하다. 이를 통하여 프로젝트의 성과와 새로운 개선 방향을 검토한다.

108). USAID (2006). After Action Review Technical Guidance. PN-ADF-360. Washington, DC: U.S. Agency for International Development

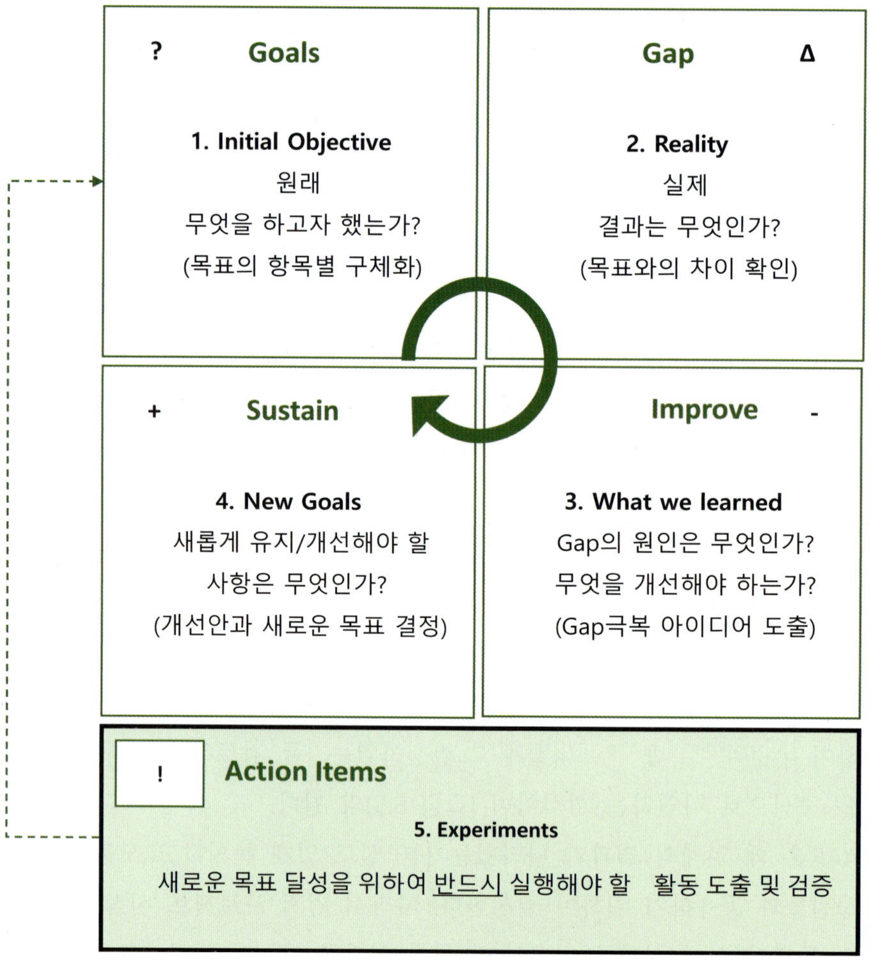


[그림 6.5] AAR의 기본 구성과 절차[109]

109) 고승곤, 이종설(2012). 액션 리더, 엘빅미디어

# 참고 문헌 Reference

고승곤(2000). 새 일반통계학, 교우사

고승곤(2005). LG전자 Six Sigma 표준 교안. V.1(한글판), LG전자

고승곤(2005). LG전자 Six Sigma 확장 교안. V.1(한글판), LG전자

고승곤, 이종설(2011). 엑스 이노베이션: 반복적 성과 창출의 비밀, 엘빅미디어

고승곤(2012). LG전자 Software Six Sigma 표준 실행 방법. V.1., LG전자

고승곤, 이종설(2012). 액션 리더, 엘빅미디어

고승곤(2014). 통계적 사고 방법, 교우사

Abbott, J. C. (1999), SPC: Practical Understanding of Capability by Implementing Statistical Process Control, R. Houston Smith

AIAG (2010). Gage Repeatability and Reproducibility

AIAG (2010). Measurement System Analysis Manuals, 4thEdition

AIAG (2010). Production Part Approval Process, 4thEdition

Altshuller, Genrich (2005). 40 Principles : Extended Edition. translated by Lev Shulyak with additions by Dana Clarke, Sr. Worcester, MA: Technical Innovation Center

Anderson, T. W. ; Darling, D. A. (1954). A test of goodness of fit. Journal of the American Statistical Association, 49(268)

Anderson, N. A. (1991). 6 Sigma Producibility Measurement, Thoughts from a Hands-On Engineer, Alliant Techsystems, Hopkins, MN

Anderson, V. L., and R.A.(1974). McLean. Design of Experiments , Marcel Dekker, New York

Antony, land Banuelas, R.(2002). Critical success factors for the successful implementation of six sigma projects in organisations, The TQM Magazine, Vol. 14, No.2

D. Baik(2017). A Study on Extreme Limits for Design Margins Based on Process Capability, Master Thesis, Gachon University

Banuelas, R., ; Antony, l (2002). Key ingredients for the effective implementation of Six Sigma program, Measuring Business Excellence, Vol.6 No.4

Beyer, Mark A., and Douglas Laney. "The importance of 'big data': a definition." Stamford, CT: Gartner (2012): 2014-2018.

Bender, A. (1975) Statistical Tolerancing as it Relates to Quality Control and the Designer Automotive Division Newsletter of ASQC

Billatos, Samir B. (1988). Guidelines for Productivity and Manufacturability Strategy, Manufacturing Review , Univ. of Connecticut, Storrs, CT., Vol. 1, No. 3, (164-167)

Boltz, Roger W. (1977). Production Processes The Producibility Handhook , Conquest Publications, North Carolina

Bosch (2003). Bosch Booklet Series : Quality Assurance in the Bosch Group, Technical Statistics, No. 10, Capability of Meausrement and Test Processes

Bowker, A. ; G. Lieberman. (1972). Engineering Statistics , McGraw-Hill Book Co. New Jersey

Box, G. E. P. ; Wilson, K.B. (1951) On the Experimental Attainment of Optimum Conditions (with discussion). Journal of the Royal Statistical Society Series B13(1), (1?45)

Box, G. E. P. ; Hunter J.(1961). The 2k-pfractional factorial designs: parts I and II. Technometrics. Vol.3 : (311?351, 449?458)

Box, G. E. P. ; Cox, D. R. (1964). "An analysis of transformations". Journal of the Royal Statistical Society, Series B. 26 (2)

Box, G.E.P., W.G. Hunter. ; J.S. Hunter (1978). Statistics for Experimenters , John Wiley and Sons, Inc., New York

Boyer, David E. ; John W. Nazemetz (1985), Introducing Statistical Selective Assembly - A Means of Producing High Precision Assemblies from Low Precision Components, Proceedings American Institute of Industrial Engineers , Annual Conference and Convention, (562-570)

Brown, John O (1987). Producibility Problem Solving or the Supplier Quality Paradox

- A Fix?, Annual Quality Congress Transactions, ASQC, Wisconsin, Forty-First Edition

Brownlee, K. A. (1965). Statistical Theory and Methodology in Science and Engineering, John Wiley and Sons, Inc., New York, 2nd Edition

Elwood S. Buffa (1980). Modern Production/Operations Management, John Wiley & Sons Canada, Limited, 6th Edition

Burr, I. (1953). Engineering Statistics and Quality Control , McGraw-Hill Book Co., New York

Art Byrne ; James P. Womack (2012). The Lean Turnaround: How Business Leaders Use Lean Principles to Create Value and Transform Their Company

Charbonneau, Harvey C. ; Gordon L. Webster (1978). Industrial Quality Control , Prentice-Hall, New Jersey

Cochran, W. ; G. Cox (1957). Experimental Designs, John Wiley and Sons, New York, 2nd Edition

Cowden, Dudley J. (1957). Statistical Methods in Quality Control , Prentice-Hall, New Jersey

Cramer, H. (1964). Mathematical Methods of Statistics , Princeton University Press, New Jersey

Daetz, D. (1987). The Effect of Product Design on Product Quality and Product Cost, Manufacturing Research Center, Hewlett-Packard Labs., California, Vol 20, No. 6, 64(7)

Daniel, C. (1976). Applications of Statistics To Industrial Experimentation , John Wiley and Sons, New York

DeGarmo, Paul. (1974). Materials and Processes in Manufacturing, MacMillan, New York, 4th Edition

Deleryd, M.(1996). Process Capability Studies in theory and Practice/ Licentiate thesis, Lulea University of Technology, Lulea, Sweden

E. Deming (1900-1993). 「Quality is Everyone's Responsibility.」

E. Deming (1900-1993). A Lesser Category of Obstacles #7「Placing blame on workforces who are only responsible for 15% of mistakes where the system designed by management is responsible for 85% of the unintended consequences.」

E. Deming (2000). Out of the Crisis (MIT Press) MIT-CAES, 1st MIT Press Ed Edition

E. Deming (1982). Quality Productivity and Competitive Position , Massachusetts Institute of Technology, Center for Advanced Engineering Study

Duncan, Acheson J. (1965). Quality Control and Industrial Statistics, Richard D. Irwin, Inc., Illinois, 3rd Edition

Bob Eberle (1971). Scamper: Games for Imagination Development. Prufrock Press Inc.

A. Endres(2000). Implementing Juran's road map for quality leadership: benchmarks and results. John Wiey & Sons, New York

Eurachem (1998). The Fitness for Purpose of Analytical Methods: A Laboratory Guide to Method Validation and Related Topics

Evans, D. H.(1975). Statistical Tolerancing : The State of the Art, Part III : Shifts and Drifts, Journal of Quality and Technology, Vol., 7(2)

Evans, D. H.(1975) Statistical Tolerancing : The State of the Art, Part III, Methods for Estimating Moments, Journal of Quality Technology, Vol 7, No.1

Evans, David H. "Statistical Tolerancing: The State of the Art, Part III: Shifts and Drifts," Journal of Quality and Technology ; 7(2). 1975. pp. 72-76.

L. E. Fast (2012). The 12 Principles of Manufacturing Excellence, CRC Press

Feigenbaum, A.V. (1961). Total Quality Control , McGraw-Hill Book Co., New York

Finley, J.C.(1992). What is capability? Or What is Cp and Cpk. ASQC Quality Congress Transactions, Nashville

R.A. Fisher(1926). The Arrangement of field experiments. J. Minist. Agric., (33)

Ford Motor Company.(1984). Continuing Process Control and Process Capability Improvement, Statistical Methods Office, Operation Support Staffs, Ford Motor Co.

Forrest W. Breyfogle III ; James M. Cupello ; Becki Meadows (2000). Managing Six Sigma: A Practical Guide to Understanding, Assessing, and Implementing the Strategy That Yields Bottom-Line Success. John Wiley & Sons

Forrest W. Breyfogle (2003). Implementing Six Sigma, Second Edition: Smarter Solutions Using Statistical Methods, John Wiley & Sons, 2nd Edition

F. Galton(1886). Regression towards Mediocrity in Hereditary stature, Journal of the Anthropological Institute of Great Britain and Ireland, (15)

GM(2010). Global Machinery and Equipment Specification Document : Measurement System Specification SP-Q-MSS, Ver. G2.0

Eliyahu M. Goldratt ; Jeff Cox (2014). The Goal: A Process of Ongoing Improvement

Francis J. Gouillart ; James N. Kelly (1996), Transforming the Organization, Mcgraw-Hill

Grant, E.L. ; R.S. Leavenworth (1974), Statistical Quality Control, McGraw-Hill Book Co., New York, 5th Edition

F. Grubbs (1950), Sample Criteria for Testing Outlying Observations, Annals of Mathematical Statistics, 21(1), 27-58

Gunter, B. H. ( 1989). The Use and Abuse of Cpk, Part 3., Quality Progress, (79)

Hahn, G. ; S. Shapiro (1967). Statistical Models In Engineerings, John Wiley and Sons, New York

Hald, A. (1952). Statistical Theory with Engineering Application , John Wiley and Sons. New York

Manyika, James (2011). "Big data: The next frontier for innovation, competition, and productivity." http://www. mckinsey. com/Insights/MGI/Research/ Technology_and_Innovation/Big_data_The_next_frontier_for_innovation.

IBM, “Big Data Analytics”, 2012

Han, Jiawei, Jian Pei, and Micheline Kamber (2011). Data mining: concepts and techniques. Elsevier

M. Harry (1994). The Vision of Six Sigma : Tools and Methods for Breakthrough, Six Sigma Publishing Company

M. Harry (1997). The Vision of Six sigma: A Roadmap for Breakthrough, Tri Star Publishing

M. Harry ; R. Shroeder(1999). Six Sigma : The Breakthrough Management strategy Revolutionizing the World’s Top Corporations, Crown Business.

M. Harry ; P. Mann, O. Hodgins ; C. Lacke and R. Hulbert (2010). Practitioner's Guide for Statistics and Lean Six Sigma for Process Improvement, Wiley & Sons, NY

M. Harry et. al. (2010). Practitioner's Guide to Statistics and Lean Six Sigma for Process Improvements

M. Harry ; R. Stewart (1988). Six Sigma Mechanical Design Tolerancing , Motorola, Inc.

M. Harry ; Lawson. J.R. (1990). Six Sigma Producibility Analysis and Process Characterization , Motorola University, Schaumburg, IL

M. Harry (1987). The Nature of Six Sigma Quality , Government Electronics Group, Motorola, Inc.

M. Harry (2001). Six Sigma Knowledge Design, Palladyne

Hunter, J.S. (1985). Statistical Design Applied to Product Design, Qual. Technol, Vol.17, No. 4, (21)

Ishikawa, Kaoru (1976). Guide to Quality Control , Asian Productivity Organization, Revised Edition

John, P. W. M (1971) Statistical Design and Analysis of Experiments , The MacMillan Company, New York

Joshi, Dileep C. (1985). Advantages of Simultaneous Design of Product and Processes , Proceedings of the National Electronics Conference: Vol. 39, Professional Education Int. Inc., (650-657)

J. Juran. et al. (1974). Quality Control Handbook, McGraw-Hill, New York

J. Juran(1995). A History of Managing for Quality: The Evolution, Trends, and Future Directions of Managing for Quality, Milwaukee, Wisconsin: ASQC Quality Press

Juran, J.M., F.M. Gryna ; R.S. Bingham (1979). Quality Control Handbook , McGraw-Hill Book Co.. New York

Juran, J.M. ; Frank M. Gryna Jr. (1970). Quality Planning and Analysis , McGraw-Hill Book Co., New York

Fred W. Kear (1997). Statistical Process Control in Manufacturing Practice, CRC Press,

1st Edition

Kim, W.C.; Mauborgne, R. (2005). Blue Ocean Strategy: How to Create Uncontested Market Space and Make the Competition Irrelevant. Boston: Harvard Business School Press.

S. G. Ko and Y. J. Cho (2008) Deriving an Overall Evaluation Index with Multiple CTQs in Six Sigma Management, Korean Data Information Science, Vol 19.4

S. Ko (2016). A Study on Target Sigma Level at R&D stage and Robust Limits for Design Margins, The Korean Journal of Applied Statistics, Vol. 29(2)

Kotz, S. ; Lovelace C. R.(1988) Process Capability Indices in Theory and Practice, Arnold, New York

Robert Kreitner ; Angelo Kinicki (2012). Organizational Behavior, McGraw-Hill Education, 10th Edition

Averill Law (2014), Simulation Modeling and Analysis (McGraw-Hill Series in Industrial Engineering and Management), McGraw-Hill Education, 5th Edition

Jeffrey K. Liker (2004). The Toyota Way: 14 Management Principles from the World's Greatest Manufacturer

Prem S. Mann (2012). Introductory Statistics, John Wiley & Sons, 8th Edition

Abraham H. Maslow (2013). A Theory of Human Motivation, Martino Fine Books

W. Q. Meeker (1998). Statistical Methods for Reliability Data, Wiley & Sons, New York

Ronald Moen,Thomas Nolan,Lloyd Provost (2012). Quality Improvement Through Planned Experimentation 3rd Edition

Norman Moore (1905). The Present State of Medical Practice in the Rhondda Valley". The Lancet, (166)

NASA (2010). Measurement Uncertainty Analysis Principles and Methods

Nelson (1988). Control Charts: Rational Subgroups and Effective Applications, Journal of Quality Technology, 20(1), (73-75)

Neyman, J ; Pearson, E. S. (1933). On the Problem of the most Efficient Tests of Statistical Hypotheses, Philosophical Transactions of the Royal Society A. 231

(694?706), (289?337)

Oh, H.L. (1987). Variation Tolerant Design, American Society of Mechanical Engineers - PED, General Motors, ASME, New York, Vol. 27, (137-146)

Taiichi Ohno (1990). Toyota Production System: Beyond Large-Scale Production, 1st Edition

Ott, Ellis R. (1975). Process Quality Control , McGraw-Hill Book Co., New York

Pearson, K. (1895). Contributions to the Mathematical Theory of Evolution. II. Skew Variation in Homogeneous Material, 186, (343?414)

PMBOK® Guide (2000). A Guide to the Project Management Body of Knowledge, Project Management Institute, Inc., Newtown Square, pennsylvania USA, 5th Edition

Stuart Pugh (1991). Enhanced Quality Function Deployment

Pyle, D. (1999). Data Preparation for Data Mining. Morgan Kaufmann Publishers, Los Altos, California

J. Ravichandran (2006). Using Weighted DPMO to calculate Overall Sigma Level, www.isixsigma.com

N. M. Razali ; Y. B. Wah (2011). Power Comparisons of Shapiro-Wilk, Kolmogorov-Smirnov, Lilliefors and Anderson-Darling Tests, Journal of Statistical Modeling and Analytics, Vol. 2, No.1

Mike Rother ; John Shook (1999). Learning to See Value-Stream Mapping to create value and eliminate muda, Lean Enterprise Institute

Biserka Runje et. al. (2010), Role of Gage R&R in Estimation of Process Capability, TMT Conference

E. Schragenheim ; H.Dettmer (2001). Manufacturing at Warp Speed, CRC Press LLC.

A. W. Shaw (1917). F. W. Taylor: Critical Evaluations in Business and Management, A. W. Shaw company Chicago

W. Shewhart (1931). Economic Control of Quality of Manufactured Products, Van Nostrand Company, Inc., Princeton, New Jersey.

S. S. Stevens (1946). On the Theory of Scales of Measurement. Science, New Series,

Vol. 103, No 2684

Tietjen, Gary L. ; Mark E. Johnson (1979). Exact Statistical Tolerance Limits for Sample Variances, Technometrics ; 21(1), (107-110)

John. W. Tukey (1977). Exploratory Data Analysis, Addison-Wesley.

USAID (2006). After Action Review Technical Guidance. PN-ADF-360. Washington, DC: U.S. Agency for International Development

VDA 6.3 (2010), GM PPAP

Vesset, Dan, et al. (2012). "Worldwide big data technology and services 2012-2015 forecast." IDC report 233485

Wallace, J.R. ; J.L. Grant. (1977). Least Squares Method for Computing Statistical Tolerance Limits, Water Resources Research, 13(5), (819-823)

Western Electronic Co. (1984). Statistical Quality Control Handbook, AT and T Technologies

Donald J. Wheeler ; David Smith Chambers (2010). Understanding Statistical Process Control, SPC Press

James P. Womack ; Daniel T. Jones (2003). Lean Thinking: Banish Waste and Create Wealth in Your Corporation, Revised and Updated

Min Xie ; Thong Ngee Goh ; Kay-Chuan Tan (2003). Advanced QFD Applications

http://www.ge.com/sixsigma/sixsigstrategy.html

http://www.mikeljharry.com/story.php?cid=11

https://en.wikipedia.org/wiki/List_of_Six_Sigma_companies

https://www.gartner.com/en/information-technology/glossary/big-data

Mike Carnell ; Scot ShankScot Shank, The Champion's Role In Successful Six Sigma Deployments https://www.isixsigma.com/new-to-six-sigma/ roles-responsibilities/ champions-role-successful-six-sigma-deployments/

# 영문 찾아보기

# 한글 찾아보기

# 기타 찾아보기

# 저자 약력

**고 승곤**

(현) 가천대학교 응용통계학과 교수

(미) Iowa State University, 통계학 박사

**(주요 경력)**

LG전자 및 계열사 식스시그마 자문교수, 1999-2007, 2011-2018
기술신용보증기금 기술 자문위원, 2002-2004
한국통계학회 공업통계연구회 총무, 2002-2004
품질경영학회 식스시그마 연구회 총무, 2004-2006
보건복지부 자문위원, 2000-2004, 2008-2012
미국 Rutgers University 교환교수, 2005-2006
신한은행 경영혁신 자문교수, 2008-2009
한국전력 경영선진화 자문교수, 2010-2012
하이닉스 반도체 경영혁신 자문교수, 2011-2012

**(주요 저서)**

새 일반통계학, 교우사, 1998
마케팅 조사방법론, 율곡출판사, 2000
엑스 이노베이션, 엘빅미디어, 2011
액션 리더, 엘빅미디어, 2012
통계적 사고 방법, 교우사, 2014

프로젝트 기반의 통계적 문제 해결

초판발행 2020년 1월 15일
초판 2쇄 발행 2023년 6월 15일

지은이 고승곤
펴낸이 오판근
펴낸곳 (주) 교우
주 소 서울시 동대문구 약령시로 8 교우빌딩 2층 (주)교우
전 화 02-925-2861 / 팩 스 070-7966-8610. 편집부 02-925-2825
홈페이지&북스토어 www.kyowoo.co.kr / 이메일 kyowoo@kyowoo.co.kr

등 록 1994년 3월 24일 제1994-000013호
ISBN 979-11-251-0310-3 (93410)

Published by Kyowoo Co., Ltd. Printed in Korea


(주) 교우는 보다 혁신적이고 참신한 도서를 다양하게 기획하고 있습니다.
책으로 펴내고자 하는 아이디어나 원고는 메일로 보내주세요.
(주) 교우는 전과정을 책임지고 최선을 다하겠습니다.

**값 33,000원**

**교우미디어는 (주) 교우의 Imprint 사입니다.**
**수학정원·과학정원은 (주) 교우의 새로운 브랜드명입니다.**

잘못된 책은 구입하신 서점에서 교환해 드립니다.

Better Data Scientist
Σ You Must Know 50
Prof. KO Statistics

# 50 Things You Must Know

| ID | 내용 | P |
|---|---|---|
| 1 | 실무적 해결책에 대한 통계적 의사 결정의 역할 | 17 |
| 2 | 개선 | 28 |
| 3 | 프로세스 | 29 |
| 4 | 품질 개선을 위한 필요조건 | 31 |
| 5 | 성공적인 품질 개선의 핵심 요소 | 33 |
| 6 | 현상 진단과 개선안 적용의 원칙 | 37 |
| 7 | 인자 희소성의 원칙 | 86 |
| 8 | 바람직한 실행 척도의 조건 | 48 |
| 9 | 올바른 프로세스 능력의 평가 | 52 |
| 10 | 시그마 수준의 특징 | 53 |
| 11 | 시그마 수준의 장점 | 53 |
| 12 | [Define 단계]의 목적과 결과물 | 59 |
| 13 | 대상 프로세스의 정의 | 66 |
| 14 | 하위 프로세스 맵핑의 절차 | 70 |
| 15 | Project Y의 필요조건 | 71 |
| 16 | 범주형/이산형 Project Y의 단점 | 72 |
| 17 | 분석의 필수 요소: 데이터 레쥬메 | 73 |
| 18 | [Measure 단계]의 중요 고려 사항 | 77 |
| 19 | 측정의 타당도 | 78 |
| 20 | 측정 시스템의 정의 | 79 |
| 21 | 측정 정확도와 정밀도 | 84 |
| 22 | 측정 시스템의 검증 기준 | 86 |
| 23 | 측정의 정밀도 | 96 |
| 24 | 측정 변동이 큰 경우의 문제점 | 118 |
| 25 | 비정규성의 원인과 대책 | 125 |

| ID | 내용 | P |
|---|---|---|
| 26 | 올바른 프로세스 능력 지수 계산을 위한 가정 | 138 |
| 27 | 개선의 우선순위 | 152 |
| 28 | 4-블록 다이어그램의 진단 대책 | 153 |
| 29 | [Analyze 단계]의 목적과 결과물 | 157 |
| 30 | Project Y의 원인 구분 | 158 |
| 31 | 잠재인자의 나열 : MECE | 160 |
| 32 | 가인자의 검토와 확인 사항 | 164 |
| 33 | 치명인자의 선택 I : 그래프 분석 | 166 |
| 34 | 치명인자의 선택 II : 비교 및 검증 | 178 |
| 35 | 가설 검정의 중요 용어 | 183 |
| 36 | 연속형에 대한 비교 방법 | 185 |
| 37 | 통계적 실험의 효과 분해 | 212 |
| 38 | 치명인자의 선택 III : 관계의 고찰 | 226 |
| 39 | 근본 원인 | 248 |
| 40 | 가인자 검토 양식 | 250 |
| 41 | [Improve 단계]의 목적과 결과물 | 255 |
| 42 | 기술적 검토와 조정의 단점 | 259 |
| 43 | 통계적 실험의 기본 절차 | 261 |
| 44 | 통계적 실험의 장점 | 262 |
| 45 | 개선 효과의 검증 | 310 |
| 46 | [Control 단계]의 목적과 결과물 | 319 |
| 47 | 표준화 | 321 |
| 48 | 실수 방지 활동 | 322 |
| 49 | 변동 원인의 구분 | 327 |
| 50 | 관리도 진단 기준 | 330 |

INNO